"十四五"时期国家重点出版物出版专项规划项目

面向 2035：中国生猪产业高质量发展关键技术系列丛书

总主编　张传师

猪主要传染病防控关键技术

○ 主　编　陈文钦　邹继新　宋松林
○ 顾　问　冯　力

中国农业大学出版社
·北京·

内 容 简 介

影响我国生猪养殖的疾病很多,尤以猪传染病危害最为严重。猪场传染病,特别是主要传染病发生日益严重,死亡率极高。现阶段非洲猪瘟对国内生猪养殖业造成了极大的破坏,很多养殖户面对目前较高的猪市行情既想复养,又担心一些严重的传染病难以控制。为此,很有必要将猪主要传染病的最新防控技术加以规范、归纳、总结。本书按照国家标准结合生产实践,来介绍生猪养殖过程中主要传染病的最新研究成果与防控技术。本书为适应现代阅读手段,把关键知识点以视频形式呈现,力求把猪主要传染病的基本认识、防控技术更加直观地呈现给读者,从而为进一步提升我国生猪养殖业的饲养管理水平奠定基础。

图书在版编目(CIP)数据

猪主要传染病防控关键技术 / 陈文钦,邹继新,宋松林主编. --北京:中国农业大学出版社,2022.9

(面向 2035:中国生猪产业高质量发展关键技术系列丛书)

ISBN 978-7-5655-2857-6

I. ①猪… II. ①陈…②邹…③宋… III. ①猪病-传染病防治 IV. ①S852.65

中国版本图书馆 CIP 数据核字(2022)第 154463 号

书　名	猪主要传染病防控关键技术
作　者	陈文钦　邹继新　宋松林　主编

执行总策划	董夫才　王笃利	责任编辑	姚慧敏　任　鹏
策划编辑	姚慧敏　赵　艳	封面设计	郑　川
出版发行	中国农业大学出版社		
社　址	北京市海淀区圆明园西路 2 号	邮政编码	100193
电　话	发行部 010-62733489,1190	读者服务部	010-62732336
	编辑部 010-62732617,2618	出　版　部	010-62733440
网　址	http://www.caupress.cn	E-mail	cbsszs@cau.edu.cn
经　销	新华书店		
印　刷	涿州市星河印刷有限公司		
版　次	2022 年 10 月第 1 版　　2022 年 10 月第 1 次印刷		
规　格	170 mm×240 mm　　16 开本　　16 印张　　300 千字		
定　价	63.00 元		

丛书编委会

主编单位	中国生猪产业职业教育产学研联盟	
	中国种猪信息网 &《猪业科学》超级编辑部	
总　策　划	孙德林	中国种猪信息网 &《猪业科学》超级编辑部
总　主　编	张传师	重庆三峡职业学院
编　　委	（按姓氏笔画排序）	
	马增军	河北科技师范学院
	仇华吉	中国农业科学院哈尔滨兽医研究所
	田克恭	国家兽用药品工程技术研究中心
	冯　力	中国农业科学院哈尔滨兽医研究所
	母治平	重庆三峡职业学院
	刘　彦	北京市农林科学院畜牧兽医研究所
	刘震坤	重庆三峡职业学院
	孙德林	中国种猪信息网 &《猪业科学》超级编辑部
	李　娜	吉林省农业科学院
	李爱科	国家粮食和物资储备局科学研究院
	李家连	广西贵港秀博基因科技股份有限公司
	何启盖	华中农业大学
	何鑫淼	黑龙江省农业科学院畜牧研究所
	张传师	重庆三峡职业学院
	张宏福	中国农业科学院北京畜牧兽医研究所
	张德福	上海市农业科学院畜牧兽医研究所
	陈文钦	湖北生物科技职业学院
	陈亚强	重庆三峡职业学院
	林长光	福建光华百斯特集团有限公司
	彭津津	重庆三峡职业学院
	傅　衍	浙江大学
	潘红梅	重庆市畜牧科学院
执行总策划	董夫才	中国农业大学出版社
	王笃利	中国农业大学出版社

◆◆◆◆◆◆ 编写人员

主　　编　陈文钦　湖北生物科技职业学院
　　　　　邹继新　黑龙江职业学院
　　　　　宋松林　吉林正业生物制品股份有限公司

副 主 编　姜　鑫　黑龙江农业经济职业学院
　　　　　郑　敏　重庆三峡职业学院
　　　　　汤细彪　武汉科前生物股份有限公司
　　　　　韩梅红　长江大学

参　　编　（按姓氏笔画排序）
　　　　　加春生　黑龙江农业工程职业学院
　　　　　杨　凯　湖北生物科技职业学院
　　　　　杨金龙　重庆市畜牧科学院
　　　　　张建磊　吉林正业生物制品股份有限公司
　　　　　夏　伟　吉林正业生物制品股份有限公司
　　　　　徐　敏　吉林正业生物制品股份有限公司
　　　　　曾松林　武汉科前生物股份有限公司
　　　　　廖健慧　江西生物科技职业学院
　　　　　谭　理　武汉科前生物股份有限公司

顾　　问　冯　力　中国农业科学院哈尔滨兽医研究所

总　序

党的十九届五中全会提出,到 2035 年基本实现社会主义现代化远景目标。到本世纪中叶,把我国建成富强民主文明和谐美丽的社会主义现代化强国。要实现现代化,农业发展是关键。农业当中,畜牧业产值占比 30% 以上,而养猪产业在畜牧业中占比最大,是关系国计民生和食物安全的重要产业。

改革开放 40 多年来,养猪产业取得了举世瞩目的成就。但是,我们也应清醒地看到,目前中国养猪业面临的环保、效率、疫病等问题与挑战仍十分严峻,与现实需求和国家整体战略发展目标相比还存在着很大的差距。特别是近几年受非洲猪瘟及新冠肺炎疫情的影响,我国生猪产业更是遭受了严重的损失。

近年来,我国政府对养猪业的健康稳定发展高度重视。2019 年年底,农业农村部印发《加快生猪生产恢复发展三年行动方案》,提出三年恢复生猪产能目标;受 2020 年新冠肺炎疫情的影响,生猪产业出现脆弱、生产能力下降等问题,为此,2020 年国务院办公厅又提出关于促进畜牧业高质量发展的意见。

2014 年 5 月习近平总书记在河南考察时讲到:一个地方、一个企业,要突破发展瓶颈、解决深层次矛盾和问题,根本出路在于创新,关键要靠科技力量。要加快构建以企业为主体、市场为导向、产学研相结合的技术创新体系,加强创新人才队伍建设,搭建创新服务平台,推动科技和经济紧密结合,努力实现优势领域、共性技术、关键技术的重大突破。

生猪产业要实现高质量发展,科学技术要先行。我国养猪业的高质量发展面临的诸多挑战中,技术的更新以及规范化、标准化是关键的影响因素,一方面是新技术的应用和普及不够,另一方面是一些关键技术使用不够规范和不够到位,从而影响了生猪生产效率和效益的提高。同样的技术,投入同样的人力、资源,不同的企业产出却相差很大。

企业的创新发展离不开人才。职业院校是培养实用技术人才的基地,是培养中国工匠的摇篮。中国生猪产业职业教育产学研联盟由全国 80 多所职业院校以及多家知名养猪企业和科研院所组成，是全国以猪产业为核心的首个职业教育"产、学、研"联盟，致力于协同推进养猪行业高技能型人才的培养。

为了提升高职院校学生的实践能力和技术技能，同时促进先进养猪技术的推广和规范化，中国生猪产业职业教育产学研联盟与中国种猪信息网&《猪业科学》超级编辑部一起，走访了解了全国众多养猪企业，在总结一些知名企业规范化先进技术流程的基础上，围绕养猪产业链，筛选了影响养猪企业生产效率和效益的12种关键技术，邀请知名科学家、职业院校教师和大型养猪企业技术骨干，以产学研相结合的方式，编写成《面向2035：中国生猪产业高质量发展关键技术系列丛书》。该系列丛书主要内容涵盖母猪营养调控、母猪批次管理、轮回杂交与种猪培育、猪冷冻精液、猪人工授精、猪场生物安全、楼房养猪、智能养猪与智慧猪场、猪主要传染病防控、非洲猪瘟解析与防控、减抗与替抗、猪用疫苗研发生产和使用等12个方面的关键技术。该系列丛书已入选《"十四五"时期国家重点图书、音像、电子出版物出版专项规划》。

本系列图书编写有3个特点：第一，关键技术规范流程来自知名企业先进的实际操作过程，同时配有视频资源，视频资源来自这些企业的一线实际现场，真正实现产教融合、校企合作，零距离，真现场。这里，特别感谢这些知名企业和企业负责人为振兴民族养猪业的无私奉献和博大胸怀。第二，体现校企合作，产、教结合。每分册都是由来自企业的技术专家与职业院校教师共同研讨编写。第三，编写团队体现"产、学、研"结合。本系列图书的每分册邀请一位年轻有为、实践能力强的本领域权威专家学者作为顾问，其目的是从学科和技术发展进步的角度把控图书内容体系、结构，以及实用技术的落地效应，并审定图书大纲。这些专家深厚的学科研究积淀和丰富的实践经验，为本系列图书的科学性、先进性、严谨性以及适用性提供了有利保证。

这是一次养猪行业"产、学、研"结合，纸质图书与视频资源"线上线下"融合的新尝试。希望通过本系列图书通俗易懂的语言和配套的视频资源，将养猪企业先进的关键技术、规范化标准化的流程，以及养猪生产实际所需基本知识和技能，讲清楚、说明白，为行业的从业者以及职业院校的同学，提供一套看得懂、学得会、用得好，有技术、有方法、有理论、有价值的好教材，助力猪业的高质量发展和猪业高素质技能型人才的培养，助力乡村振兴，为全面建设社会主义现代化国家、实现中华民族伟大复兴的中国梦提供有力的人才和技能支撑。

孙德林　张传师

2022年1月

●●●●● 前　言

中国有着悠久的养猪历史,改革开放以来,生猪产业飞速发展,尤其是近几年,由于经济持续高速增长、城乡居民收入水平不断提高和食物消费结构不断升级,猪肉需求强劲,我国生猪产量长期保持着较快的增长势头。但是,突如其来的非洲猪瘟疫情,使原本蓬勃发展的养猪业受到了严重的打击。2019 年年底,农业农村部印发《加快生猪生产恢复发展三年行动方案》,要求遏制生猪存栏下滑势头,确保2020 年年底前能基本恢复到接近常年的水平,2021 年恢复正常。要求实施"省负总则"的基本原则,提出三年恢复产能的计划。到 2020 年 10 月,生猪产能达到了2017 年的 85％,产能基本恢复。但需要注意的是,非洲猪瘟疫情仍然严峻,多地仍然多发,疫情并没有消失。因此,如何创造一个产出高效、产品安全、资源节约、环境友好、调控有效的养猪环境,已经成为所有养猪从业者的共同难题。

为了满足疫情之下生猪养殖从业人员的猪病防治技术新需求,本书依托中国生猪产业职业教育产学研联盟,邀请联盟核心成员单位的教授和大型生猪养殖企业负责人加盟,切合生产实际,结合近年来我国生猪养殖过程常见的猪传染病,精选 38 种,对疾病的诊断和防治措施进行了系统的、简要的阐述。

整本书内容理论知识力求精练,重点介绍各疫病发展的新趋势和诊断防治的新技术,同时,对关键技术配套录制了相关的视频资料。视频资料展示的均是目前正在使用或正在推广的具有领先性的新技术。

本书分为猪传染病的特性、规模化猪场传染病的综合防治措施、猪病毒性传染病的防控、猪细菌性传染病的防控、猪其他传染性疾病的防控、实践技能训练指导共六章内容。本书在内容设置上精选目前最为常见且危害性较大的猪病进行介绍,实训内容的安排上,根据实际猪场需求介绍了猪场传染病疫情调查分析、防疫计划制订、疫苗接种等传染病基础防控技术以及几种重要疫病的诊断技术。本书可供畜牧兽医技术人员使用,也可供猪场经营管理人员和有关的教学及科研人员使用。

本书编写人员的分工是:陈文钦负责整书统筹及编写第 6 章 6.1;邹继新负责协助统筹及编写第 1 章 1.3,第 3 章 3.8,第 4 章 4.8,第 5 章 5.2、5.3,第 6 章实训6.10;姜鑫负责第 4 章统稿并编写第 4 章 4.1、4.2、4.3、4.4 及思考题,第 6 章实训6.7;郑敏负责第 5 章统稿并编写第 3 章 3.7、3.9,第 5 章 5.8,第 5 章 5.1、5.4、5.5、5.6 及思考题,第 6 章 6.3;汤细彪负责编写第 2 章 2.2;韩梅红负责第 1 章统稿并编写第 1 章 1.1、1.2 及思考题,第 4 章 4.5、4.6、4.7、4.8;杨金龙负责编写第 3 章 3.11、3.12、3.13、3.14,第 6 章实训 6.8;加春生负责第 3 章统稿及编写第 3 章 3.1、3.2、3.3 及思考题,第 4 章 4.11,第 6 章 6.6;杨凯负责第 6 章统稿并编写第 3 章 3.5、3.18,第 4 章 4.10,第 6 章 6.2 及思考题;廖健慧负责第 2 章统稿并编写第 2 章 2.1 及思考题,第 3 章 3.15、3.16、3.17,第 6 章实训 6.9;曾松林负责编写第 3 章 3.6,第 5 章 5.7,第 6 章 6.4;谭理负责编写第 2 章 2.3,第 3 章 3.10,第 4 章 4.12,第 6 章 6.5;宋松林负责编写第 4 章 4.9;徐敏负责编写第 1 章 1.4;张建磊负责编写第 3 章 3.4。另外,汤细彪、曾松林、谭理、宋松林、徐敏、张建磊、夏伟负责提供相关视频及图片资源。

本书邀请了多所高校从事教学与科研的教师参与编写,同时也邀请了多位具有一线临床经验的专家参与,是一次理论与实践紧密结合的编写方式的探索。在此,特别感谢各位编者的付出,同时由于编者的水平有限,难免有错误和不恰当之处,恳请广大读者批评指正。

编　者

2022 年 3 月

目 录

第1章

猪传染病的特性

【本章提要】本章主要介绍猪传染病的传染与流行的一些基本概念,阐述猪传染病发展与流行过程的一些基本规律,通过控制传染源、切断传播途径和隔离易感动物三个基本环节建立传染病的防控措施,同时,介绍猪传染病临床诊断的发展概况。

1.1 感染与感染的类型

1.1.1 感染

病原微生物(细菌、病毒、寄生虫等)侵入动物机体,并在一定部位定居、生长繁殖,从而引起机体局部组织或全身发生一系列的病理反应,称为感染。

1.1.2 病原微生物和猪体之间的相互作用

病原微生物进入猪体不一定都能引起感染过程而发生传染病,在多数情况下,机体的条件不适合侵入的病原微生物生长繁殖,或机体能迅速动员防御力量将侵入者消灭,从而不出现可见的病理变化和临诊症状,这种状态称为抗感染免疫。换句话说,猪体对病原微生物有不同程度的抵抗力。可见,病原微生物侵入猪体后,能否引起感染而发病,不仅与病原微生物的毒力、数量和侵入途径有关,还与猪体对该病原微生物的抵抗力有重要关系。

猪对某一病原微生物没有免疫力(即没有抵抗力),则认为猪对该病原微生物有易感性。病原微生物只有侵入有易感性的猪体才能引起感染过程。

如果侵入猪体的病原微生物虽能在其一定部位定居和生长繁殖,但被感染猪不表现出明显症状,猪体与病原微生物之间的斗争处于暂时的相对平衡状态,这种状态称为隐性感染,如非典型猪瘟的隐性感染。

事实上,猪体与病原微生物之间总是在不断斗争,猪体在感染、隐性感染和抗感染免疫这几种状态之间不断过渡、切换,并能在一定的条件下相互转化。感染和抗感染免疫是病原微生物和机体之间斗争过程的两种不同表现,但它们并不是互相孤立的。感染过程必然伴随着相应的免疫反应,并随着病原微生物和机体抵抗力双方力量对比的变化而相互转化,这就是决定感染发生、发展和结局的内在因素。

1.1.3 感染的类型

由于病原微生物的侵入与机体抵抗之间的关系是复杂的,受多方因素的影响,所以感染过程有多种分类方法,按照不同的分类方法可以分为不同的类型。

1.根据病程的长短分类

(1)最急性感染 病程短促,数小时至 24 h,往往看不见明显的症状猪就突然死亡。常见于某些传染病流行初期,如最急性猪丹毒。

(2)急性感染 病程较短,一般为几天至两三周,往往有典型的症状,如急性猪瘟。

(3)亚急性感染 病程比急性稍长,其症状不如急性明显,比较缓和,如疹块型猪丹毒。

(4)慢性感染 病程发展缓慢,常在 1 个月以上,临床症状不明显甚至不表现出来,如慢性猪气喘病。

2.根据病原的种类分类

(1)单一感染 由一种病原微生物引起的感染,如猪繁殖与呼吸综合征(蓝耳病)、猪肺疫。

(2)混合感染 由两种或两种以上病原微生物同时参与的感染称混合感染,如猪繁殖与呼吸综合征与猪圆环病毒病混合感染。

(3)继发感染 猪感染了一种病原微生物之后,在机体抵抗力减弱的情况下,由新侵入或原来已存在于体内的另一种病原微生物引起的感染称继发感染。如猪在感染圆环病毒 2 型后常常继发感染副猪嗜血杆菌。在生产中发生混合感染或继发感染的情况并不少见,这就使疾病复杂而严重,给传染病诊断和防治增加了一定的困难。

3.根据临床表现分类

(1)显性感染 疾病发生时,当病原微生物具有相当的毒力和数量,而机体的抵抗力相对地比较弱时,动物表现出某种传染病特有的、明显的临床症状,这一过程称作显性感染。如猪瘟病毒感染,猪表现出嗜睡、高温的症状。

(2)隐性感染 如果侵入的病原微生物定居在某一部位,虽能进行一定程度的生长繁殖,但动物不出现任何临床症状而呈隐蔽经过的感染称为隐性感染。处于这种情况下的动物称为带菌(毒)者。在机体抵抗力降低时,隐性感染亦可转化为显性感染。

(3)温和型感染 指临床表现比较轻缓的感染。

(4)一过型感染 病原微生物侵入动物体内,但由于机体的抵抗力过于强大,所以动物并没有发展为进一步的感染,动物体恢复了正常。

(5)顿挫型感染 机体感染某种病原微生物后没有症状明显期,经一段时间后即进入恢复期的一种感染类型。

4.根据症状是否典型分类

(1)典型感染 在感染过程中表现出某种传染病的特征性(即有代表性)临床症状的感染称典型感染。典型感染一般伴随有该种传染病的特征性病理变化发生。如猪繁殖与呼吸综合征表现出流产和呼吸道症状。

(2)非典型感染 在感染过程中表现出的症状或轻或重,但不表现出该病的特征性症状,这样的感染称非典型感染。

另外,还可以根据病原的来源分为外源性感染和内源性感染,根据感染的部位分为全身感染和局部感染,根据疾病的严重性分为良性感染和恶性感染,以及病毒的持续性感染和慢病毒感染。

1.2 猪传染病病程的发展阶段

1.2.1 猪传染病及其特性

由病原微生物引起、具有一定的潜伏期和临床表现、具有传染性的猪的疾病,称为猪传染病。虽然猪传染病有多种多样的表现,但也有一些共同特性。

1.猪传染病具有传染性和流行性

传染病的传染性即患猪从体内排出病原微生物,并侵入另一有易感性的猪体内,引起同样的症状。猪传染病的流行性则是指当条件适宜时,在一定时间内,某一地区易感猪中有许多猪被感染,致使传染病蔓延散播,形成流行。并具有明显的流行规律,如季节性或周期性等。

2.猪传染病具有一定的潜伏期和特征性临床症状

大多数猪传染病都具有该种传染病特征性的症状,如亚急性猪丹毒的特征性症状是皮肤出现大小不等的疹块;猪传染性萎缩性鼻炎的特征性症状是鼻甲骨萎缩导致的鼻梁和面部变形。

3.每一种猪传染病都由其相应的致病性微生物引起

每一种传染病都由其特异的病原微生物与动物机体相互作用所引起,如仔猪水肿病由大肠杆菌引起。

4.被感染猪可发生特异性免疫反应

在感染的发展过程中由于受到病原微生物的抗原刺激,多数被感染猪可产生特异性免疫应答反应,如产生特异性抗体和变态反应等,这种改变可以用血清学特异性反应检查出来。但是也有些被感染猪产生的特异性反应较弱。

5.耐过猪可获得特异性抗体

在大多数情况下,传染病耐过猪能产生特异性抗体,使机体在一定时间内或终生不会再感染该种传染病,如猪痘。

1.2.2　猪传染病的发展阶段

猪传染病的发展过程,一般可分为 4 个阶段,即潜伏期、前驱期、临床明显期和转归期。

1.潜伏期

从病原微生物(病原体)侵入猪体并进行繁殖时起,到疾病的临床症状开始表现出来为止,这段时间称潜伏期。在潜伏期,虽然猪不表现任何临床症状,但是处于潜伏期的猪可能成为传染源,在生产中应予充分重视。不同传染病,潜伏期长短不一;同一传染病,潜伏期的长短也有较大范围的波动。潜伏期的长短与病原微生物的数量和毒力、侵入途径和部位以及猪体本身易感性等因素有关。但某一种传染病的潜伏期还是有一定规律的,如猪瘟的潜伏期为 2～21 d,多数为 1 周左右。

潜伏期在猪病防控中的临床意义:

(1)潜伏期与传染病的传播特性有关,潜伏期短的疾病来势凶猛、传播迅速。

(2)可以帮助判断感染时间并查找感染来源和传播方式。

(3)确定传染病封锁和解除封锁的时间以及在某些情况下对动物的隔离观察时间。

(4)确定免疫接种的类型,如处于传染病潜伏期的动物需要被动免疫接种,周围动物则需要紧急免疫接种。

(5)有助于评价防治措施的临床效果,如实施某项措施后需要经过该病潜伏期的观察,比较前后病例数变化便可评价该措施是否有效。

(6)预测疾病的严重程度,潜伏期短促时病情常较为严重。

2.前驱期

从传染病的最初临床症状开始表现出来到该种传染病典型症状出现之前的这一阶段称前驱期。潜伏期过去以后即转入前驱期。在此期间,病猪仅表现一般性症状,如食欲减少、体温升高、精神异常等,但该种传染病的特征性症状尚未出现。不同的传染病或同一传染病的不同个体,前驱期长短不一,通常为数小时至一两天。

3.临床明显期

临床明显期指前驱期之后,传染病的特征性症状相继明显地表现出来的这段时间,是传染病发展到高峰的阶段。每种猪传染病都有其特征性症状,应尽早识别其特征性症状,及时而正确地作出诊断,为控制传染病的继续感染提供重要依据。

4.转归期(恢复期)

转归期是传染病发展的最后阶段。转归期的猪表现为两种结果:如果病猪的抵抗力进一步减弱或病原微生物的致病力增强,则猪转归为死亡;如果猪的抵抗力得到改进和增强,病情逐渐好转,症状逐渐消失,生理功能逐渐正常,则病猪逐渐恢复健康。但是转归期的猪在病后一定时间内还可以带菌(毒)排菌(毒),这一点在规模化猪场决不可忽视。

1.3 猪传染病的流行过程

相互传染是传染病的一个基本特征。传染病在动物或人之间相互传染形成传染病的流行。传染病的流行过程是个体感染(或发病)发展到群体感染(或发病)的过程,猪传染病的流行过程就是指传染病在猪群中发生和发展的过程。猪传染病可在猪生产过程中蔓延、流行,但必须具备传染源、传播途径和易感动物等三个基本条件。当这三个基本条件同时存在并相互联系即可引起传染病的发生或流行。掌握传染病流行过程的基本条件及其影响因素,有助于制定科学的防控措施,有效控制传染病的蔓延或流行。如在非洲猪瘟防控过程中,猪场通过引种检疫、隔离等措施不引进病猪或带毒猪;在猪只运输过程中,进行产地检疫、运输检疫等措施,切断区域间的传播途径;在猪生产过程中,通过加强饲养管理、疫病防控,提高猪只的抗病能力,降低易感性等措施,均在非洲猪瘟防控过程中起着重要作用。

1.3.1 传染源

传染源,就是传染来源,指某种病原体在其中寄居、生长、繁殖,并能将其排出体外的活动的动物机体。受感染的动物就是传染病的传染来源,即传染源,包括患病动物和带菌(毒)动物。

受感染的动物具有最适合病原体生存需要的环境条件,因此,病原体在受感染的动物体内不但能栖居繁殖,而且还能持续被排出,污染环境。至于被病原体污染的各种外界环境,由于缺乏最适合的温度、湿度、酸碱度和营养物质,再加上自然环境中物理、化学、生物等因素的杀灭作用等,病原体不能持续存在(布鲁氏菌在土壤中可存活72~114 d),因此,不将这些被病原体污染的环境认为是传染源,将其归为传播媒介。受感染的动物,具有发病表现的称为患病动物;不具有发病表现,但排出病原体的带菌(毒)动物称为病原携带者。

1.患病动物

患病动物是重要的传染源。能排出病原体的整个时期称为传染期,不同的传染病的传染期长短不一。在控制某种传染病时,根据其传染期制定隔离期,原则上应隔离至传染期终了为止。有的传染病的传染期相当长,一旦形成传染,很难根除,如患猪支原体肺炎的病猪,临床症状消失后,在较长的时间内仍不断排菌,感染健康猪。

2.病原携带者

根据病原携带者所带病原体的性质,分为带菌者(病原体是细菌)、带毒者(病原体是病毒)、带虫者(病原体是寄生虫)等。

病原携带者与患病动物相比,一般排出的病原体数量相对较少。但因其缺乏临床症状,不易被发现,很可能成为十分重要和危险的传染源,如果不能通过检疫找出,就会通过动物流通过程,散播到其他地区,扩大传染范围。在猪生产过程中,掌握猪只病原携带的状态,不仅有助于了解传染病的流行过程特征,而且有助于制定传染病的预防和控制措施,可有效地防止传染病的蔓延或大范围发病,提高传染病的防控效果。病原携带者一般分为潜伏期病原携带者、恢复期病原携带者、健康病原携带者三种类型。

(1)潜伏期病原携带者 从感染开始到症状出现前,能排出病原体的动物。这一时期,感染者体内病原体数量还很少,一般没有具备排出条件,因此无传染源的作用。也有少数传染病在潜伏期后期的病猪就能够排出病原体,此时,便可传给其他易感动物,如处于潜伏期后期的猪可将猪瘟病毒传染给其他猪。

(2)恢复期病原携带者 在临床症状消失后仍能排出病原体的动物。一般情况下,该时期的传染性正在逐渐减弱或已经没有传染性。还有一些传染病病猪在临床症状消失的恢复期,仍能排出病原体。如猪支原体肺炎、布鲁氏菌病在病猪临床症状完全消失后还可排出病原体,需要病原学检查才能查明病原在猪群中的感染状态。

(3)健康病原携带者 过去没有患过某种传染病却能排出该传染病病原的动物。被认为是隐性感染的结果,只有通过实验室检查检出。这种状态一般时间较短,很少造成传染,但有些病原体的健康携带者较多,如巴氏杆菌、沙门菌、大肠杆菌、猪丹毒杆菌等健康携带者,作为传染源,在传染病的发生与流行过程中具有重要意义。

病原携带者还具有间歇性排毒的特点,动物群的一次病原学检查为阴性并不能确定没有病原携带者,只有经多次检查为阴性才能排除病原携带状态。因此,避免或排除引入病原携带者是防控传染病的主要措施之一。

1.3.2 传播途径和传播方式

1.传播途径

传播途径是指传染源排出的病原体,经一定的方式再侵入其他易感动物所经历的路径。按侵入动物体的先后,将其分为两个路径,一是从病原体离开传染源到刚接触被感染动物的这段路径,主要是外界自然环境中的各种媒介,如空气、水源、土壤、饲料、医疗用品、精液、生产工具、运输工具、节肢动物、其他野生动物、人员和饲养的非本种动物等;二是从病原体接触被感染动物到侵入体内器官组织的这段路径,主要包括消化道、呼吸道、泌尿生殖道、皮肤、创伤、眼结膜等。

虽然传染病的传播途径较复杂,但每种传染病都具有其特定的传播途径,有的传染病可能只有一种传播途径,如虫媒病毒性传染病猪乙型脑炎的主要传播途径是带病毒的蚊虫叮咬;有的则具有多种传播途径,如炭疽的传播途径是接触、饲料、饮水、土壤、节肢动物、皮肤黏膜创伤、消化道、呼吸道等。掌握传染病的传播途径,了解病原体的传播途径的流行特征,有助于对某种或几种传染病的传播途径进行分析、判断,便于切断病原体的传播途径,阻止其传播给易感动物,可以更好地预防和控制传染病的发生与流行,这也是防控传染病的重要环节之一。

2.传播方式

传播方式是指病原体由传染源排出后,经一定的传播途径再侵入其他易感动物所表现的具体形式。一是水平传播,传染病在动物群体之间或个体之间以水平的形式横向平行传播;二是垂直传播,从亲代到子代之间的纵向传播。

(1)水平传播 包括直接接触和间接接触两种传播方式。

直接接触传播是指病原体通过易感动物与传染源直接接触、没有外界条件的参与下而被感染的传播方式,如啃咬、交配等。以直接接触为主要传播方式的传染病较少,如狂犬病主要以直接啃咬的方式,通过唾液将病毒带入伤口内形成传播。仅能通过直接接触传播的传染病,流行特点是患病个体一个一个地出现,呈现明显的链锁状,一般不易形成广泛的流行。

间接接触传播是指病原体通过易感动物接触传播媒介而被感染的传播方式。将病原体从传染源传播给易感动物的各种外界环境因素,统称为传播媒介。包括生物传播媒介和无生命的媒介物(病原污染物),生物媒介可将病原体从人或动物传播给其他人或动物,如蚊、蝇、蚤、蜱等以叮咬的方式传播病原体。

大多数传染病以间接接触为主要传播方式,如非洲猪瘟、猪瘟、口蹄疫、猪渗出性皮炎等,直接接触也能传播。如果两种传播方式都能传播的传染病称为接触性传染病。

间接接触传播方式一般以下列传播途径进行:

①通过空气传播:病原虽不能在空气中生存,但可以在空气中短暂停留。通过空气传播病原的媒介主要是飞沫、飞沫核或尘埃。

飞沫是指空气中的微细泡沫。空气中的病原体可经飞沫传播。飞沫传播是所有呼吸道传染病的主要传播方式,如猪支原体肺炎、流行性感冒、结核病、猪接触性传染性胸膜炎、猪传染性萎缩性鼻炎等。患这类传染病的动物呼吸道内常积聚不定量的渗出物,刺激机体发生咳嗽、喷嚏、气喘,呼出的气流较强大,强大的气流将带有病原体的渗出液从呼吸道内喷射而出,并形成飞沫,易感动物吸入该飞沫而感染。

一般情况下,飞沫中的水分会很快蒸发,变干后成为蛋白质和病原体组成飞沫核,飞沫核越大落地越快,体积越小落地越慢。较小的飞沫核在空气中飘浮的时间较长、距离较远。飞沫传播受时间和空间限制,从传染源一次喷出的飞沫,其传播的空间一般为几米,空气中维持的时间最多几个小时。但由于传染源与易感动物不断转移和集散,到处喷出飞沫,所以导致主要以飞沫为传播方式的呼吸道传染病会引起大规模的流行。一般情况下,飞沫在干燥、光亮、温暖和通风良好的环境下,飘浮的时间较短,飞沫中的病原体,尤其是病毒,死亡较快;飞沫在动物群密度大、环境潮湿、阴暗、温度低和通风不良的环境中,作用时间较长。

病原体通过传染源的分泌物、排泄物和处理不当的尸体散布到外界环境中,经过干燥,在空气流动的冲击下,病原体随着尘埃在空气中飘扬,被易感动物吸入而引起感染的过程,称为尘埃传播。该传播的时间和空间范围比飞沫大,并可随空气转移到其他地区。但在传染病传播过程中,因只有少数的病原微生物能耐受干燥和阳光的暴晒,所以尘埃的传播作用较飞沫的小。这种在外界环境生存能力较强的传染病病原体有结核分枝杆菌(引起结核病)、炭疽杆菌(引起炭疽)、痘病毒(引起猪痘)等。

主要经空气传播的传染病具有以下流行特征:

因传播途径容易出现,发病动物可连续出现,而且多为传染源周围的易感动物或动物群;如果是潜伏期较短的传染病,如流行性感冒等,常短时间出现大量发病动物,而出现暴发;如果对该类传染病没有进行有效的控制,其发病率常出现周期性和季节性变化,多在冬春季节发生;该类传染病的发生常于动物饲养舍的环境和饲养密度有关。

②经污染的饲料和饮水传播:病原体引起传染病主要以消化道为侵入门户,如口蹄疫、猪瘟、副伤寒等,传播媒介主要是被病原体污染的饲料和饮水。传染源的分泌物、排泄物和患病动物的尸体及其污染的饲料、食槽、饮水器等,或者某些污染的生产工具、运输工具、圈舍等转换过程中污染了饲料、饮水而传染给易感动物。在传染病的防控过程中,应加强饲料和饮水的管理,防止饲料的生产、运输、贮存以及饮水、人员、工具的污染,严格执行防疫卫生消毒制度。

③经污染的地面传播:传染源的排泄物、分泌物或其尸体污染土壤,并在其中存活很长时间的病原体称为土壤性病原微生物。如引起猪丹毒的红斑丹毒丝菌虽然不能形成芽孢,但对干燥腐败等外界环境因素的抵抗力较强,在土壤或圈舍地面中能长时间保持感染力。在猪丹毒常发的猪场、圈舍或圈栏,除了传染源不断排出病原体外,地面中存在的病原体也是该病发生的重要因素。

可通过地面传播的传染病,病原体对外界环境的抵抗力都很强,一旦形成疫区很难根除。在传染病的防控过程中,应加强传染源的排泄物、污染的环境和用具以及尸体的处理,按计划进行彻底消毒、无害化处理,防止形成疫区,形成不易清除的疫源地。

④经活的媒介传播。

节肢动物:动物传染病的传播媒介主要有蚊、家蝇、蜱、虱、螨和蚤等,通过在传染源与健康动物的刺蜇吸血,机械性地传播病原体。它们还可将病原体带到较远的地方,如蚊传播猪丹毒、脑炎。家蝇虽然不能吸血,但活动在动物体与排泄物、分泌物、尸体、饲料之间,对传播消化道的传染病的作用不容忽视。蜱、螨、蚤等体表寄生虫,如果广泛地存在于圈舍或动物体表,还可在不同的个体之间活动,从而形成疫情传播。

野生动物:野生动物的传播可分为两类,一类是本身对病原体有易感性,受到感染后成为传染源,再传染给同群或其他动物。如狐、狼、吸血蝙蝠等可将狂犬病传染给同群或其他动物;鼠类传播沙门菌病、伪狂犬病、布鲁氏菌病等;另一类是野生动物本身对某种病原没有易感性,只是机械性地传播疾病,如鼠类传播猪瘟、口蹄疫等。

人员:饲养管理人员、疾病防治工作人员以及外来人员等在工作过程中不严格执行防疫卫生消毒制度,如自身或使用的工具消毒不彻底,就容易传播病原体。如在出入具有传染源作用的动物和健康动物圈舍时,将手上、衣服、鞋底及生产工具上携带的病原体传播给健康的易感动物;再如兽医使用的体温计,反复使用的注射针头以及其他器械不能严格消毒、按规定使用,就很可能成为猪瘟、炭疽等传染病的传播媒介。另外,接触动物的人也可传播某些人畜共患病,如口蹄疫、结核病、布鲁氏菌病等,因此,接触畜牧兽医工作的人员,应先进行相应的体检,获得健康证明后方可进行管理动物的相关工作。

(2)垂直传播　包括经胎盘传播、经产道传播和经哺乳传播。

①经胎盘传播:受感染的妊娠动物经胎盘血流传播病原体感染胎儿,称为胎盘传播。可经该途径传播的猪传染病有猪瘟、猪细小病毒病、猪伪狂犬病等。

②经产道传播:病原体经妊娠动物阴道通过子宫颈口到达绒毛膜或胎盘引起胎儿感染,或胎儿从无菌的羊膜腔穿出而暴露于严重污染的产道时,胎儿经皮肤、呼吸道、消化道感染母体病原。可经该途径传播的猪传染病有猪大肠杆菌病、猪链

球菌病、猪沙门菌病等。

③经哺乳传播：携带病原体的哺乳母猪通过仔猪吮乳的途径引起哺乳仔猪感染。如猪瘟、猪伪狂犬病、猪繁殖与呼吸综合征、猪圆环病毒病、猪细小病毒病等。

综上所述，病原体侵入易感动物体内有多种途径，以多种方式经过不同的途径感染动物。

传播途径是指病原体侵入动物机体必须通过的场所、路径，它还包括了传播媒介，是具体的、客观的、特指的和物化的；传播方式是指病原体通过各种传播途径进入易感动物体内所表现的形式，如直接和间接、横向和纵向、水平和垂直、机械性和生物性等。传播途径和传播方式有密切联系，无论是哪种传播方式都要通过特定的传播途径表现出来，如垂直传播的方式需要精子、胎盘和产道等多种途径才能实现，而水平传播方式则可以通过其他途径来完成；而所有的间接传播方式都要以传播媒介为载体，都需要传播媒介参与。在描述传染病的传播特点时，常把传播方式和传播途径联合使用，如猪肺炎支原体引起的支原体肺炎（猪气喘病）主要通过空气（间接接触传播方式）经呼吸道（途径）间接（方式）进行传播。

1.3.3 猪的易感性

1. 易感性和易感猪

动物对某种病原体缺乏免疫力而容易感染的特性称为易感性。有易感性的猪称为易感猪。易感性与抵抗力是相反的，指动物对某种传染病病原体感受性的大小。猪群的易感性是指猪群整体对某种传染病病原体的易感染程度。某地区猪群中易感猪所占的比例，直接影响到某种或几种传染病能否造成流行以及传染病的严重程度。

2. 影响猪群易感性的因素

猪或猪群易感性的高低与病原体的种类和毒力有关，但主要还是取决于猪的遗传特征、特异免疫状态等因素。另外，气候、营养、饲养管理、卫生情况等外界环境因素都可以直接影响到猪的易感性和病原体的传播。

（1）内在因素 不同品种或不同日龄的猪对同一种病原体表现的临床表现不一样，对传染病的抵抗力也有差别。例如大肠杆菌感染不同日龄的猪临床表现为仔猪黄痢、仔猪白痢、猪水肿病和断奶仔猪腹泻等形式；猪圆环病毒可感染不同日龄的猪，但仔猪感染后发病较为严重。

（2）外界因素 各种饲养管理因素，主要包括饲料品质、圈舍环境卫生、粪便处理情况、饲养密度、饲喂制度、相应隔离措施及检疫等，都直接影响传染病的发生。在对比同一地区、同一时间较相似的猪场或养殖户时，可以较明显地调查出饲养管理条件是导致传染病发生重要因素，如猪支原体肺炎。

(3)特异免疫状态 传染病是否流行、强度轻重和时间维持多久,除了取决于传染病的潜伏期、病原体的传染性外,还和猪群的饲养密度有关。当猪群中流行某种传染病时,猪抵抗力较差易发病,死亡的可能性较大,存活下来的或已经耐过,或经无症状感染获得了特异性免疫力。因此,某种传染病流行之后,该地区或猪场的猪易感性降低,传染病停止流行。这种免疫的猪所繁殖的仔猪,一般会获得母源抗体,具有先天的被动免疫,在仔猪阶段有一定免疫力。在某些传染病存在的地区或猪场,猪只的易感性较低,大部分猪只呈现无症状传染或非典型的顿挫型传染,有不少带菌猪没有临床表现。一旦这样的猪被引入无这些传染病的地区或猪场,猪场一旦被传染常引起急性暴发。

猪群进行群体免疫后,如果特异性免疫的比例高,病原体侵入后,发生传染病的概率减小,或只能出现少数散发病例。一般情况下,如果猪群中有70%～80%的猪具有抵抗力,就不会发生大规模的流行。当猪群引起新的易感猪后,猪群获得的特异性免疫比例发生变化,即提高了该猪群的易感性。当出现某种传染病的流行后,猪群的免疫力就提高了。随着养殖时间的延长或仔猪的出生,易感猪的比例逐渐增加,又可能发生某种传染病。另外,传染病的发生还与猪只之间接触的频率有关,因此引种、传染病的防控等过程中要注意饲养管理、隔离等工作。

1.3.4 猪传染病流行过程的规律性

1.表现形式

(1)散发性 传染病无规律性随机发生,局部地区病例零星地散在出现,病例之间在发病时间与地点上无明显的关系,这种传染病的发生形式称为散发性。可能原因有以下几种。

①猪群对某种传染病的整体免疫水平较高,如某地区或猪群进行群体免疫猪瘟疫苗后,在易感猪这个环节上得到控制,猪瘟可能只有散发病例出现。

②某种传染病在猪群中隐性感染比例较大,如流行性乙型脑炎病毒在猪群中主要表现为阴性感染,只有一部分猪只偶尔会表现临床症状。

③某种传染病在猪群中传播需要一定的条件,如破伤风梭菌需要在厌氧深创条件时才能发病,因此,该病只能零星散发。

(2)地方流行性 传染病在一定的地区和动物群体中带有局限性传播特征、较小规模流行形式称为地方流行性,或称为地区性。发生原因有以下几种。

①某些传染病的病原体污染了的地区或场所,一旦形成常在的疫源地,如果没做好防疫工作,每年都可能出现一定数量的发病,如炭疽。

②某些散发传染病在猪群易感性增强或传播条件有利时,可呈现地方性流行,如猪巴氏杆菌病、猪沙门菌病。

（3）流行性　传染病在一定时间内一定动物群体出现较多的病例,数量上没有绝对界限,发生频率较高的流行形式称流行性。

表现为流行性传染病的病原往往毒力较强,能以多种方式传播,猪群的易感性较高,如猪瘟。

如果某种传染病在一个动物群体中或一定地区范围内,在短时间（最长潜伏期）突然出现很多病例,这种特殊的流行性称为暴发。

（4）大流行　传染病发生的规模非常大,流行范围可扩大到全国,甚至涉及几个国家或整个大陆,这种流行形式称为大流行。

上述几种传染病流行过程的表现形式之间的界限是相对的,并不是固定不变的。

2. 季节性

某些猪传染病经常发生在一定的季节,或在一定的季节发病率呈显著上升的现象,称为流行过程的季节性。主要原因有以下几个方面。

（1）季节对病原体在外界环境中存在和散播的影响　不同的季节,温度、湿度、光照等对环境中的病原体有不同的影响,如夏季气温高、日照时间长,对抵抗力较弱的病原体在环境中存在是不利的。如阳光暴晒可使口蹄疫病毒很快失去活力,因此,口蹄疫一般在夏季减缓或平息;多雨和洪水泛滥的季节,土壤中炭疽杆菌芽孢或气肿疽梭菌芽孢容易随洪水散播,因此,炭疽或气肿疽发生的可能性增多。

（2）季节对活的传播媒介的影响　夏季,苍蝇、蚊、虻类等吸血昆虫大量出现,由这些传播媒介传播的传染病则较易发生,如猪流行性乙型脑炎、猪丹毒等。

（3）季节对猪的活动和抵抗力的影响　寒冷的季节,猪群聚集,增加接触机会,如果舍内温度较低、光照不足、湿度增高、通风不良等条件存在,常易发生经空气传播的呼吸道传染病。

3. 周期性

某些传染病常经过一定的间隔时间,还可再发生流行,这种现象称为传染病流行过程的周期性。

在传染病流行期间,易感动物除了发病死亡或被淘汰外,康复的或隐性感染的可获得免疫力,因此,传染病的流行逐渐平息。经过一定的时间,由于免疫力逐渐消失,或新生动物,或引进外来的易感动物,动物群的易感性再次增高,可能出现新的暴发流行。

1.3.5　疫源地和自然疫源地

1. 疫源地

疫源地是指具有传染源及其排出的病原体存在的地区。通常将范围较小或单个传染病所构成的疫源地称为疫点。多个疫源地连成片而且范围较大时称为疫区。

疫源地可以向外传播病原体,有向其他地区传播病原体的机会,可能导致传染病的发生。

2.自然疫源地

自然疫源性是指人和动物疫病的感染和流行,对自然界中存在该病没有必要的影响的现象。具有自然疫源性的疾病称为自然疫源性疾病,又称为动物地方病。已知的自然疫源性疾病有森林脑炎、流行性出血热等病毒性疾病等。存在自然疫源性疾病的地方称为自然疫源地。这些地方主要是原始森林、沙漠、草原、深山、沼泽、荒岛等。

自然疫源地具有某些可引起传染病的病原体在该地方的野生动物中长期存在和循环的特点。自然疫源性疾病具有明显的区域和季节性特点。受到社会活动的影响,易感的人或动物进入该区域,可能感染而影响其流行。如人类的活动,垦荒、修路、水利建设、采矿、旅游、探险、物品运输等,常会破坏或扰乱原来的生物群落,使病原体赖以生存、循环的宿主、媒介发生变化,而导致自然疫源性疾病增强、减弱或消失,也会引发从前在本地并不存在的新的自然疫源性疾病。

自然疫源性疾病可不依赖人类而存在于自然界,在人迹罕见的地方存在某种未知的自然疫源性疾病是完全可能的。

1.4　猪传染病的诊断

传染性疾病是困扰养猪业最大的难题之一,控制传染病的前提是正确地诊断。只有在确诊疾病的主要病原后,才能对症下药,采取适当的防治措施。当前养猪生产过程中,猪病的诊断主要分为临床诊断和实验室诊断两个方面,在临床诊断中包括流行病学诊断、临床症状诊断和病理解剖诊断,是猪病诊断的基础,在这个阶段,兽医的经验是主要的,往往有可能会出现诊断的偏差,所以只能是初步诊断,不可以作为确诊依据。而实验室诊断主要包括血清学诊断、病理组织学诊断和病原学诊断。实验室诊断一般比较准确,可以作为确诊传染病的依据。

1.4.1　猪传染病的临床诊断

1.流行病学诊断

区域流行病学调查:当猪场发生疫病时,我们要了解当前全国其他地区主要流行疫病的主要情况,以及养殖场所在地周边地区近期有无类似疾病的发生,发病前是否由其他地区引入种猪、饲料,输出地是否有类似的疾病发生等。这对于我们判断疾病的大致方向有很重要的帮助。

本场流行病学调查：首先是调查本场的既往病史，之前是否发生过类似的发病情况，有无发病记录、诊断记录、确诊记录、防治效果记录等信息；其次是调查本次疾病的发生发展过程，疾病最初是从什么阶段的猪发现的，随后是如何传播的，传播的速度如何。这些信息的收集都可以给诊断提供重要依据。

季节性调查：某些传染病具有一定的季节性特点，如夏秋季节的乙型脑炎，冬春季节的口蹄疫、病毒性腹泻等。而夏季容易发生猪丹毒、魏氏梭菌病、胸膜肺炎等呼吸道疾病，而喘气病等常常在寒冷的冬季发生或加重病情。另外有一些疾病如猪瘟、猪蓝耳病、猪伪狂犬病、圆环病毒感染等疾病是没有明显的季节性差异的。所以我们在诊断疾病之前要了解本场疫病是否有季节相关性，以此作为诊断的一个依据。

2.临床症状诊断

群体症状的观察：在猪场进行临床诊断时，先对猪群进行群体检查，通过对群体的症状的观察，对猪群的健康状况作出初步的评价，从群体中把病猪抽检出来，以进行个体检查。群体的观察其中一个重要项就是确定是否该疾病具有传播性，如果在场内没有传染性，只是个别发生，则需要考虑非传染性的因素。如果具有传播性，表现为群体发病，则考虑传染性因素为主。

临床症状观察还需要调查该病的发生时间，主要发病猪种类（种猪还是仔猪）及生长阶段（发病的日龄段），以及当前的感染率、发病率、死亡率等数据。表 1-1 罗列猪场常见的几种传染性疾病的数据，仅供参考。

表 1-1 猪场常见传染性疾病

猪场常见传染病	主要危害	发病率	死亡率
高致病性猪繁殖与呼吸综合征	种猪的繁殖障碍和仔猪的呼吸道综合征	高	仔猪死亡率高（10%～40%）；母猪也会出现死亡
低致病性猪繁殖与呼吸综合征	种猪的繁殖障碍和仔猪的呼吸道综合征	中	低（0～10%）；母猪一般不死亡
猪伪狂犬病	种猪的繁殖障碍、仔猪腹泻和神经症状、肥猪呼吸道症状	高	哺乳仔猪死亡率可接近100%，保育猪死亡率10%～30%，育肥猪死亡率较低，几乎不死亡
猪圆环病毒病	种猪的繁殖障碍和仔猪的呼吸道综合征、皮炎肾炎综合征、断奶仔猪多系统衰竭综合征、腹泻、神经症状	高	单纯的圆环病毒感染死亡率很低（5%～10%）
经典猪瘟	高热、出血、高死亡率	低	高，可达100%

续表 1-1

猪常见传染病	主要危害	发病率	死亡率
非洲猪瘟	高热、出血、高死亡率	低	高,可达100%
口蹄疫	仔猪死亡,肥猪的淘汰率高	高	哺乳仔猪死亡率高
病毒性腹泻	仔猪水样腹泻、呕吐,高死亡率	高	高(7日龄以内死亡率接近100%)
猪细小病毒病、乙型脑炎	种猪繁殖障碍	低	低
喘气病(支原体肺炎)	生长猪呼吸道疾病,生长缓慢	高	低
副猪嗜血杆菌	生长猪呼吸道疾病,关节炎、生长缓慢	高	容易继发病毒性疾病导致高死亡率,单纯发生死亡率较低
猪链球菌病	生长猪呼吸道疾病,关节炎、生长缓慢	高	容易继发病毒性疾病导致高死亡率,单纯发生死亡率较低
魏氏梭菌病	母猪和大肥猪胀气,仔猪红痢	仔猪高	仔猪死亡率较高(20%～70%)
猪丹毒	母猪和生长猪高热,高死亡率,皮肤丘疹	高	高

观察猪群的临床症状表现,并进行详细的记录和鉴别诊断。猪发生传染病时往往会出现以下症状的分类:繁殖障碍性疾病、呼吸系统疾病、消化系统疾病、神经系统疾病、运动系统疾病、皮肤系统疾病、贫血性疾病等。临床兽医需要根据不同的临床症状对于猪场发生的疾病进行鉴别诊断。

(1)繁殖障碍性疾病　繁殖障碍是指猪在繁殖过程中(配种、妊娠和分娩等几个环节),由于疾病等因素造成的不能受孕,或受孕后不久胚胎或胎儿发生死亡的情况。临床表现有不发情、屡配不孕、流产、产死胎、木乃伊或弱仔等。引起繁殖障碍的传染性疾病有:猪繁殖与呼吸障碍综合征、伪狂犬病、猪瘟、圆环病毒病、猪细小病毒病、猪乙型脑炎、布鲁氏菌病、李氏杆菌病、衣原体感染、钩端螺旋体或弓形虫感染、附红细胞体病、猪丹毒、肾虫病等。一些非传染性的因素也可以导致母猪的繁殖障碍,如营养不良、微量元素缺乏症、卵巢疾病、子宫炎、阴道疾病、中毒性疾病(霉菌毒素等)。在以上传染性因素中,可以引起体温升高的主要有猪瘟、猪繁殖与呼吸综合征、衣原体、附红细胞体、猪乙型脑炎、猪丹毒等。而钩端螺旋体病、弓形虫感染、猪细小病毒病、布鲁氏菌病、李氏杆菌病、肾虫病等往往不会引起体温升高。

（2）呼吸系统疾病　　呼吸系统症状是指猪群表现为呼吸困难、咳嗽、喘气、张口呼吸、腹式呼吸等，有时伴随食欲减退、发热、消瘦、生长缓慢等症状。可以引起呼吸系统症状的传染性疾病有：猪繁殖与呼吸综合征、猪瘟（胸型）、猪伪狂犬病、圆环病毒感染、肺炎支原体（喘气病）、流行性感冒、链球菌病、副猪嗜血杆菌病、衣原体性肺炎、猪传染性萎缩性鼻炎、猪肺疫、猪传染性胸膜肺炎、沙门菌病、血凝性脑脊髓炎等。蛔虫病、弓形虫病、肺线虫病、附红细胞体病等可以引起呼吸道疾病。

需要和非传染性的普通疾病进行鉴别诊断，如：中暑、鼻炎、感冒、急性支气管炎、慢性肺气肿、卡他性肺炎、急性腹膜炎、有机磷中毒、亚硝酸盐中毒、酒糟中毒、硒-维生素 E 缺乏、一氧化碳中毒、霉菌毒素中毒、灭鼠药中毒等。

（3）消化系统疾病　　猪场主要消化道疾病的表现有腹泻、呕吐、胀气、便血等症状。

引起水样腹泻且死亡率较高时，主要考虑猪流行性腹泻、猪传染性胃肠炎、猪轮状病毒病、德尔塔冠状病毒病、博卡病毒病、库布病毒病、呼肠孤病毒病等。这些肠道病毒的感染往往伴随着呕吐的症状。最终，仔猪脱水死亡，死亡率极高。粪便多呈酸性，区别于细菌感染的碱性粪便。

产房发生的黄色、白色拉稀（黄白痢）是多数由大肠杆菌引起的，沙门菌也可引起类似疾病。灰白色粪便要考虑是否有球虫的问题。

如果伴有血色的拉稀，在仔猪阶段主要考虑魏氏梭菌引起的仔猪红痢疾。在保育育肥阶段导致拉血的疾病有密螺旋体感染引起的猪痢疾，胞内劳森菌引起的猪增生性肠炎等。球虫病、沙门菌病、弓形虫病偶尔也会出现拉血现象。

母猪和育肥猪发生胀气引发不吃料或者死亡，多数是因为发生魏氏梭菌的感染导致胀气。

另外，蓝耳病、圆环病毒感染、猪瘟、猪伪狂犬病的感染也会伴随着腹泻的发生，且抗生素治疗无效。

除传染性因素引起的猪发生消化道疾病以外，一些非传染性的因素也会导致猪消化道的疾病。如消化不良、饲料营养不均衡、霉菌毒素、温度过低、湿度过大等也很常见。

（4）神经系统疾病　　猪场很多疾病会引起猪只的神经系统疾病，主要表现为共济失调、角弓反张、转圈、倒地划水、抽搐、震颤等。

常见的神经系统疾病有：猪伪狂犬病、猪瘟、猪链球菌病、传染性脑脊髓炎、仔猪水肿病（大肠杆菌毒素导致）、蛔虫病、弓形虫病。这些疾病都会侵害脑或者脊髓导致神经损伤。另外圆环病毒、猪瘟病毒等会引起产房仔猪的抖抖病。

非传染性的因素有：霉菌毒素中毒、营养不良、有机磷中毒、维生素缺乏、仔猪低血糖、先天性肌痉挛等。

（5）运动系统疾病 猪运动系统的疾病主要表现为瘫痪、跛行等。常见的传染病引起的运动系统症状表现为蓝耳病或猪瘟感染导致的后肢瘫痪，以及副猪嗜血杆菌或链球菌导致的关节肿等。需要仔细观察，以区别外伤导致的运动障碍。

（6）皮肤系统疾病 猪场很多疾病都伴随着皮肤的病变表现，如皮肤出血点、丘疹、发绀发紫、皮炎、坏死等表现。

引起皮肤病变的常见的传染性疾病有：葡萄球菌引起的渗出性皮炎；链球菌引起的坏死性皮炎；丹毒引起的丘疹；猪痘、水疱病、口蹄疫等引起的水疱疹；圆环病毒引起的皮炎肾病综合征；蓝耳病、猪瘟、猪伪狂犬病等引起的皮肤发绀发紫、皮下出血、坏死点等；慢性猪瘟、非洲猪瘟引起的皮肤坏死；炭疽、恶性水肿、坏死杆菌病、副猪嗜血杆菌病等引起的皮肤出血或坏死；弓形虫病、附红细胞体病等感染会引起皮肤毛孔出血等表现。

另外，较为常见的是真菌引起的小孢子菌病、毛藓菌病、皮肤念珠菌病、曲霉菌病、玫瑰糠疹等单纯的皮肤性疾病。

疥螨的寄生也会导致皮肤出血点、发黑、结痂等表现。

需要注意鉴别诊断的非传染性因素有：蚊、苍蝇、蟀、虱叮咬，晒斑，外伤，普通湿疹，光敏反应，应激性皮炎。营养不均衡或者微量元素缺乏导致的皮肤角化不全、增生性皮炎、硬皮病、皮肤坏死等。

（7）贫血性疾病 猪只贫血可见皮肤苍白、黏膜苍白等。可导致贫血的传染性疾病主要有猪瘟、猪肺疫、钩端螺旋体病、结核病、猪痢疾、猪增生性肠炎、附红细胞体病、肠道寄生虫病等。需要和营养性疾病或其他非传染性因素引起的贫血性疾病相区别，如营养不良、新生仔猪溶血、缺铁性贫血、霉菌毒素中毒等。

3.病理解剖诊断

病理剖检是猪病诊断中重要的方法之一。有许多疾病在临床上往往不显示任何典型症状，而剖检时却有一定的特征性病变，通过对病猪或因病死亡猪的尸体剖检，根据观察体内各组织脏器的病理变化，作为确诊的依据。

（1）剖检注意事项

①剖检猪只的选择：剖检猪最好是选择临床症状比较典型的病猪或病死猪。有的病猪，特别是最急性死亡的病例，特征性病变尚未出现。为了全面、客观、准确地了解病理变化，可多选择几头不同时期的病、死猪进行剖检。

②剖检时间：剖检尽量选择活猪，如果是病死猪应当是 12 h 以内的。剖检最好在白天进行，避免灯光影响对病理性颜色的识别（如黄疸、变性等）。

③剖检人员的防护：剖检人员应穿工作服，戴胶皮手套和线手套、工作帽，必要

时还要戴上口罩或眼镜,特别是剖检疑似人畜共患传染病猪尸体时,以预防感染。剖检中皮肤被损伤时,应立即消毒伤口并包扎,视情况及时就医。剖检后,双手用肥皂洗涤,再用消毒液浸泡、冲洗。为除去腐败臭味,可先用0.1%高锰酸钾溶液浸洗,再用2%～3%草酸溶液洗涤褪色,再用清水清洗。

④尸体消毒和处理:剖检前应在尸体体表喷洒消毒液,如怀疑患炭疽时,严禁剖检,及时报上级部门处理,并保护好现场,避免形成传播。死于传染病的尸体,可采用深埋或焚烧。搬运尸体的工具及尸体污染场地也应认真清理消毒。

⑤综合分析:有些疾病特征性病变明显,通过剖检可以确诊,但大多数疾病缺乏特征病变。另外,原发病的病变常受混合感染、继发感染、药物治疗等诸多因素的影响。在尸体剖检时应正确认识剖检诊断的局限性,结合流行病学、临床症状、病理组织学变化、血清学检验及病原分离鉴定,综合分析诊断。

⑥做好剖检记录:尸体剖检记录是尸体剖检报告的重要依据,也是进行综合分析诊断的原始资料。记录的内容要力求完整、详细,能如实地反映尸体的各种病理变化。

(2)剖检顺序及检查内容

①体表检查:在进行尸体解剖前,先仔细了解被剖检猪的生前情况,以缩小对所患疾病的考虑范围。体表检查首先注意品种、性别、年龄、毛色、体重及营养状况,然后再进行死后征象、天然孔、皮肤和体表淋巴结的检查。

死后征象:猪死后会发生尸冷、尸僵、尸斑、腐败等现象。根据这些现象可以大致判定猪死亡的时间、死亡时的体位等。

尸冷:尸体温度逐渐与外界温度一致,其时间长短与外界的气温、尸体大小、营养状况、疾病种类有关,一般需要1～24 h。因破伤风而死的,其尸体的体温有短时间的上升,可达42 ℃以上。

尸僵:发生在死亡后1～4 h,由头、颈部开始,逐渐扩散到四肢和躯干。经10～15 h,尸僵又逐渐地消失,凡高温、急死或死前挣扎的尸僵发生较快;而寒冷、消瘦的尸僵发生较慢。

尸斑:尸体剥皮后,常在死亡时着地的一侧皮下呈暗红色,指压红色消失。

腐败:尸体腐败时腹部膨大,肛门突出,有恶臭气味,组织呈暗红色或污绿色。脏器膨大、脆弱,胃肠中充满气体。

天然孔:注意口、鼻、眼、肛门、生殖器等有无出血现象,有无分泌物、渗出物和排泄物,以及可视黏膜的色泽,有无出血、水疱、溃疡、结节、假膜等。

皮肤:注意皮肤的色泽以及有无充血、出血、创伤、溃疡、脓疱、水肿等。

体表淋巴结:注意有无肿大、硬结,尤其是腹股沟淋巴结。

②内部检查:猪的剖检一般采用背位保定,切断四肢内侧的所有肌肉和髋关节的圆韧带,使四肢平摊,抵住躯体,保持不倒。

皮下检查:观察有无充血、出血、淤血、水肿(多呈胶冻样)等病变。

头颈部:检查口腔黏膜、舌、扁桃体、气管、食道、淋巴结等,注意舌上有无水疱、烂斑、增生物,扁桃体有无溃疡等变化,喉头有无出血等。检查脑时注意脑膜有无充血、出血、炎症等。另外,要特别注意颌下淋巴结、颈浅淋巴结,观察其大小、颜色、硬度,与其周围组织的关系及切面变化。

胸腔及其胸腔脏器的检查:用刀先分离胸壁两侧表面的脂肪和肌肉,检查胸腔的压力,用力切断两侧肋骨与软骨的接合部,再切断其他软组织,胸腔即可露出。检查胸腔、心包腔有无积液及其性状,胸膜是否光滑,有无粘连。分离咽、喉头、气管、食道周围的肌肉和结缔组织,将喉头、气管、食道、心和肺一同采出。

肺:首先注意其大小、色泽、重量、质地、弹性,有无病灶及表面附着物等;然后用剪刀将支气管剪开,注意检查支气管黏膜的色泽,表面附着物的数量、黏稠度;最后将整个肺纵横切数刀,观察切面有无病变,切面流出物的数量、色泽变化等。

心脏:先检查心脏纵沟、冠状沟的脂肪量和性状,有无出血。然后检查心脏的外形大小、色泽及心外膜的性状。最后切开心脏检查心腔。方法是沿左纵沟左侧切口,切至肺动脉起始部;沿左纵沟右侧切口,切至主动脉起始部;然后将心脏反转过来,沿右纵沟左右两侧做平行切口,切至心尖部与左侧心切口相连接;切口再通过房室口至左心房及右心房。经过上述切线,心脏全部剖开。检查心脏时,注意检查心脏内血液的含量及性状。检查心内膜的色泽、光滑度、有无出血,各个瓣膜、腱索是否肥厚,有无血栓形成和组织增生或缺损等病变。对心肌的检查,注意各部心肌的厚度、色泽、质地,有无出血、瘢痕、变性和坏死等。

腹腔及腹腔脏器的检查:从剑状软骨后方白线由前向后切开腹壁至耻骨前缘,观察腹腔中有无渗出物及其颜色、性状和数量;腹膜及腹腔器官浆膜是否光滑,肠壁有无粘连。再沿肋骨弓将腹壁两侧切开,使腹腔器官全部暴露。

肝:先检查肝门部的动脉、静脉、胆管和淋巴结,然后检查肝的形态、大小、色泽、包膜性状,有无出血、结节、坏死等,最后切开肝组织,观察切面的色泽、质地和含血量等情况,切面是否隆突,肝小叶结构是否清晰,有无脓肿、寄生虫性结节和坏死等。同时应注意胆囊的大小,胆汁的性状、量以及黏膜的变化。

脾:脾摘出后,检查脾门部血管和淋巴结,观察其大小、形态和色泽。包膜的紧张度,有无肥厚、梗死、脓肿及瘢痕形成。用手触摸脾的质地(坚硬、柔软、脆弱),然后做一两个纵切,检查脾髓、滤泡和脾小梁的状态,有无结节、坏死、梗死和脓肿等。

以刀背刮切面,检查脾髓的质地。患败血症的脾,常显著肿大,包膜紧张,质地柔软,暗红色,切面突出,结构模糊,往往流出多量煤焦油样血液。脾淤血时,脾也显著肿大变软,切面有暗红色血液流出。患增生性脾炎时脾稍肿大,质地较实,滤泡常显著增生,其轮廓显明。萎缩的脾,包膜肥厚皱缩,脾小梁纹理粗大而明显。

肾:检查肾的形态、大小、色泽和韧度。注意包膜的状态,是否光滑透明和容易剥离。包膜剥离后,检查肾表面的色泽,有无出血、充血、瘢痕、梗死等病变。然后沿肾的外侧面向肾门部将肾纵切为相等的两半,检查皮质和髓质的厚度、色泽、交界部血管状态和组织结构纹理。最后检查肾盂,注意其容积,有无积尿、积脓、结石等,以及黏膜的性状。

胃:先观察胃的大小,浆膜色泽,胃壁有无破裂和穿孔等,然后由贲门沿大弯至幽门剪开,检查胃内容物的数量、性状、气味、色泽、成分、寄生虫等。最后检查胃黏膜的色泽,注意有无水肿、出血、充血、溃疡、肥厚等病变。

肠:从十二指肠、空肠、大肠、直肠分段进行检查。先检查肠系膜、淋巴结有无肿大、出血等,再检查肠管浆膜的色泽,有无粘连、肿瘤、寄生虫性结节等。最后剪开肠管,检查肠内容物数量、性状、气味,有无血液、异物、寄生虫等。除去肠内容物,检查肠黏膜的性状,注意有无肿胀、发炎、充血、出血、寄生虫和其他病变。

骨盆腔脏器的检查:检查膀胱的外部形态,然后剪开膀胱检查尿量、色泽和膀胱黏膜的变化,注意有无血尿、脓尿、黏膜出血等。公、母猪应检查生殖器官。检查睾丸和附睾的外形大小、质地和色泽,观察切面有无充血、出血、瘢痕、结节、化脓和坏死等。

检查卵巢和输卵管时,先注意卵巢外形、大小,卵泡的数量、色泽,有无充血、出血、坏死等病变。观察输卵管浆膜面有无粘连,有无膨大、狭窄、囊肿;然后剪开,注意腔内有无异物或黏液、水肿液,黏膜有无肿胀、出血等病变;检查阴道和子宫时,除观察子宫大小及外部病变外,还要用剪子依次剪开阴道、子宫颈、子宫体,直至左右两侧子宫角,检查内容物的性状及黏膜的病变。

颅腔的检查:先用刀揭开颅脑前部的皮肤,然后用锯子或斧子打开颅骨裸出大脑。检查脑部的色泽和沟回是否正常。重点排查是否有脑膜出血、炎症等病变,脑部有无出血、糜烂、坏死等病变,脑沟回是否有变浅、变模糊等病变。如果临床变现有神经症状的,可以用刀片或剪刀取出部分脑组织作为病原检测的样本。

③剖检术式:沿肩胛骨前缘切断臂头肌、颈斜方肌和肩关节使其前肢摊开,并沿颈椎和下颌骨向头部纵向切开至舌根部(图1-1);从股骨大转子处由内侧切断股内收缩肌和髋关节使其后肢展开(图1-2)。

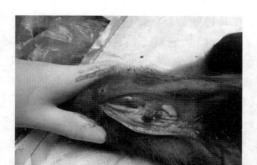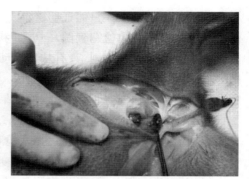

图 1-1　沿颈椎和下颌骨向头部　　　　　图 1-2　后肢展开
　　　　纵向切开至舌根部

沿着下颌部皮肤切开，并顺着气管方向往胸部方向切开，切断胸部软骨，然后顺着胸廓切开胸腔，暴露胸腔（图 1-3），并顺延下去剖开腹腔，暴露胸腔和腹腔（图1-4）。然后对胸、腹腔各器官进行检查。

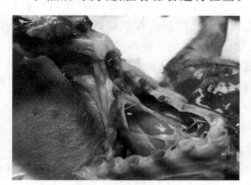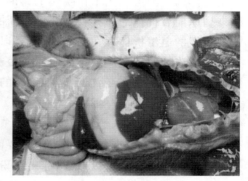

图 1-3　暴露胸腔　　　　　　　　　图 1-4　暴露胸腔和腹腔

1.4.2　猪传染病的实验室诊断

1.病原学诊断

当前实验室最常用的诊断方法是运用分子生物学、免疫学技术对临床病料或样品进行病原的鉴定，如聚合酶链式反应（PCR）、免疫组化技术、DNA 探针技术、限制性酶切片段长度多态性（RFLP）技术等，这些技术可以快速准确地测定样品中是否含有特定的病原体。

还包括细菌和寄生虫的染色、显微镜检查技术，仅用于某些具有特殊形态的细菌的鉴定。

无法用分子生物学或免疫学技术快速鉴定时，可运用病原分离培养技术进行研究。

实验室的诊断往往只能证明样品中含有某种病原体,而不能作为确诊的唯一依据。比如当样品中检测到圆环病毒,我们不能轻易地就下结论该病是由圆环病毒引起的。根据科赫法则,只有从发病动物中分离了病原,再回归动物又能引起同样的临床表现,才可以确诊为发病病因。我们在实际临床工作中,主要根据临床诊断、病理组织学检查和病原学检查的结果,作出初步诊断。

2.病理组织学诊断

病理组织学诊断主要是通过显微镜观察病料组织切片中的特征性显微病变和特殊结果,借以诊断和区别不同的病理变化,是诊断某些传染病最主要和最可靠的方法,如狂犬病。但是,显微病变也往往是无特征性和特殊结构的,可以发生在多种疾病中,确诊又往往需要结合病原学诊断。

3.血清学诊断

血清学诊断方法主要是运用抗原抗体特异性结合的原理,用已知的抗体检测抗原,也可以用已知的抗原测定抗体。

抗体的检测可以用来作疾病的诊断,也可以用来评估疫苗的免疫效果。动物感染病原前后抗体的差异就是我们诊断的依据。比如说有症状组的血清抗体和正常动物组的血清抗体存在明显差异,可以指示该疾病与这种病原有相关性。

可以连续跟踪生产的不同阶段免疫抗体和野毒抗体的变化情况,从而来分析猪群感染疾病的动态变化,为防控策略的制定提供参考依据。

4.实验室诊断的样本采集和保存

(1)尽可能选择未经治疗的早期或急性期新鲜病料。

(2)尽可能无菌操作,特别对于需要做病原分离的样本。

(3)无初步诊断,可以取 3～4 mL/份(抗凝、未抗凝各一份)、脑脊髓液及全身脏器均采集两份,一份固定于 10% 中性福尔马林溶液中(用于组织病理学诊断),另一份装密封袋冷冻保存并加冰运输(用于病原诊断);需要做细菌分离鉴定的,现场采集时可以用新鲜样品涂培养皿。

(4)必须妥善包装并标记清楚,避免沿途散落污染,并尽快送到实验室。

(5)应附有详细的疫情描述、病史、临床诊断、剖检病变及初步的诊断结果,以及样品的标号说明。

在临床上,常根据初步诊断,采集样品。一般情况下,可以按下面采样建议采集病料或样本。

(1)病原检测

①呼吸系统疾病,优先采集肺、脾、淋巴结等样品;

②腹泻类疾病,优先采集肠道(优先)或者粪拭子等样品;

③繁殖障碍类疾病,可采集脐带血、母猪血、胎衣(小部分)等样品,建议一窝流

产取 3～5 只胎儿组织(肺、脾、脑组织)合检;

④如有血样检测病原须尽量采集全血。

(2)细菌分离检测

①腹泻类细菌,采集一段肠道(10 cm 左右,两端系好);

②呼吸系统类、繁殖障碍类细菌,需采集完整的肺(带气管)、肝、脾等;

③神经症状类细菌,采集完整的肺(带气管)、脑组织、关节等。

(3)抗体检测样品　需要采集清亮的血清,尽量保证每份检测样品有 200 μL 以上的血清。

 思考题

1.名词解释:感染、传染源

2.当出现新发传染病时,根据传染病的流行环节,制定防控措施。

3.在传染病病程的发展阶段中,潜伏期在防控工作中的意义是什么?

4.列举传染病常见的传播方式。

5.介绍实验室诊断技术的发展概况。

第2章

规模化猪场传染病的综合防治措施

【本章提要】本章主要阐述规模化养猪的生产特点及疫病情况，引导人们思考规模化猪场的防疫体系建设内涵，同时，着重介绍种猪场传染病如何开展净化措施，为规模化养猪场建立传染病的防控策略提供依据。

2.1 规模化养猪的生产特点及猪场疫病情况

2.1.1 规模化养猪的生产特点

现代化养猪生产是指利用现代的养殖装备和科学技术，按照半自动化、自动化方式进行生产，集约化经营与管理。目前规模化猪场具有占地面积广、生产经营规模大，以及集约化、自动化程度高等特点。在规模化养猪场中大量使用自动化养猪设备，如自动化料线在中、大型猪场中得到了广泛的应用，有利于减少猪场人员进出频率，减轻养猪场的劳动强度，提高生产效率。同时可以提供满足生猪生长所需适宜的条件，使猪群生长发育速度加快，料肉比下降，栏舍利用率增高，养殖经济效益大幅提升。规模化养猪主要有以下几个特点：

1. 应用先进的畜牧设备和自动化仪器进行规模化和集约化生产

根据猪的生理特点，运用现代设备设施，有效控制猪舍环境，使养猪生产不受季节和气候的影响。同时为了提高生产率，方便管理，安装必要的半自动和全自动化设备仪器。

2. 运用现代畜牧科学技术

运用先进的遗传育种、营养管理、猪的行为特性把控、专业化的自动化机械设备和疫病防治等技术，不断提高生产效率和生产水平。拥有优良遗传性能、高生产性能的种猪群和完善的繁育体系。具备优秀的生产团队和人才战略储备体系。拥有严密的生物安全体系、完善的兽医卫生制度、合理的免疫程序和符合环境卫生要求的污物、粪便处理系统。

3.科学化管理

采用科学的经营管理方法组织生产,能均衡地满足不同阶段猪群所需的各种营养饲料,实行标准化饲养,一般采用阶段饲养、"全进全出"饲养工艺,使生产和管理方便、系统化,提高生产效率,保证生产有序平稳地进行。

2.1.2 规模化猪场疫病流行的特点

1.季节性不明显

因养殖环境的改变,疫病的季节性已不明显,原本很多季节性较强的疫病打破了原有发病规律,如冬季的病毒性腹泻在夏季也可以遇到。呼吸道疾病综合征、断奶仔猪多系统衰竭综合征等更是不分季节。

2.常见非典型性疫病

受外界环境或猪群免疫力的影响,部分疫病在流行过程中,病原微生物的毒力经常会出现减弱或增强现象,从而出现新的血清型或变异毒株。加上猪群免疫水平较低或参差不齐,导致部分动物疾病在流行病学、临床症状和病理变化等方面从典型向非典型、温和型转变,流行程度和范围从大流行转为地区性散发流行,最终使疫病出现非典型性变化(如非典型猪瘟)。

此外,有些病原微生物的毒力存在增强现象,即使经过正常免疫的猪群也出现患病,给疾病诊断和防治带来较大挑战。

3.混合、继发感染

外界环境和气候发生骤变,强毒力微生物侵袭,而猪群抵抗力下降,就会出现动物机体从单一病原体感染变为两种或两种以上病原体同时感染,造成出现多重感染、混合感染和并发感染现象,并导致猪群的发病率和死亡率升高。

对于混合感染,必须经过临床症状、剖检变化和实验室诊断分析后,才能作出正确诊断。在这些病原污染的养殖场,猪群患病后的临床症状极其复杂,病情严重,难以确诊,防治效果也差,容易造成较大的经济损失。

4.猪场引种带入疾病

不论是从国外引种,还是中小猪场、散养户的区域内引种,均存在带入疾病的风险,尤其是检疫意识低、选择检疫方法不科学、检疫对象不明确等增加了引种发病的概率。

5.呼吸道疾病频发

饲养密度大、圈舍温度不适宜、通风换气不良等均能加大呼吸道疾病的发生,如果动物粪便、尿液等排泄物又不能及时清除,使栏舍内二氧化硫、氨气、硫化氢、二氧化碳等有害气体浓度增加,病原微生物大量繁殖,使猪群容易感染繁殖和呼吸障碍综合征、猪传染性胸膜肺炎、猪气喘病等呼吸系统疾病。

6. 繁殖障碍为主的传染病普遍存在

近年来,如猪圆环病毒感染、猪细小病毒病、猪繁殖与呼吸障碍综合征、猪伪狂犬病、猪瘟、猪流行性乙型脑炎、猪衣原体感染、猪布鲁氏菌病、猪钩端螺旋体病等疫病均可引起猪的繁殖障碍,使许多规模母猪场出现母猪流产、死胎、产木乃伊胎、产弱仔等现象,造成巨大的经济损失。

7. 免疫抑制性疾病危害逐渐明显和严重

引起猪群产生免疫抑制的原因有很多,其中一个主要原因就是疫病。猪繁殖与呼吸障碍综合征和圆环病毒 2 型感染目前在猪场普遍存在,是引起猪免疫抑制的两大重要疫病。这两种疫病的病原可以感染和破坏猪的免疫系统,产生免疫抑制现象,使猪的抗病能力显著减弱,从而增加对其他疾病的易感程度,是目前我国猪场疾病大幅度增加和日益复杂的原因之一。

8. 饲养管理方面的疾病增多

饲养方面主要是饲料搭配不合理或营养达不到全价饲料的要求;不能按生猪在不同生长阶段的需求及时调整饲料配方;乱用和滥用饲料添加剂,如长期饲喂高铜、高锌、高铁饲料,使猪极易发生代谢障碍综合征。管理方面主要表现是栏舍建造不合理;猪群饲养密度过大;栏舍环境恶劣;合群、并群不科学,使猪发生争斗,相互咬尾、咬耳,接触性传染病的流行增多。

2.1.3　规模化猪场疫病的防治对策

1. 选择优异的猪场场址

猪场场址一般选择地势较高,三面环山,水源充足,背风向阳,远离居民村庄,远离主干公路,交通相对便利的地段,避免对周围群众生活造成环境污染,同时也能有效降低疫病的流行和传播。

2. 加强生猪引种时的检疫管理

(1)引种猪场的选择　种猪场必须具有种畜生产合格证、动物防疫条件合格证、种畜禽经营许可证等齐全的证件;种猪场未暴发农业农村部规定的一类、二类动物疫病;种猪场生猪标识和养殖档案符合农业农村部规定;种猪场是经国家评估认可的无规定动物疫病区或经省级畜牧主管部门备案的养殖场。

(2)妥善安排调运季节　尽量不要在动物疫病流行季节进行种猪调运。注意由温度应激对猪群造成的影响,如由温度较高地区调运到温度较低地区宜夏季进行,这样可以使畜禽逐渐适应气候的变化。

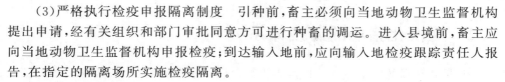

（3）严格执行检疫申报隔离制度 引种前，畜主必须向当地动物卫生监督机构提出申请，经有关组织和部门审批同意方可进行种畜的调运。进入县境前，畜主应向当地动物卫生监督机构申报检疫；到达输入地前，应向输入地检疫跟踪责任人报告，在指定的隔离场所实施检疫隔离。

3．加强饲养管理

（1）严格执行卫生防疫制度

（2）坚持"全进全出"和"自繁自养"原则 若需更换品系或外购种猪时，必须从非疫区种猪场进行选购。同时，将外购猪在隔离区饲养至少1个月，经检疫确认健康后方可混群饲养。

（3）科学饲喂 根据猪群不同生长阶段，合理搭配营养，制定有针对性的饲养方案。饲料要保证干净、未变质、无污染，同时水源必须符合动物饮用标准，以达到预防疫病的目的。

（4）做好日常消毒工作 定期对猪场内部和外部环境、生产用具进行彻底消毒，消毒液经常更换，避免耐药性的产生。

4．做好疫病防治和免疫程序工作

根据猪场规模、疫病流行季节、各阶段猪群疫病的流行特点制定合理免疫方案，另外饲养过程中可添加合适药物或益生菌增强猪群的免疫力和抵抗力。定期进行免疫接种、监测猪群抗体水平及时完善免疫程序。

5．加强生产管理

杜绝饲喂过期和霉变的饲料，更不能使用任何违禁药品，定期进行药物残留检测，对不同阶段的猪分开饲养，避免猪群间疫病的交叉感染。保持圈舍干净、干燥、通风良好，降温和保暖设施齐全。猪场严格划分生活区、生产区、管理区和粪便处理区等，保证基础设施齐全。另外加强对猪场内外环境的清理、消毒，确保空气清新，及时杀虫灭鼠，对病死猪和污染物及时无害化处理，实施科学化饲养管理，从而提高养殖场经济效益。

6．建立生物安全防护体系

猪场外围建立防鼠墙，做好一、二、三级隔离点，同时养猪场应定期对养殖场的内外环境、进出厂区的任何物资和场内人员做好严格消毒。另外，要建立适宜的无害化处理设施对污染物进行无害化处理，降低交叉感染风险。

综上所述，科学合理地选址，不断提高饲养员的专业技能操作水平和疫病防治意识，科学的疫苗接种及合理的用药，加强栏舍环境卫生的清洗、消毒，从源头上防止疫病的传播发生，才能确保规模化猪场安全生产，确保养猪业健康稳步发展。

2.2　规模化猪场的防疫体系

规模化猪场的防疫体系是指运用隔离、疫苗免疫、药物保健、消毒、饲养管理、媒介控制和疫病的检测监测体系的建立等一系列手段对猪场常见疫病进行综合控制。建立完善有效的防疫体系能够控制或者降低猪场大部分疫病的发病率和死亡率,进一步做到主要疫病的根除净化,对于猪场生产效益的提高有着非常重要的作用。

2.2.1　隔离

动物传染病通常通过控制传染源、阻断传播途径和保护易感动物三种方式来进行控制,"隔离"是阻断传播途径的方式之一。猪场的隔离措施包括场区隔离,入场前猪、人、车、物的隔离与管控和场内分区隔离等。

1. 场区隔离

场区隔离是指为保障生猪健康生产与防疫,将猪场与外界环境通过一定的距离和措施隔开,保持猪场相对独立。目前非洲猪瘟疫情暴发对已建猪场周边环境和新猪场建设场址的选择提出了更高的要求。非洲猪瘟疫情形势下已建猪场无法改变猪场地理位置,但猪场的外围隔离设施要进行条件式改造,例如建立猪场的隔离带、改造或新增出入专用道路、建立独立式封闭猪舍等。新建猪场则要考虑远离主干道,远离河流,远离居民区、屠宰场和其他猪场,且保障水源。猪场要强化场内与场外的物理屏障,建设实体围墙及防鸟、防鼠和防野生动物设施,猪场外可挖隔离防护沟,阻止媒介入场,防止雨水倒灌入场。

2. 入场前猪、人、车、物的隔离与管控

在规模化猪场生产过程中,引种、人员、车辆和物资是主要的风险因素。猪只入场前要进行全面的检疫和隔离,防止猪只携带相关病原。人可通过受污染的皮肤和携带的受污染物品(靴子、衣服等)传播各种病原体。运输卡车、饲料、防疫耗材和被污染的疫苗药品等也可能成为传染源。所以必须加强对入场的猪只、人、车和物的管理。

(1)猪的入场隔离　猪只入场前,须对猪只进行全面检疫,保障入场猪只的健康。并通过专用的运猪车,合适的运输道路,严格的入场"洗、消、烘"和相对独立的转猪平台转运到猪场隔离舍,进行猪只饲养管理。隔离舍一般选择相对独立、与猪场生产区保持一定距离的位置,猪只隔离期一般为45～60 d。

(2)人员入场隔离　入场人员包括生产人员和非生产人员。入场前需对相关人员进行调查,来自疫区或随身携带猪只烈性传染病的人员一律不得进入猪场。

人员进入猪场至少需要经过三道隔离防线。有条件的猪场需建立场外隔离中心，要求相对独立，避免与非隔离人员和车辆的交叉。人员在隔离中心进行全面的采样、检测、消毒、洗澡，在有条件的猪场，相关人员进行洗澡后再进行汗蒸。随身携带的物品也需要进行严格的消毒。入场人员消毒隔离后，在隔离中心更换洁净衣鞋，才能前往猪场。

人员进入猪场生活区前需在猪场门岗隔离区进行 24 h 以上的隔离、消毒。要进生产区的人员，需要在生活区宿舍先住宿一晚以上，隔离程序同前。隔离期间，需要做到流程单向不可逆，中间无交叉。

（3）车辆管控　猪场车辆包括内勤车和外部车。外部车辆包括运猪车、饲料车、私家车、病死猪无害化处理车、粪污运输车等均需执行严格的三重消毒制度，分别在猪场外（3 km）、猪场洗消中心（1 km）和猪场中转站对车辆进行彻底清洗和消毒，防止非洲猪瘟等病毒通过车辆传入猪场（图 2-1）。

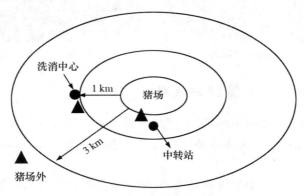

图 2-1　三重洗消示意图

内勤车辆每次使用后彻底冲洗、消毒、干燥。合理规划内部车辆的行驶路线，每周采样 1～2 次并送检。车辆清洗和消毒流程包括：充分冲洗，确保无表面污物；消毒剂消毒；烘干干燥。

（4）物资隔离消毒　入场的物资一律严格控制，按要求进行隔离消毒后，方可入场。

猪场应规划好各类物资入场时间和频次，不同种类物资以批为单位消毒，最大限度减少物资入场频次。经场外物资中转仓进行物资中转的，以批为单位进行检测和消毒，合格后经专人专车定期转运至猪场。生产生活物资由猪场统一采购，严禁员工携带相关物资入场。

3. 场内分区隔离

场内将生活区、生产区、隔离区以及无害化处理区进行物理隔断，如中转料塔封闭隔离（图 2-2）。生产区分为公猪舍、妊娠区、分娩区、后备区、保育区和育肥区，各区域有明确的标识,人员不得随意串岗。有条件的猪场可进行两点式饲养,分为繁殖场和育肥场。对生产区进行净道和污道的划分:分人行道、卖猪通道、转猪通道、淘汰猪通道、猪粪通道、内部转运车道路,相互之间尽量不交叉。可建设连廊(图2-3),将猪舍内部与外部环境进行隔离。猪舍内部做好不同栏舍间的隔离,使用实体的栏片栏门,采用独立饮水器、单独料槽。

图 2-2 中转料塔封闭隔离　　　　　　图 2-3 猪场内连廊

2.2.2 加强卫生管理与消毒

清洁和消毒是消灭病原体、防止疫病传播和疫病暴发的基础。消毒是指通过物理、化学或者生物学方法清除环境中病原微生物的方法,是预防、控制传染性疫病的重要手段之一。

猪场应制定完善的卫生管理制度,对猪场内外环境进行统一管理。及时处理生活垃圾、生产垃圾、兽药饲料残留,保持猪舍干净干燥,杜绝卫生死角。

消毒包括猪场生活区消毒、仓库药房消毒、生产区消毒、栏舍消毒、水源消毒和无害化处理区消毒等。消毒剂的选择应遵循安全、有效、稳定、指示性和经济性的原则。常用的消毒剂种类包括:碱类、双链季铵盐类、醛类、氧化剂类、含氯制剂类和卤素类等。

生活区和药房、仓库可进行环境喷雾、熏蒸消毒。员工工作服按照不同工种、不同区域进行分区、分工和分类管理,进出相应区域要严格清洗消毒。地面使用烧碱定期冲洗消毒,舍内过道要选择广谱、高效的消毒药消毒,做到不留死角。防疫器械的消毒步骤一般为消毒液浸泡、清水冲洗、煮沸消毒或高压灭菌、干燥、密闭保存。栏舍消毒需经过除污、浸泡、清洗、消毒、白化、熏蒸等步骤,保证病原体彻底消除。猪场用水使用氯制剂进行消毒。无害化处理区路面实施烧碱石灰浆白化消毒。

2.2.3　建立科学的免疫程序

猪场需要结合本场及周边的疫病流行情况制定科学的免疫程序,选择同源性高、抗原含量合格、质量稳定的疫苗进行免疫,并做好免疫监测。建议定期对不同阶段猪群开展病原学和血清学监测分析,根据流行病学调查和监测结果制定科学的免疫程序。一般对公猪全部采样检测,每年1~2次;后备母猪监测比例应大于30%,经产母猪采样比例可以控制在10%左右;生长猪群采样比例为5%,母猪和生长猪群的抗体每个季度定期监测一次。

免疫接种时,按规范进行操作,必须严格消毒,实施"一猪一针头"。翔实登记疫苗免疫过程,包括免疫猪群、疫苗种类与批号、注射时间、剂量、免疫人员等。使用过的疫苗瓶及过期疫苗按医疗废弃物相关要求进行无害化处理。

2.2.4　建立科学的药物预防体系

在对各阶段猪群进行流行病学调查的基础上,建立科学的药物保健体系。药物的选择上推荐中药制剂、酶制剂、微生态制剂等,尽量减少抗生素的使用。

在仔猪哺乳阶段的常发病,可使用长效抗生素,3日龄进行补铁、补硒。教槽料和断奶前后饲料中适当添加一些抗应激药物如电解多维、益生菌等。

保育阶段和生长育肥阶段常发腹泻类疾病,可使用白头翁散、郁金散、金霉素等;针对呼吸系统疾病,可使用麻杏石甘汤、替米考星、氟苯尼考等药物,提高猪群健康度,降低死淘率。对混合感染,可选择联合用药,如林可霉素与大观霉素、泰妙菌素与多西环素等联合用药。

母猪群的繁殖障碍类疾病、子宫炎、乳房炎、便秘等,特别注意母猪产后子宫消炎,可使用中药成分灌注液灌注子宫,或者使用抗微生物药、中药制剂等进行抗菌消炎。

药物预防过程中,科学使用药物,尤其是不盲目使用抗生素,避免动物产品药物残留,减少耐药性的产生。

2.2.5　驱虫

寄生虫病可导致猪群生长速度下降,引起母猪繁殖障碍,传播血液源感染性疫病,甚至还会影响疫苗的免疫效果。

1. 环境控制

环境的优化和布局,对于遏制寄生虫的滋生和感染尤为重要。及时清扫圈舍,采用合理的消毒程序;严格进行药物驱虫管理。粪便是寄生虫传播的主要载体,粪便中含有成虫、幼虫、虫卵等。因此,及时清理粪便,进行无害化处理,消毒环境,可提高驱虫效果。

2.驱虫模式的选择

驱虫模式可以大致分为:局部猪群用药驱虫模式、一年两次全场驱虫模式、阶段性驱虫模式和"四加一"驱虫模式,不同的猪场或者不同的时期可以选择不同的模式。

(1)局部猪群用药驱虫模式　一般采用猪群局部用药法,即发现某群猪皮毛粗糙或皮肤病较严重时,用常规驱虫药物混料投服,以及用驱虫药喷洒体表,个别寄生虫感染较严重的猪只则注射驱虫。

(2)一年两次全场驱虫模式　每年春季(3~4月份)和秋冬季(10~12月份)进行2次驱虫,每次都对全场所有存栏猪进行用药驱虫。该驱虫模式2次驱虫间隔时间较长,如果长期使用下去效果不是非常理想,应该配合其他方法协同驱虫。

(3)阶段性驱虫模式　指在猪的某个特定阶段进行定期用药驱虫。临床中常用的用药方案是:种母猪产前15 d左右驱虫1次;保育阶段驱虫1次;后备种猪转入种猪舍前15 d左右驱虫1次;种公猪一年驱虫2~3次。该方法适合于规模化猪场,实施起来效果较好。

(4)"四加一"驱虫模式　该模式的驱虫原则是以种猪为驱虫重点,切断寄生虫在场内传播的源头并阻断场外寄生虫的传入。实际操作中所谓的"四"是指猪场中的种猪(包括种公猪、空怀母猪、怀孕母猪)1年4次驱虫,"一"是指新生仔猪在保育舍或进入生长舍时驱虫1次,以及引进种猪入群前驱虫1次。该模式是当前比较理想的驱虫模式。

3.驱虫药物的选择

(1)有机磷酸酯类驱虫药　主要有敌百虫、蝇毒磷等,其中敌百虫在猪场应用较广,对猪蛔虫、毛首线虫和食道口线虫均有较好的驱除作用。

(2)咪唑和噻唑类　主要有左旋咪唑和噻咪唑等,其中以左旋咪唑在猪场应用较广泛,属广谱、高效、低毒驱线虫药。该药物驱蛔虫效果极佳;对食道口线虫效果良好;对毛首线虫效果不稳定。

(3)苯并咪唑类　主要有阿苯达唑、芬苯达唑等,其中阿苯达唑是临床使用较广的广谱、高效、低毒驱虫药。阿苯达唑内服对常见的线虫、吸虫和绦虫均有驱除效果。对猪蛔虫、食道口线虫、毛首线虫等有良好的驱虫效力。

(4)大环内酯类　主要包括阿维菌素、伊维菌素等。目前应用较广泛的是伊维菌素,为高效、广谱的驱肠道线虫药,对体外寄生虫也有杀灭作用。该药对于猪蛔虫、食道口线虫、疥螨等有较好的驱除效果。

2.2.6　种猪的引进

引种是猪场防疫体系中非常重要的工作,猪场需要从种猪的来源、种猪的运输、种猪的入场和种猪的隔离检疫等方面开展工作。

1.种猪的来源

引种前,详细了解供应场及周边猪场的流行病学史、免疫记录、猪群健康情况;要对将引进的种猪进行全群采样,检测非洲猪瘟病原和抗体,结果为双阴性方可考虑引进。对猪蓝耳病、猪伪狂犬病、猪瘟和猪流行性腹泻、口蹄疫也需进行病原和抗体检测,结合自身的防疫级别合理选种。

2.种猪的运输

种猪运输车辆和司机是病原体传播的主要因素,可以采取必要措施降低引种风险。选择的车辆应采用全封闭式的运猪专用车。车辆使用前必须在猪场洗消中心进行严格的清洗、消毒、干燥和检测。科学设计运输路线,避开疫区和受威胁区,运输过程中减少停车。准确做好猪只进入中转站前的准备工作,在中转站换用洁净的车辆运送至猪场隔离区。

3.种猪的隔离检测

种猪隔离期间需要进行至少两次的非洲猪瘟等病原的检测,一次在引种后的7 d 左右,一次在转入生产区前,两次均需全群采样检测,合格后转入生产区。

4.种猪的入场

种猪从隔离区转群前要对生产区进行栏舍的检测,保障舍内环境非洲猪瘟等病原阴性。选用专用的转猪车进行转运。种猪入场前对相关人员进行分工,分为转猪车赶猪人员、中转台赶猪人员、走廊赶猪人员和栏舍内接猪人员,各分工段禁止接触,要求各段赶猪人员穿防护服、戴鞋套和一次性手套。接猪完成后,相关物资和防护服要进行无害化处理,人员按照猪场防疫制度进行采样、洗澡、消毒和隔离。

2.2.7　无害化处理

病死猪、粪尿、医疗废弃物和含有病原体的污水、物料等都是猪场内潜在的传染源,需进行无害化处理。猪场无害化处理区尽量选址建设在猪场边缘,实现相对独立和实体隔离。无害化处理区周边定期用生石灰＋烧碱(厚度 3 cm 以上)覆盖消毒。猪场无害化处理目前以高温发酵或焚烧处理为主。无害化处理物主要包括病死猪、粪尿、污水、医疗废弃物、厨余垃圾、残余物料以及其他生活垃圾等。

1.猪场死猪、死胎及胎衣处理

严禁出售和随意丢弃猪场死猪、死胎及胎衣。将病死猪装入可密封的塑料袋中,及时、统一转移至尸体处理区。死猪移走后,要对病死猪停留过的地方和使用过的工具立即进行清洗、消毒。

2.粪尿处理

猪场指定专人负责粪尿的处理,猪粪需进行转运发酵,猪场污水、尿液处理主要采用固液分离,经过沉淀、厌氧、好氧等多级处理后达标排放。有些猪场将粪污排入沼气池中,通过厌氧菌发酵生产沼气。

3. 医疗废弃物处理

猪场医疗废弃物包括过期的兽药疫苗,使用后的兽药瓶、疫苗瓶及生产过程中产生的其他废弃物,由专业的医疗废弃物专门处理机构处理。

4. 生活垃圾和生产垃圾处理

生活垃圾和生产垃圾严禁随意丢弃,在规定区域定点存放,定期中转至指定地点,减少处理频率。后勤人员负责将垃圾转运至猪场外指定地点。场外垃圾车经洗消干净后到达指定地点将垃圾运走。作业完后,相关场地须进行消毒。

2.2.8 杀虫灭鼠

蚊虫、苍蝇、鼠类和其他野生动物等媒介可以携带相关病毒和细菌,造成猪只的感染和发病。以非洲猪瘟为例,相关研究已证实,鸟类和软蜱在猪场内环境中对病毒的传播起重要的作用,同时也会导致同一地区不同猪场间非洲猪瘟病毒的传播。

1. 物理屏障搭建

(1)围墙 猪场要建设完整的围墙,设防鼠带和防鼠板。

(2)连廊 为了防蝇、防虫、防鸟、防鼠、防猫,减少人员、猪只、物料暴露在室外环境中,猪场要建立封闭的连廊,将各区域栏舍串联起来,连廊下部设防鼠板。

(3)防鼠网、防鼠板 风机、水帘、排水沟都用防鼠网封闭,猪舍门口、饲料房门口、食堂门口等位置设防鼠板,防鼠板高约 0.5 m。

(4)防鸟器具 猪场内增设防鸟器和防鸟网。

2. 定期做好场内"三除三灭"工作

"三除三灭"即在猪舍及场区道路周边除草、除杂、除积水,灭鼠、灭虫、灭蚊蝇。

(1)除去猪场的杂草和树木,相关道路和栋舍间空地铺设石子,并进行硬化。

(2)人工灭鼠 定期使用捕鼠装置以及安全的灭鼠药进行灭鼠。发现死亡老鼠,统一收集后进行无害化处理。

(3)灭蚊虫 使用氟氯氰菊酯、吡虫啉、环丙氨嗪等药物配合灭蚊蝇灯具(如紫外线灭蚊灯)对场内外蚊虫进行杀灭。

(4)灭蜱措施 发现猪舍内缝隙、孔洞是蜱虫的藏匿地,向内喷洒杀蜱药物(如菊酯类、脒基类),并用水泥填充抹平。

2.2.9 加强饲养管理

1. 创新猪场养殖模式

自 2018 年非洲猪瘟疫情在中国发生以来,猪场养殖模式发生了新的改变,猪场设计和生产流程出现了新的思路。饲养模式从一点式向两点式或多点式转变，一般将繁殖场与保育育肥场分开建设、运营和管理。也出现了将猪群分胎次饲养的模式，在猪场生产中设置头胎母猪生产线和经产母猪生产线，分胎次、分区域防疫管理，有效降低了猪蓝耳病和猪流行性腹泻等疫病对猪群的危害。

2. 创新基建模式

随着科技的发展，自动化、智能化和信息化技术已广泛应用于现代猪场的建设。为提升生产效率，节约人力成本，降低人员对生物安全防疫体系的威胁，现代猪场对自动化、智能化和信息化进行了改造升级：包括自动饲喂系统、环境控制系统、人工智能等先进设备与技术。同时，为充分利用土地资源，综合集成防控猪场疫病，我国部分地区已有大型养殖集团已建或投入使用了节能环保高效的楼房养猪模式：如广西扬翔集团在贵港亚计山投入使用了9层高楼养殖基地，河南牧原集团在河南内乡投入建设了21栋6层高、年出栏240万头的楼房式养猪生产基地，中新开维公司在湖北鄂州建设单体26层、年出栏60万头的高楼养猪基地。

3. 创新环保模式

环保问题是我国养猪重点关注的问题，受到政府和社会的广泛关注，行业对猪场环保的要求也越来越严格、科学和规范。要求猪场做好雨污分流、清污分流、粪污分离。环保设计上要求：猪粪尿进行干湿分离后对干粪进行堆肥、发酵处理；污水、尿液主要采用固液分离，经过沉淀、厌氧、好氧等多级处理后达标排放；病死猪进行无害化处理等。

4. 开展批次化生产

为提升猪场的生产效率，减少猪场疫病的发生，控制人、猪接触频次，近几年批次化生产技术已在母猪繁殖场广泛应用，该技术采用同期发情、同期配种、同期分娩和同期断奶控制猪场生产流程。母猪发情配种从传统的单周批向3周批、4周批和5周批技术发展，猪场可结合自身规模选取不同的配种、生产周期，常用的为5周批生产技术。猪群周转应遵守全进全出，单向流动不可逆的原则，按照产房—保育—育肥—出售的次序进行，不能逆向周转。

5. 精准饲养

猪只的营养水平对猪群健康生产、生长、抗应激和免疫力的提升非常重要，猪场多采用精准饲养技术来控制猪群的营养水平。有研究表明，母猪的营养与背膘厚度呈现密切的相关性，影响母猪的种用价值、繁殖性能和生殖效率。100 kg后备母猪背膘厚度一般控制在 $12\sim14$ mm，配种期应为 $14\sim16$ mm，妊娠期应小于20 mm，分娩阶段则应该在 $20\sim24$ mm。不同品系的种猪营养要求和饲料配方也有差异，如丹系种猪对粗纤维，锌、铁等微量元素，维生素 A 和维生素 E 等要求更高;美系种猪对粗纤维要求稍低,但对微量元素锰、生物素和维生素 D_3 要求较高。因此,不同阶段、不同品系的母猪要严格控制好营养水平。为保障饲料中不携带非洲猪瘟等病毒,饲料厂多采用 85 ℃、3 min 等高温制粒工艺保障饲料安全。也有研究表明,益生菌和母猪的产健子数、泌乳量、便秘有相关性,猪场可将枯草芽孢杆菌、丁酸梭菌和屎肠球菌等加入饲料配方。

6. 网格化管理

为有效防控非洲猪瘟等猪场传染病,实施"早、快、严、小"的应急处理方案,对猪场的区域、栋舍、单元和栏舍进行网格划分。加强人员、猪群的网格化管理,规定人员活动区域,禁止串栏、串舍和串圈;对猪群进行网格化管理,减少猪只的调动和转运,方便猪场管理和疫病防控,对于异常猪要做到早发现、快处理、严控制和小损失。

7. 强化猪群疫病的监测与检测

猪场要重视常见传染病的日常监测与检测,科学观察、科学采样、科学检测,建立猪场病原感染谱、耐药谱,熟悉猪场主要疫病的血清抗体消长规律,及时了解猪场病原流行病学和猪只健康水平,为疫苗和药物的选择提供科学依据,有效降低猪场疫病感染风险。

2.2.10 猪场兽医检测实验室的建立

猪场综合防疫体系的建立离不开对疫病的快速诊断、实验室检测与监测。建议有条件的规模化猪场建立兽医检测实验室,形成快速、准确的疫病预警预报监测系统。

1. 实验室的选址

实验室为重度污染区,应该选择远离猪场的区域,与猪场分开管理。推荐设置在猪场 3 km 以外的地方,通勤路线与猪场物流、猪流和人流路线无重叠。

2. 实验室功能分区

实验室布局设计宜遵循"单方向工作流程"原则,防止潜在的交叉污染。标准的兽医检测实验室功能区包括业务收发室(接待室)、样品处理室、PCR 检测室、抗体检测室、细菌分离室、样品储存室、危废处理室和仓库等。

其中,PCR 检测室布局和功能间应减少对样品的污染和对人员的危害,原则上应设相互分隔开的工作区域,包括(但不限于):试剂配制与贮存区、核酸提取区、核酸扩增区和扩增产物分析区。各区域应有明确的标识,避免不同工作区域内的设备、物品混用。

3. 检测人员

检测人员是检测实验室的核心,需具有兽医或相关专业教育背景,熟悉生物检测安全知识和消毒知识,具备相应的实际操作技能。实验室应制订人员培训和继续教育计划,进行生物安全培训、实验技术培训和仪器操作培训等,实操考核合格后开始实验。实验室可通过内部质量控制、能力验证或使用实验室间比对等方式评估检测人员的能力和确认其资格。新上岗人员以及重新上岗的人员需要重新评估。

4. 设施设备

实验室应配备满足检测工作要求的仪器设备,对检测相关设施设备制定标准操作流程(SOP),校准、维护程序和污染预防、处理的程序,以确保其功能正常运行。检测区域应配备生物安全防护设施或设备(如应急照明装置、洗眼器、生物安全柜、专用洗手池、灭菌设施等),按国家要求管理实验室,确保生物安全。

5. 检测方法

实验室应建立验证方法标准的文件和操作指导书,其中操作指导书应规定检测操作方法、判定依据、判定结果等。通常实验室检测方法依据主要有:世界动物卫生组织(OIE)规定或推荐的方法、我国国家标准规定的方法、农业行业标准和出入境检验检疫标准等规定的方法。在首次使用标准方法前须对其进行验证,并保存验证记录。实验室负责人应能够识别影响检测结果的主要因素或检测过程中的关键步骤,并提出控制措施。PCR检测中核酸提取和ELISA操作可选用商品化试剂盒,样品量较大的情况下建议使用自动核酸提取仪和洗板机。

2.3　种猪场传染病的净化措施

近年来国家对疫病净化工作十分重视,国务院出台的《国家中长期动物疫病防治规划(2012—2020年)》中明确指出要积极引导和支持畜禽企业进行疫病净化,到2020年对16种国内动物疫病优先防治,并对13种外来动物疫病重点防范。

种猪场的传染病净化是一个动态过程,最关键也是最难的就是清除种猪场的病原微生物。"净化"是指使目标猪群中没有临床病例,野毒抗体和抗原均为阴性的猪群健康状态,也包含未达到这个目标而实施的各种技术。世界各国养猪业通过实施主要传染病的净化,使猪群健康水平得到很大的提高,产生了巨大的经济效益。猪群传染病净化措施的核心技术是疫苗和鉴别诊断方法的研制与应用,结合生物安全措施,达到控制和根除传染病的目的。

2.3.1　无特定病原种群的建立

1. 种猪场生物安全体系

猪场生物安全体系是为了防止、阻断病原体传入猪场和在猪场内传播,保证猪群健康与安全而采取的一系列综合防控措施,从而给猪群生长提供一个舒适、安全、稳定的生活环境,提高猪群的免疫力和抵抗力,最大限度地使猪群远离病原体的攻击。让场外病毒遇不到猪,场内病毒不能扩散,并及时监测识别清除掉阳性猪,不断地补充阴性猪,从而实现种猪场的无特定病原体种群。

2.猪伪狂犬病净化

猪伪狂犬病净化的基本技术,分为以下步骤:免疫——gE 基因缺失疫苗;监测——gE-ELISA 检测种猪群(gE 抗体阳性种猪);淘汰——清除 gE 抗体阳性种猪;替换——引入 gE 抗体阴性后备种猪;清群——清除 gE 抗体阳性种猪群、PRV 感染猪群。

净化阶段与过程。第一阶段:监测种猪群感染带毒状况的调查。依据种猪群大小和规模,按 5%～10%进行采样,确定种猪群带毒率(gE 抗体阳性率)。第二阶段:强化免疫(gE 基因缺失疫苗免疫)。第三阶段:检测淘汰。全群检测,逐头采样,用 gE-ELISA 试剂盒。若种猪群带毒率<10%,进入全群检测,采取一次性淘汰阳性带毒种猪(部分清群);后备种猪检测:对 5 月龄后备种猪进行逐头检测,阴性留种,补充种猪群;阳性直接淘汰。第四阶段:部分清群。若种猪群带毒率>15%,进行全群检测,记录阳性种猪;实施部分清群;淘汰高胎次阳性种猪,用阴性后备种猪替换高胎次种猪。第五阶段:监测与维持。种猪群全群采样进行检测,确认全部为阴性,无阳性带毒种猪;设立哨兵猪,在种猪舍放置 PRV 抗体阴性仔猪,观察是否感染和发病,检测 gE 抗体,确认为阴性;加强引种监测,禁止引入阳性带毒种猪;加强生物安全措施。

3.猪瘟净化

猪瘟净化的基本技术,分为以下步骤:

(1)疫苗免疫。

(2)监测带毒种猪 临床监测——繁殖障碍(死胎、弱仔、木乃伊);病原学监测——RT-PCR,荧光定量 RT-PCR 检测 CSFV 核酸,免疫荧光技术方法检测 CSFV 抗原;血清学检测(使用猪瘟 E2 亚单位疫苗情况下)——使用 ELISA 方法检测 CSFV 抗体。

(3)淘汰、清群与扑杀 淘汰带毒种猪、清除带毒种猪群、扑杀发病猪群。

(4)检测后备种猪 扁桃体样本、清除带毒后备种猪。

猪瘟净化的阶段:第一阶段——猪瘟带毒监测与调查;第二阶段——猪瘟稳定控制;第三阶段——猪瘟全群净化;第四阶段——再监测与净化效果分析。

对于现在兴起的猪瘟 E2 标记疫苗在种猪猪瘟净化上有十分大的优势,能通过这几个步骤对于猪瘟进行净化。

（1）E2 标记疫苗免疫

（2）逐头监测 E0 抗体阳性种猪　强化免疫，持续监测，采取一次性淘汰阳性带毒种猪；对于使用过 C 株疫苗的场需要停用 C 株疫苗半年后对于 E0 抗体进行逐头监测，一旦阳性进行淘汰处理。

（3）后备猪监测　对于 5 月龄后备种猪进行逐头监测，阴性留种，补充种猪群。

（4）监测与维持　种猪群定期全群采样监测 E0 抗体，淘汰阳性种猪，用阴性后备猪进行替换。

4.猪繁殖与呼吸综合征净化

猪繁殖与呼吸综合征净化的基本技术，分为以下步骤。

（1）后备母猪群驯化　接触病毒血症的保育仔猪、活病毒接种、减毒活疫苗免疫接种——在配种前进行 1～2 次活疫苗免疫。

（2）检测与淘汰　血清学检测——ELISA，病原学检测——RT-PCR，淘汰阳性种猪，多点式猪场有效。

（3）全群清除与建群　清除所有 PRRS（猪繁殖与呼吸综合征）感染种猪与生长猪，引入 PRRS 阴性种猪与再建种群。十分有效，但成本昂贵。

（4）闭群　闭群前进行种猪群驯化，闭群 6 个月或 200 d，停止引入种猪，清除血清学阳性的种猪，闭群结束后，可引入 PRRS 阴性种猪，且公猪禁止使用（活）疫苗。

5.猪流行性腹泻疾病净化

猪流行性腹泻净化的基本技术，分为以下步骤。

（1）后备母猪驯化　引入阴性猪，配种前进行两次流行性腹泻弱毒疫苗的免疫。产前免疫弱毒活苗，加强免疫两次灭活疫苗。

（2）监测与淘汰　妊娠母猪病原学监测，淘汰阳性种猪，产前进行血清学监测——ELISA，淘汰免疫疫苗后阴性猪。

（3）对产仔舍和保育舍，必须实施严格的全进全出制度。

（4）等到发病猪场内流行性腹泻症状完全消失后约 2 个月，引入阴性猪作为信号猪，监测信号猪的血清转阳情况，一旦出现阳性进行淘汰。

（5）种猪持续病原学监测，一旦发现阳性及时淘汰。

2.3.2　治疗性早期断奶技术

仔猪早期断奶是指仔猪出生后 3～5 周龄离开哺乳母猪，开始独立生活，对于发现问题猪场母乳是垂直传播病毒的主要媒介，实行早期断奶，在人为控制环境中养育，可促使断奶仔猪的生长发育，防止落后猪的出现，使仔猪体重大小均匀一致，减少患病和死亡。

从决定母猪生产周期长短的因素来看,母猪妊娠天数和断奶至配种天数是人为无法改变的,唯有哺乳期的长短,也就是仔猪断奶日龄,是人为可以控制的。通过缩短母猪哺乳期,使仔猪早期断奶来提高母猪年产仔窝数是最简单、最有效的办法。实行早期断奶,仔猪哺乳期由 8 周缩短到 3～5 周,能有效降低发病时仔猪死亡率,提高生产效率,加速疾病净化过程。

2.3.3　传染病的监测

疾病的净化是个动态过程,完善的生物安全体系在各个猪场的落地执行中,必定会不同程度地出现偏差,及时有效地动态监测能让我们及时地采取补救措施或者调整净化防控方案,所以传染病的监测是种猪场净化传染病十分重要的一环,监测包括流行病学调查、健康状况监测、实验室检测几种方法。

1.流行病学调查

某种疫病的监测方法主要是通过养猪场的发病状况以及发病的种类、数量等数据进行调查,然后根据数据分析对猪疫病的具体状况进行探究,并提出科学的防控方法。

2.健康状况监测

对养猪场的猪健康状况进行监测,主要是对猪群和个体进行调查,监测猪的具体身体状况,是否出现感染疫病的病症。然后根据实际调查发现,对养猪场进行合理的管控,减少猪疫病的发生。

3.实验室检测

常见的实验室检测手段主要有抗体检测和病原检测两种,是根据检测内容的不同,来进行分类的。ELISA 是目前最为常见的抗体检测方法,主要是检测血清中病原的抗体含量,采用成品试剂盒。在病原检测方面,主要有常规方法,例如细菌培养或者是动物接种等;另外一种就是 PCR 的方法,主要是为了检测样品中是否有病原微生物核酸的存在,从而判断是否有病原微生物的存在。这两种方法的区别在于,前者费时费力,而后者则更加方便快捷。生猪常见疫病的实验室检测具有极为重要的作用,不仅可以有效地掌握猪群的带毒情况,确定感染了哪种病原,而且可以确定感染程度如何等;另外,通过实验室检测,可以为进一步制定及合理修改免疫程序提供有力的依据和参考。

4.猪瘟检测

生产母猪、种公猪、后备猪和引进种猪,猪瘟抗体检测不合格时,应加强免疫。引进种猪如发现猪瘟病原学阳性,坚决淘汰。育肥猪如发现猪瘟抗体合格率低于70%,或抗体整齐度较低,应调整免疫程序,并跟踪种猪群的免疫抗体情况。对于猪瘟 E2 标记疫苗免疫的种猪群可以通过对 E0 蛋白的抗体检测,进行阳性种猪的淘汰。

5. 猪伪狂犬病检测

持续检测猪群 gE 和 gB 抗体水平,后备种猪、种公猪、引种猪群发现 gE 抗体阳性者,坚决予以淘汰。所有后备种猪和引进种猪,只有在确保 gE 抗体阴性的前提下方能并群饲养。育肥猪(10 周龄以上)的猪伪狂犬病 gB、gE 抗体检测结果,应作为养殖场猪伪狂犬病循环的重要监视靶标,需加以重视。

6. 猪繁殖与呼吸综合征监测

在猪繁殖与呼吸综合征免疫净化工作中,后备猪的控制是关键点,要确保后备猪检测后并群。生产母猪历经 1 次以上普检和隔离淘汰,且确认对种公猪、生产母猪、后备猪及待售种猪抽检,免疫抗体合格率达到 90% 以上,猪繁殖与呼吸综合征病原阴性,可按照程序申请免疫净化评估。

2.3.4　净化效果维持措施

1. 加强管理

严格执行卫生防疫制度,全面做好清洁和消毒;严格执行生物安全管理措施,实行人员进出控制隔离制度,规范饲养管理行为。

2. 合理免疫

根据本地区和本场疫病流行情况,合理制定免疫程序,并按程序执行。通过净化评估,根据自身情况可逐步退出免疫,实施非免疫无疫管理。如净化维持期间,监测发现隐性感染或临床发病,应及时调整免疫程序,必要时全群免疫,加大监测和淘汰力度,实行全进全出,严格生物安全操作,维持净化效果。

3. 持续监测

净化猪群建立后,监测比例和频率同净化维持阶段,以持续维持净化猪群的健康状态。

4. 保障措施

养殖企业是疫病净化的实施主体和实际受益者,应遵守净化管理的相关规定,保障疫病净化的人力、物力、财力的投入,结合本场实际,开展动物疫病净化。种猪场应做好疫病净化必要的软硬件设计改造,保障净化期间采样、检测、阳性猪淘汰清群、无害化处理等措施顺利实施。种猪场应按照要求,健全生物安全防护设施设备、加强饲养管理、严格消毒、规范无害化处理,按期向净化评估单位提交疫病净化实施材料,并及时向净化评估单位报告影响净化维持体系的重大变更及疫病净化中的重大问题等。

思考题

1. 名词解释：隔离、净化。

2. 简述规模化养猪的生产特点。

3. 简述规模化猪场疫病流行的特点。

4. 简述如何建立科学的免疫程序。

5. 简述种猪场传染病的净化措施。

第3章

猪病毒性传染病的防控

【本章提要】猪场可见的病毒性传染病较多,本章主要介绍 18 种在养猪生产中多发的病毒性传染病。包括以败血症为主症的非洲猪瘟、猪瘟,以腹泻为主症的猪流行性腹泻、猪传染性胃肠炎、猪轮状病毒病、猪德尔塔冠状病毒病、猪塞内卡病毒病,以呼吸困难、咳嗽为主症的猪繁殖与呼吸综合征(仔猪)、猪圆环病毒病、猪流感,以神经症状为主症的猪伪狂犬病、猪脑脊髓炎,以皮肤和黏膜水疱为主症的口蹄疫、猪水疱病、水疱性口炎,以繁殖障碍为主症的猪繁殖与呼吸综合征(母猪)、猪细小病毒病、猪乙型脑炎及以丘疹为主症的猪痘等疾病。

3.1 非洲猪瘟的防控

非洲猪瘟(ASF)是由非洲猪瘟病毒引起猪的一种急性、热性、高度接触性传染病。临床以高热、皮肤发绀及淋巴结和内脏器官严重出血为特征。死亡率可达 100%。被世界动物卫生组织列为 A 类动物传染病。非洲猪瘟跨国传播经常是因乘国际民航班机或轮船的旅客携带患猪的制品而暴发,也可通过轮船上的泔水传播,因此被列为重要的国际检疫对象。我国将此病作为一类动物疫病而严加防范。

3.1.1 病原特性

非洲猪瘟病毒是非洲猪瘟病毒科非洲猪瘟病毒属的重要成员,病毒有些特性类似虹彩病毒科和痘病毒科。病毒粒子的直径为 175～215 nm,呈二十面体对称,有囊膜。基因组为双股线状 DNA,大小 170～190 kb。在猪体内,非洲猪瘟病毒可在几种类型的细胞浆中,尤其是网状内皮细胞和单核巨噬细胞中复制。该病毒可在钝缘蜱中增殖,并使其成为主要的传播媒介。

该病毒能从被感染猪之血液、组织液、内脏，以及其他排泄物中检测出来，低温暗室内存在血液中之病毒可生存 6 年，室温中可活数周，加热被病毒感染的血液 55 ℃ 30 min 或 60 ℃ 10 min，病毒将被破坏，许多脂溶剂和消毒剂可以将其破坏。

3.1.2 流行特点

（1）非洲猪瘟自 1921 年在肯尼亚首次报道，一直存在于撒哈拉以南的非洲国家，1957 年先后流传至西欧和拉美国家，多数被及时扑灭，但在葡萄牙、西班牙南部和意大利的撒丁岛仍有流行。

（2）猪、疣猪、豪猪、欧洲野猪和美洲野猪对本病易感。易感性与品种有关，非洲野猪（疣猪和豪猪）常呈隐性感染。

（3）病猪、康复猪和隐性感染猪为主要传染源。病猪在发热前 1～2 d 就可排毒，尤其从鼻咽部排毒。隐性带毒猪、康复猪可终生带毒，如非洲野猪及流行地区家猪。病毒分布于急性型病猪的各种组织、体液、分泌物和排泄物中。钝缘蜱属软蜱也是传染源。

（4）传播途径为经口和上呼吸道感染，短距离内可发生空气传播。健康猪与病猪直接接触可被传染，或通过饲喂污染的饲料、泔水、剩菜及肉屑、生物媒介（钝缘蜱属软蜱）及污染的栏舍、车辆、器具、衣物等间接传染。

3.1.3 临床症状

非洲猪瘟具有高度传染性，可在整个猪场中迅速传播。临床症状于感染 4～5 d 后开始出现，猪表现为高热，继而反应迟钝、呼吸困难、呕吐、咳嗽、流涕流泪、妊娠母猪流产、肢体末端发绀（图 3-1），并于 7 d 内死亡。慢性感染的猪表现为消瘦，且通常跛行，伴有皮肤溃疡。高发病率并伴高死亡率是非洲猪瘟的特征之一。

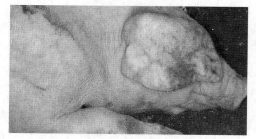

图 3-1　耳部发绀

3.1.4 病理特征

部分首次发生非洲猪瘟的养殖场，病程短急，最急性型猪不表现任何症状而突然死亡，无特征性剖检病变。通常，最明显的病变是：脾显著肿大，一般情况下是正常脾的 3～6 倍，颜色变暗，质地变脆。还可能出现：皮下出血；心包积液和体腔积水、腹水；心脏表面（心外膜）、膀胱和肾（皮质和肾盂）的出血点；肺充血和瘀点，气管和支气管有泡沫，肺泡和间质性肺水肿；瘀点、瘀斑（较大的出血），胃、小肠和大肠中过量的凝血；肝充血和胆囊出血；淋巴结（特别是胃肠和肾）增大、水肿以及整个淋巴结出血,形态类似于血块;肾表面瘀点(斑点状出血)。

3.1.5　诊断要点

1.临床诊断

根据流行特点、临床症状和病理特征可作出初步诊断,上报上级主管部门,按国家规定处理。

2.实验室诊断

(1)病毒分离诊断　采集活体组织及病死猪病灶器官在实验室进行病毒分离检测。

(2)免疫电泳试验　采集病猪的血清加入抗原中,血清出现白色线状或沉淀,则为非洲猪瘟。

(3)白细胞吸附试验　需要采集病猪血液或组织物置于白细胞中在 37 ℃ 环境下培养,如出现如玫瑰花状或桑葚体状则表明为非洲猪瘟。

(4)酶联免疫吸附试验　酶联免疫吸附的 A 值大于 0.3 时,则表明为非洲猪瘟。

(5)间接免疫荧光试验　对病猪的血浆提取物在生长有 Vero 细胞的玻璃片上进行对比,出现荧光团时表明为非洲猪瘟。

3.1.6　类症鉴别

非洲猪瘟最重要的鉴别诊断对象就是猪瘟,二者的临床症状,尤其是急性猪瘟和急性非洲猪瘟之间的临床症状和死后病变相似度都比较高。目前二者通过临床症状和剖检病理变化很难鉴别诊断,诊断须依靠实验室检测。

还有一种常见病叫作猪蓝耳病,鉴别蓝耳病同非洲猪瘟可通过以下几点:第一,看眼睛分泌物,非洲猪瘟病猪眼睛分泌物增多,甚至有脓性分泌物,而蓝耳病猪眼睛无明显病变;第二,看口鼻分泌物,非洲猪瘟病猪会从口鼻排出血色泡沫,而蓝耳病猪不会;第三,非洲猪瘟会导致病猪皮肤出现斑点状出血,而蓝耳病只会导致病猪耳朵呈青紫色,身上皮肤无明显变化。

第三种需要区分的常见病是猪丹毒病,首先,猪丹毒病猪发病2～3d后身上会起规则的菱形或方形淡红色、紫红色疹块,而且疹块会高于皮肤表面,而非洲猪瘟病猪皮肤红斑无规则;其次,通过治疗进行鉴别,猪丹毒可通过青霉素、阿莫西林等敏感药物治愈,一般2～3d症状即可明显缓解,而对非洲猪瘟没有任何治疗效果。

3.1.7　防控

1.治疗方法

目前没有有效的治疗方法。

2．预防措施

当前，我国非洲猪瘟防控工作取得了积极成效，但病毒已在我国形成较大污染面，疫情发生风险依然较高，稍有松懈就可能反弹扩散，必须建立健全常态化防控措施。各地要切实增强打持久战的思想认识，深入贯彻预防为主方针，在落实好现行有效防控措施基础上，着力解决瞒报疫情、调运监管不力等突出问题，全面提高生猪全产业链风险闭环管理水平，重点强化12项工作措施。

（1）组织开展重点区域和场点入场采样检测　农业农村部制定科学的入场检测技术规范和标准，组织对生猪调出大县、规模猪场和其他高风险区域进行入场采样检测。落实到人到场监督责任制，做好入场抽样检测。对年出栏2000头以上的规模猪场开展一次全覆盖检测，对年出栏500～2000头的规模猪场随机抽样检测。

（2）建立疫情分片包村包场排查工作机制　县级畜牧兽医主管部门组织对非洲猪瘟疫情实施包村包场监测排查，确保不漏一场一户。逐村逐场明确排查责任人，建立排查对象清单和工作任务台账，发现异常情况即时上报。养殖场户要明确排查报告员，每天向包村包场责任人报告生猪存栏、发病、死亡及检出阳性等情况。对不按要求报告或弄虚作假的，列为重点监控场户，其生猪出栏报检时要求加附第三方出具的非洲猪瘟检测报告。农业农村部和省级、地市畜牧兽医主管部门成立相应专班，负责统筹协调疫情排查报告。各省级农业农村部门抓紧组织实施本省份动物防疫专员特聘计划，力争在全国498个生猪调出大县先配齐1万人的队伍，努力做到一个乡镇特聘一名动物防疫专员。

（3）完善疫情报告奖惩机制　基层相关单位和工作人员及时报告、果断处置疫情是成绩，不得追责，绩效考核还应当加分。要推广一些地方县级人民政府进行及时奖励的好做法，对疫情报告、处置工作表现突出的给予表彰。明确瞒报、谎报、迟报、阻碍他人报告等情形认定标准，对生产经营主体瞒报的，依法从严追究法律责任；对各级政府和部门瞒报或阻碍他人报告的，从严追责；造成疫情扩散蔓延的，从重处罚并予以通报。

（4）规范自检阳性处置　养殖场户自检发现阳性的，必须按规定及时报告。经复核确认为阳性且生猪无异常死亡的，按阳性场点处置，不按疫情对待，可精准扑杀、定点清除，只扑杀阳性猪及其同群猪，其余猪群隔离观察无异常且检测阴性后，可正常饲养。及时报告检测阳性的，扑杀生猪给予补助；不及时报告的，不予补助，并严肃追究法律责任。

（5）健全疫情有奖举报制度　各级畜牧兽医主管部门要建立完善非洲猪瘟疫情有奖举报制度，及时核查举报线索，查实的及时兑现奖励。省级畜牧兽医主管部门要定期对有奖举报制度落实情况进行督查，有关情况按月报中国动物疫病预防控制中心。

（6）建立黑名单制度　将瞒报、谎报、迟报疫情和检测阳性信息，以及售卖屠宰病死猪、违规调运生猪、逃避检疫监管的生产经营主体纳入黑名单，实施重点监管。特别是对恶意抛售染疫生猪的，一律顶格处罚，坚决追究有关主体的责任并通报。

（7）加强养殖场户风险警示　建立养殖场户风险预警机制，根据疫情形势、生产安排、市场变化等因素，广泛运用讲座、视频、短信、微信、挂图等多种形式，加强生产和疫情风险警示。特别要提醒养殖场户不要引进价格异常便宜的生猪，不要采购没有动物检疫证明、运输车辆未备案、无耳标或耳标不全的生猪；生猪进场后，严格执行隔离检疫。地方各级畜牧兽医主管部门指定专人负责信息动态监测，密切关注生猪交易价格明显偏低、保险理赔与无害化处理数量异常等情况，及时调查核实。

（8）严格生猪出栏检疫　动物卫生监督机构要履职尽责，督促养殖场户依法申报检疫。每批次出栏生猪工作人员必须到现场，认真查验生猪健康状况、牲畜耳标和运输车辆备案情况，确保运出生猪证物相符。出具检疫证后，要及时上传共享，逐步实现全国范围内可在线查验。规范动物卫生监督行为，对于个别"隔山开证"、开假证的"害群之马"，坚决清除出队伍。

（9）强化运输车辆备案和收购贩运管理　严格执行生猪运输车辆备案制度，未备案的不得运猪；实施动态管理，发现涉嫌违法违规调运的，立即取消备案。严厉打击使用未备案车辆运猪的行为，一经发现立即对生猪进行检测，未检出阳性的就近屠宰，检出阳性的就地无害化处理并不给予补助。各级畜牧兽医主管部门定期对生猪运输备案车辆开展非洲猪瘟检测，检出阳性的，暂停备案；整改不到位的，一律取消备案。通过建设洗消中心，建立健全车辆洗消管理制度。会同交通运输部门制定生猪运输车辆标准。加强对生猪收购贩运单位和个人的管理，强化信息化动态管理。

（10）强化屠宰环节风险管控　开展屠宰环节"两项制度"执行情况"回头查"，确保足额配备官方兽医，批批检测非洲猪瘟，实现全覆盖。建立完善追溯制度，查清问题猪的来源。建立屠宰企业非洲猪瘟检测日报告制度，要求驻场官方兽医每天报告屠宰检疫、非洲猪瘟自检、阳性处置等情况，对驻场官方兽医履职情况进行考核。建立飞行检查制度和定期抽检制度，对自检措施落实不到位的，列为重点监控对象，对检测弄虚作假、检出阳性不报告不处置的，关停整改 15 d，情节严重的取缔生产经营资格。

（11）加强病死猪无害化处理风险管控　督促从事病死猪收集、运输和无害化处理的单位和个人健全台账，详细记录病死猪来源、数量、处理量等信息，每天上报县级畜牧兽医主管部门备案。要求无害化处理厂定期采样送检，调查检测阳性样品来源。

（12）继续推进分区防控　总结中南区试点经验，进一步扩大试点范围，2020年在北部区和东部区推进分区防控，建立区域内防控信息共享、突发疫情协同处置、疫情监测排查等制度。从 2021 年 4 月 1 日起，逐步限制活猪调运，除种猪仔猪外，其他活猪原则上不出大区，出大区的活猪必须按规定抽检合格后，经指定路线"点对点"调运。指导养猪场分阶段开展非洲猪瘟净化，创建无疫小区，提升综合防控能力。

3.2　猪瘟的防控

猪瘟（CSF）是由猪瘟病毒引起的猪的高度致死性烈性传染病，特征有高热稽留，全身广泛性出血，呈现败血症状或者母猪发生繁殖障碍，严重危害全球养猪业。世界动物卫生组织（OIE）将其列入 A 类传染病，我国将其列为一类动物疫病。

二维码 3-1　猪瘟

3.2.1　病原特性

猪瘟病毒（CSFV）是 ssRNA 病毒，黄病毒科瘟病毒属，其 RNA 为单股正链。病毒粒子呈球形，大小为 38～44 nm，核衣壳是立体对称二十面体，有包膜（图3-2）。猪瘟病毒在细胞质内复制，不能凝集红血球，与牛腹泻病毒有相关抗原。该病毒对乙醚敏感，对温度、紫外线、化学消毒剂等抵抗力较强。

猪瘟病毒能在猪胚或乳猪脾、肾、骨髓、淋巴结、结缔组织或者肺组织的细胞中培养，但在这些细胞上不产生明显病变。可利用鸡新城疫病毒强化试验（END 试验）测定猪瘟病毒。

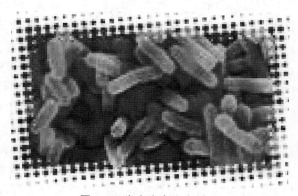

图 3-2　猪瘟病毒病毒粒子

3.2.2　流行特点

本病在自然条件下只感染猪,不同年龄、性别、品种的猪和野猪都易感,一年四季均可发生。病猪和带毒猪是主要传染源,病猪排泄物和分泌物,病死猪和脏器及尸体,急宰病猪的血、肉、内脏,废水、废料、污染的饲料、饮水等均可散播病毒,主要通过接触,经消化道感染。

此外,患病和弱毒株感染的母猪也可以经胎盘垂直感染胎儿,产生弱仔猪、死胎、木乃伊胎等。

3.2.3　临床症状

发病初期仅少数猪只突然发病及死亡,随后患病头数增多,1～3 d 内可迅速蔓延至全群,多数呈急性病例,最后则出现亚急性及少数慢性病例,死亡率极高。

按病程长短分为最急性、急性及慢性 3 种。

最急性型,突然发病,主要表现为高热、食欲废绝、黏膜充血、无力、不久死亡。

急性型,较常见,病猪体温升高至 40.5～42 ℃。病猪精神委顿,被毛粗乱,寒战、喜卧,行走缓慢无力,食欲减退,饮水增多,间有呕吐,初期便秘,后腹泻,排恶臭稀便,病猪耳后、腹部、四肢内侧等毛稀皮薄之处出现大小不等的红点或红斑。公猪包皮发炎,小猪有神经症状。

慢性型,多由急性病猪转变而来。食欲不振,便秘与腹泻交替出现。病猪消瘦,精神委顿,后躯无力,行走蹒跚,最后多衰竭而死。

另外,近几年还有温和型猪瘟发生,温和型猪瘟是由毒力较弱的猪瘟病毒毒株所引起的,特点是潜伏期和病程较长,低热,有呼吸及神经症状,发病率及死亡率都较低,成年猪多能康复,而仔猪的死亡率较高。

3.2.4　病理特征

以出血最为显著,主要变化以喉头、黏膜、皮肤、膀胱、胆囊、心外膜等处有大小不一的出血斑(点),肾表面有很多散在的小出血点,外观似麻雀蛋。

淋巴结肿大、多汁,呈暗紫色,切开可见周边出血,中央呈灰白色,形成红白相间,似大理石样。

脾不肿大,通常无明显变化,有的边缘有突出于表面的小块紫黑色楔形,有出血梗死,这一变化为猪瘟所特有的病变。

慢性病例,在大肠黏膜上,尤其是回盲瓣处有呈轮层状圆形纽扣状溃疡。

3.2.5　诊断要点

典型的急性猪瘟暴发,根据流行病学、临床症状和病理变化可作出相当准确的诊断。在开始出现临床病猪1～2周后,病症迅速传播到群内各种年龄的未免疫猪,死亡率很高;病猪常有白细胞减少,剖检时可见淋巴结、肾和其他器官出血,脾梗死。

3.2.6　类症鉴别

1.猪丹毒

类似处:都有传染性,体温高达41～42 ℃,精神沉郁、绝食、喜卧,皮肤变色严重等。

区别处:猪丹毒的体温较高,可达43 ℃,表现败血型时皮肤不如猪瘟紫,卧地时踢踏也不动。疹块型则表现身躯有方形、菱形、圆形疹块。慢性型关节肿大跛行,瘦弱。剖检可见脾呈樱桃红色,松软,切面外翻,白髓周围"有红晕"。

肝常有显著充血,切面白色多汁,胃肠卡他性炎,慢性的心瓣膜有菜花状衍生物,采取病猪的血液、病料涂片镜检可见革兰氏阳性的小杆菌。

2.猪肺疫

类似处:都有传染性,体温高达40～42 ℃,精神沉郁、绝食,皮肤有出血斑等。

区别处:猪肺疫一般不大流行,多零星发生。当感染肺部,引起胸膜型肺炎时,表现为呼吸困难,伸颈张口,剖检可见喉部肿胀。机械性叩诊能引起咳嗽,动物表现出痛感。同时也表现为呼吸困难。肺部表现出肿胀、病变,颜色呈暗红或灰黄色。无菌采取体液,涂片,显微镜下可见革兰氏阴性的小杆菌。

3.猪副伤寒

类似处:都有传染性,体温高达41～42 ℃,精神不振,绝食,先便秘后下痢,皮肤有紫红斑,震颤等。

区别处:猪副伤寒多发于1～4月龄仔猪和多雨潮湿的季节,一般呈地方性流行,病猪眼睛有脓性分泌物,拉淡黄色或灰色稀粪,混有血液和组织碎片,有恶臭。脾无梗死,但有少量出血点。小肠内多见糠麸样假膜,有些有溃疡。肠系膜淋巴结肿胀呈索样,切面有灰黄色坏死灶。用病料涂片镜检,可见呈革兰氏阴性、两端钝圆、中等大小的杆菌。

4.猪弓形虫病

类似处:都有传染性,体温高达41～42 ℃,精神沉郁、绝食,喜卧,粪便干燥,皮肤可见紫红斑。剖检可见回盲肠溃疡等。

区别处:猪弓形虫病多种家畜均易感,夏秋季发病率高,尿液呈特征性的橘黄色,下腹部及股内侧皮肤出现紫红块,突起处与周围皮肤分界明显,该病侵入肺部时,表现出呼吸困难等症状,听诊有音,有癫痫样痉挛。剖检可见肝肿胀呈黄褐色,切面外翻,表面有粟状颗粒,以及大小不等的灰白色或黄色坏死灶。

胃部有出血点和片状或带状溃疡,回盲瓣有点状溃疡,盲结肠有散在稍大些的溃疡。

5.猪附红细胞体病

类似处:都有传染性,体温高达 41～42 ℃,精神沉郁、绝食、不愿活动,病初粪便干燥呈球状并附有黏液,耳部、鼻部、腹股沟等处出现紫色斑。

区别处:猪附红细胞体病主要表现为皮肤发红,有时会出现不规则的紫斑,可视黏膜苍白黄染,带有咳嗽现象。剖检可见全身肌肉黄染。血液一般稀薄,血凝不良。肝呈土黄色。脾肿大,质地柔软,有暗红色出血点。将发病动物采血涂片,可见红细胞表面及血浆中游动的各种形态的虫体。

3.2.7 防控

1.治疗方法

(1)特异性治疗 在猪的养殖过程中,特异性治疗是目前最有效也是最直接的治疗方式,其主要是通过对猪注射抗猪瘟血清以及抗猪瘟球蛋白提升猪的抗病毒能力。在特异性治疗方式的运用过程中,要定期对猪进行反复地注射。

但是特异性治疗方式价格昂贵,经济成本高,且猪在感染病毒后,还可能出现混合感染,治疗效果仍存在一定的缺陷,主要运用在经济成本较高的猪的养殖过程中。

(2)药物治疗 治疗猪瘟时,在做好以上工作的同时,还应借助一些药物对猪进行辅助治疗,如利巴韦林和吗啉胍等药物,还可以采用病毒唑或病毒灵等对猪瘟进行防治。在配药过程中,为避免猪出现不食的现象,可把药物混到饲料中进行投喂。

(3)细胞因子的运用 在猪瘟的防治过程中,提升猪的抗病毒能力需提升猪的免疫能力,对于频发的猪瘟要对猪注射相关的细胞因子如白介素和干扰素等。在对猪进行注射后,猪的免疫能力会得到相应的提升。猪瘟的抵抗能力也会增强,可有效降低猪感染猪瘟的概率。

2.预防措施

(1)常规预防

①加强养殖环境的管理。在猪的养殖过程中,作为养殖人员要具备相应的养猪专业知识,提升对猪瘟的了解程度,贯彻落实猪瘟的治疗以及预防工作。此外,还要加强对外来猪种的管理工作,及时对外来猪种进行检查和消毒,避免把外界的

病毒带入养殖环境中。养殖人员应对整个养猪过程进行规划,加强对猪舍的卫生管理工作,及时对猪产生的排泄物进行清理,做好猪舍的通风工作,确保病毒不会滋生和繁殖。还应加强猪的管理,做好猪自身的卫生管理工作,定期对猪以及猪舍进行消毒杀菌。与此同时,还需做好猪舍的光照管理,可将一些惧光病毒扼杀,并定期做好猪的抗病毒药物的注射工作。

②确保猪营养的正常供给。在猪的养殖过程中,一些营养不足以及体质较弱的猪感染猪瘟的概率非常大,它们也是猪瘟首先侵犯的对象。为此,饲养人员要做好猪的营养管理工作,定时定量对猪进行喂食,确保营养的合理搭配和正常供给。密切观察猪的行为,对一些行为异常的猪要及时隔离,并落实相应的检查工作,避免个别猪感染猪瘟后造成猪群大面积感染。

(2)做好病猪的处理工作　养殖人员要深刻认识到猪瘟可能造成的严重后果,对于患有猪瘟的猪要及时实施救治。在养殖过程中,养殖人员要及时排除患病猪,做好养殖产业的病原管控。如果出现救治无效的现象,要遵循科学的处理方式处理死猪,避免对外界环境造成影响。加强对病猪的处理工作,也可避免一些非法人员借死猪牟利。此外,对其采取焚烧或者填埋工作时,要对填埋区域以及焚烧区域进行消毒,这样不仅会对病毒进行彻底的扼杀,也可避免出现一些盲目性和随意性的处理行为。

(3)紧急预防　对于哺乳仔猪、断奶仔猪和肥育猪的紧急预防,仅用猪瘟疫苗的常规剂量是不行的,因为与病猪同群的临床健康猪,实际上有一些猪已感染了猪瘟病毒,处于潜伏状态,如果用1头分剂量接种,部分感染病毒量较大的猪可能在疫苗接种后数天内发病死亡。为了使处于潜伏期的猪免于发病死亡,必须用大剂量的猪瘟疫苗接种,以诱导猪的组织细胞产生干扰素,才能迅速抑制乃至清除潜伏的病毒。疫苗抗原同时刺激免疫细胞产生猪瘟抗体,这样才能在短时间(5～7 d)内控制疫情。

3.3　猪流行性腹泻的防控

猪流行性腹泻(PED)是由猪流行性腹泻病毒引起的猪的一种高度接触性肠道传染病。

猪发病后常表现呕吐、腹泻、食欲下降、脱水等症状,其流行特点、发病表现和病理变化与猪传染性胃肠炎相似。近年,该病在生产猪场发病有增多趋势。

3.3.1　病原特性

猪流行性腹泻病毒(PEDV)为冠状病毒科冠状病毒属的成员。病毒形态略呈球形,在粪便中的病毒粒子常呈现多形态,平均直径为 130 nm(95~190 nm)。有囊膜,囊膜上有花瓣状纤突,长 12~24 nm,由核心向四周放射,其间距较大且排列规则,呈皇冠状。病毒在蔗糖中的浮密度为 1.18 g/mL。

病毒核酸为线性单股正链 RNA,具有侵染性。

免疫荧光(IFA)和免疫电镜(IEM)试验表明,猪流行性腹泻病毒与鸡传染性支气管炎病毒(IBV)、猪血凝性脑脊髓炎病毒(HEV)、新生犊牛腹泻冠状病毒(NCDCV)、犬冠状病毒(CCV)、猫传染性腹膜炎冠状病毒(FIPV)之间没有抗原相关性。但更敏感的试验检查表明,其中 PEDV 的 N 蛋白和 FIPV 的 N 蛋白有一定相关性。中和试验和 ELISA 等都证明 PEDV 和 TGEV 在抗原性上不同,无共同抗原。目前,尚无迹象表明存在不同的 PED 血清型,所有分离的 PEDV 毒株属于同一个血清型。

本病毒不能凝集人、兔、猪、鼠、犬、马、羊、牛的红细胞。对外界抵抗力弱,对乙醚、氯仿敏感,一般消毒药物都可将其杀灭。病毒在 60 ℃ 30 min,可失去感染力,但在 50 ℃ 条件下相对稳定。病毒在 4 ℃,pH 5.0~9.0 或在 37 ℃,pH 6.5~7.5 时稳定。

3.3.2 流行特点

猪流行性腹泻病毒是导致猪流行性腹泻的病原微生物,该病是一种冠状病毒,非常容易出现变异,很大程度上增加了预防和治疗该病的难度。该病毒非常容易在低温条件下生存,但不耐高温。另外,该病毒对光照和多种消毒药都比较敏感,如使用季铵盐类、氢氧化钠、福尔马林等消毒药都能够使其失活。该病主要在冬末初春时容易发生。

近几年来,由于养猪业不断采取规模化饲养,夏季也能够发生该病。猪在任何阶段都能够发生该病,但传播速度和流行程度相对要比猪流行性肠胃炎缓和,且随着猪年龄的增长,该病的发病率和死亡率不断降低。该病的主要传染源是病猪,往往通过消化道进行传播。1~5 日龄的仔猪最容易感染该病,形成较大的危害,感染后基本全部死亡。断奶仔猪、育肥猪以及种猪感染该病后,症状较轻,且死亡率较低,但在若干天内就会导致整个猪群发病。

3.3.3 临床症状

该病的主要特征是病猪出现水样腹泻、呕吐、脱水,且新生仔猪具有很高的死亡率。该病通常具有 5~8 d 的潜伏期,但采取人工感染只有 8~24 h 的潜伏期。病猪出现水样腹泻(图 3-3),排出灰黄色或黄色粪便,并散发恶臭气味,体温通常保持正常,个别体温会升高 1~2 ℃。

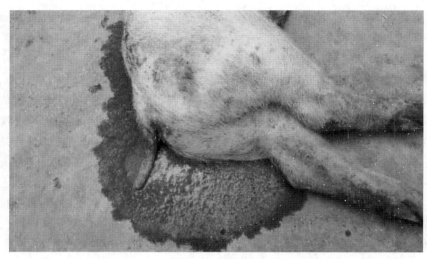

图 3-3　水样腹泻

病猪发病年龄不同,会表现出轻重程度不同的症状,通常年龄越小,症状越严重。仔猪患病后表现出精神沉郁,呕吐,严重脱水,小于 1 周龄的仔猪患病后主要表现为严重腹泻,一般可持续 2～4 d,造成明显脱水,并引起代谢性酸中毒,最终发生死亡,且临死前体温降低,病死率通常在 50% 左右。育成猪感染该病后具有较轻的症状,主要是食欲轻度减退,精神不振,水样腹泻,大部分在持续 7～10 d 腹泻后逐渐康复,病死率只有 1%～3%。

3.3.4　病理特征

剖检主要病变为小肠膨胀,充满淡黄色液体,肠壁变薄,个别小肠黏膜有出血点,肠系膜淋巴结水肿,小肠绒毛变短,重症者绒毛萎缩,甚至消失。胃经常是空的,或充满胆汁样的黄色液体。其他实质性器官无明显病变。

3.3.5　诊断要点

寒冷的冬春季节是本病的流行盛期,该病的潜伏期很短(1～2 d),往往从外地引进猪后不久全场突然暴发本病。病猪粪便污染的饲料、饮水、猪舍环境、运输车辆以至工作人员都可成为传播因素,病毒从口腔进入小肠,在小肠增殖并侵害小肠绒毛上皮。

本病的流行有不很明显的周期性,常在某地或某猪场流行几年后,疫情渐趋缓和,间隔几年后可能再度暴发。本病在新疫区或流行初期传播迅速,发病率高,在 1～2 周内可传遍整个猪场,以后断断续续发病,流行期可达 6 个月。

本病以保育仔猪的发病率最高,几乎达 100%。老母猪和成年猪多呈亚临床感染,症状轻微。哺乳仔猪由于受到母源抗体的保护,往往不发病;若母猪缺乏母源抗体,则哺乳仔猪临床症状严重,死亡率较高。

本病的特征是病猪的食欲大减精神沉郁,很快消瘦,严重的脱水致死。

剖检病变主要局限于小肠,肠腔内充满黄色液体,肠壁变薄,肠系膜充血,肠系膜淋巴结水肿,胃内空虚,有的充满胆汁黄染的液体。组织病理学的变化主要在小肠和空肠,肠腔上皮细胞脱落,肠绒毛显著萎缩,绒毛与肠腺(隐窝)的比率从正常的7:1下降到3:1。

3.3.6　类症鉴别

本病在临诊症状、流行病学和病理变化等方面均与猪传染性胃肠炎无明显差异,只是猪流行性腹泻死亡率较猪传染性胃肠炎低,在猪群中传播的速度也较缓慢。根据临诊症状、流行病学、病理变化进行确诊是十分困难的,须进行实验室诊断。目前,诊断方法有免疫电镜、免疫荧光、间接血凝试验、ELISA、RT-PCR、中和试验等,其中免疫荧光和 ELISA 是较常用的方法。

1.免疫荧光(IF)

用直接免疫荧光法(FAT)检测猪流行性腹泻病毒是可靠的特异性诊断方法,目前应用最为广泛。

2.酶联免疫吸附试验(ELISA)

ELISA 最大的优点是可从粪便中直接检查猪流行性腹泻病毒抗原,目前应用也较为广泛。

3.3.7　防控

1.治疗方法

对 8～13 日龄的呕吐腹泻猪用口服补液盐拌土霉素碱或诺氟沙星,温热 39 ℃左右进行灌服,每天 4～5 次,以确保不脱水为原则。

病猪必须严格隔离,不得扩散病毒,同时采用药物进行辅助治疗。

本病应用抗生素治疗无效,可参考猪传染性胃肠炎的防治办法。在本病流行地区,对怀孕母猪在其分娩前 2 周,以病猪粪便或小肠内容物进行人工感染,以刺激其产生乳源抗体,缩短本病在猪场中的流行。

2.预防措施

(1)常见预防

加强营养,控制霉菌毒素中毒。可以在饲料中添加一定比例的脱霉剂,同时加入高档维生素。提高猪舍温度,特别是配怀舍、产房、保育舍。大环境温度配怀舍不低于 15 ℃,产房产前第一周为 23 ℃,分娩第一周为 25 ℃,以后每周降 2 ℃,保育舍第一周 28 ℃,以后每周降 2 ℃,至 22 ℃止;产房小环境温度用红外灯和电热板,第一周为 32 ℃,以后每周降 2 ℃。猪的饮水温度不低于 20 ℃。将产前 2 周以上的母猪赶入产房,产房提前加温。

定期做猪场保健,全场猪群每月一周同步保健,控制细菌性疾病的滋生。

免疫预防。预防该病的有效措施是适时进行免疫接种。母猪分别在分娩前 0.5～1.5 个月内,使用猪传染性胃炎和猪流行性腹泻二联灭活疫苗进行注射,每头用量为 4 mL,从而能够使后代仔猪通过吮食初乳得到足够的免疫抗体,进而有效地避免发生该病。如果猪场没有发生过该病,需在冬春季节容易发生猪流行性腹泻疾病的高峰阶段和夏季高峰阶段对猪群各进行 1 次免疫接种,每头用量为 2 mL。

（2）紧急预防

种猪群紧急接种胃流二联苗或胃流轮三联苗,发生呕吐腹泻后立即封锁发病区和产房,尽量做到全部封锁。扑杀 10 日龄之内呕吐且水样腹泻的仔猪,这是控制传染源、保护易感猪群的做法。

3.4 猪传染性胃肠炎的防控

二维码 3-2 猪传染
性胃肠炎

猪传染性胃肠炎（TGE）是一种猪专属传染病,其病原为猪传染性胃肠炎病毒,猪患病后表现为急性呕吐、下痢,因严重脱水而死亡,以 2 周龄以下的仔猪最为严重。本病首次发生于美国,1956 年在日本、英国、中南美洲、加拿大、朝鲜、菲律宾和中国均有报道,发病率逐年上升。近年来,多与 PED 混合感染,是我国规模化猪场仔猪最为主要的消化道传染病之一,对养猪业造成严重危害。

3.4.1 病原特性

猪传染性胃肠炎病毒（TGEV）属于冠状病毒科冠状病毒属传染性胃肠炎病毒,只有一个血清型。病毒颗粒形态不规则,有椭圆形、球形和多边形,有囊膜和花瓣状纤突。本病毒可使用易感仔猪人工感染增殖病毒,在猪甲状腺细胞、猪肾细胞、猪唾液腺细胞中培养继代。病毒在感染急性期可出现在病猪全部脏器,之后消失,但在宿主十二指肠和空肠黏膜中长时间存在。

本病毒不耐热,在 56 ℃下 45 min,65 ℃下 30 min 死亡;在低温下存活时间较长,4 ℃以下的低温,病毒可以长时间保持其感染性。－20 ℃环境下可存活 6～8 个月;病毒在 pH 4～9 时较为稳定,但在 pH 2.5 以下时很快被灭活;病毒对乙醚、甲醛、石炭酸、氯仿、氢氧化钠等消毒药敏感,一般常用消毒药如 0.5％石炭酸在 37 ℃经 30 min 可以杀死病毒;直射阳光照射 6 h 即被灭活,而在避光环境下经 7 d 仍有感染力。紫外线能能迅速使病毒灭活;本病毒不耐腐败和干燥。

3.4.2　流行病学

1. 易感动物

各种年龄的猪均可感染本病,但大猪病情轻微。10 日龄内的哺乳仔猪发病则非常严重,死亡率高达 100%。死亡率随年龄增大而下降,5 周龄以上的猪死亡率就比较低了。

2. 传染源

传染源主要是病猪和康复带毒猪。可从病猪呕吐物、粪便、鼻液、乳汁及呼出气体排毒。50%的康复猪在愈后 2～8 周仍然能从其粪便中找到具有活性的病毒颗粒,愈后带毒最长达 104 d。故本病暴发常被认为与引进带毒的康复猪有密切关系。当引入带毒宿主进入易感猪群,便能暴发本病。因此,需要严格管控猪只进出。人、车辆、鸟类等亦可成为机械性传播媒介。

3. 传播途径

传播途径主要通过摄入含有病毒的饲料和饮水传染。经消化道感染,也可经呼吸道传染,主要发生在饲养猪只密度大的规模化猪场。

4. 流行特点

本病暴发在我国分为新疫区和老疫区。在新疫区,几乎全部猪只均可感染并能获得主动免疫力。在老疫区,由于已经感染过,母猪体内具有抗体,母猪所产仔猪获得母源抗体保护,发病低、症状轻,很少死亡,甚至无症状,但在断奶后失去母源抗体保护后也可感染发病,因此,本病在我国出现以下 2 种形式流行。

地方流行性:多见于老疫区,本病多发生于冬春季节,即 11 月至次年 4 月,表现为成年猪无症状,而发病仔猪大多死亡。疾病暴发后,病毒隐藏在成年猪体内,称为隐形传染源,不断污染猪场。疫情后的新生仔猪大多获得母源抗体保护而不再发病。但在次年的秋冬季节,气温下降,母源抗体水平降低,仔猪及断奶猪群又重新感染,使猪场冬春季周而复始流行本病。

流行性:多见于新疫区,一般认为引进新猪所致,当带有猪传染性胃肠炎病毒的新猪进入猪场后,很快感染所有年龄的猪只,常见于冬季。感染猪不同程度厌食、腹泻、呕吐、脱水,哺乳猪症状最为严重,10 日龄内猪死亡率高达 100%。

3.4.3　临床症状

本病潜伏期随感染猪的年龄不同而有差异,仔猪为 12～24 h,大猪为 2～4 d,本病传播迅速,数日内可蔓延全群。

仔猪表现为突然呕吐,接着发生急剧的水样腹泻,粪便为黄绿色或灰色,有时呈白色,内含未消化的凝乳块。仔猪迅速脱水,很快消瘦,精神委顿,被毛粗乱失去光泽,不吃或者少吃奶,强烈的口渴感、战栗、消瘦,2～7 d 内死亡,10 日龄以内哺乳仔猪死亡率高达 100%,随着日龄的增长致死率降低,病愈仔猪生长发育缓慢,甚至成为僵猪。

生长育肥猪和成年猪一般症状较轻,主要表现为食欲减退,偶见呕吐,呈喷射状水样腹泻。哺乳母猪厌食,泌乳减少,3～7 d 后腹泻逐渐停止,病情好转随即恢复,症状消失。

3.4.4 病理特征

主要病变在胃和小肠。表现为仔猪卡他性胃肠炎。胃内充满凝乳块,胃底部黏膜轻度充血,可能出现黏膜下出血斑。小肠内充满灰白色或黄绿色液状物,含有泡沫和未消化的乳块。肠壁菲薄,肠管扩张呈半透明状,缺乏弹性,肠黏膜有轻度充血,肠系膜淋巴结红肿。

3.4.5 诊断要点

临床初步诊断主要根据流行病学、症状及病变特点。但确诊则需要进行实验室诊断。

本病主要发生在冬春寒冷季节。疫情发生较突然,迅速传播,常在数日内传遍整个猪群,全日龄猪均可感染。主要表现为严重腹泻、呕吐、脱水。10 日龄以内哺乳仔猪发病后死亡率最高,随年龄增加死亡率渐低,大猪常 1 周内自行康复,极少死亡。常常表现为地方流行性。出现以上特征即可怀疑为猪传染性胃肠炎。哺乳仔猪患病时应注意与仔猪球虫病、仔猪黄痢或轮状病毒病等腹泻性疾病相区别。

实验室诊断一般采用免疫荧光抗体诊断。取刚发病的急性病猪空肠,制成冰冻切片,用免疫荧光抗体染色,在荧光显微镜下检查,上皮细胞、胞浆内发现亮绿色荧光,便可确诊。

本病在流行特点、临床症状及病理变化与猪流行性腹泻(PED)方面极其相似,只是 PED 的致死率稍低,2 周龄仔猪很少死亡,在猪群中的传播速度相对缓慢。如果要进行确诊及鉴别,就要进行免疫酶标技术、免疫荧光和免疫电镜检查等血清学诊断。

3.4.6 治疗

目前对本病尚无特效药物。抗生素类药物对本病没有任何疗效,需要在临床上加以确认,往往养殖户在加入抗生素类药物治疗时,出现病情好转,是因为大猪本身可以自愈,或者病程中并发细菌感染。

常见的抗病毒类药物如干扰素-α、双黄连在疾病早期通过肌内注射有一定效果，但在后期治疗效果一般。临床上可使用 TGE 高免血清按每千克 0.5 mL 肌内注射，一天一次，3 d 一个疗程，具有一定的疗效。

本病的治疗主要是对症疗法。科学补液可以降低死亡率。一般认为可从补充电解质、纠正酸中毒、补水补盐以及抗生素防治继发感染等方面介入治疗。临床上常见的方式为电解质、葡萄糖溶液口服给药，补液配方为：氯化钠 3.5 g，氯化钾 1.5 g，碳酸氢钠 2.5 g，葡萄糖 20 g，蒸馏水 1 000 mL，不建议进行静脉注射，主要是病畜严重脱水，静脉瘪缩，而且往往病情较重的是仔猪，静脉注射困难。同时，也存在病猪病情严重，饮欲不佳甚至废绝，口服效果不好的情况，此时可使用腹腔注射进行补液，补液方案为，维生素 C（5～10 mL）加 5％葡萄糖（20～40 mL），每天 3～5 次，配合口服补液，效果较好。

3.4.7　预防

在无传染性胃肠炎感染的猪场，平时需要加强饲养管理，搞好猪舍卫生，做好日常消毒，保持猪舍温暖干燥。谨慎引进种猪，引进种猪进行血清学检测为阴性后隔离 2～4 周，才能合群。同时，注意饲料、车辆、人员等的进出检疫，保证无 TGEV 入侵。

对于已经有猪传染性胃肠炎感染的猪场，传统的做法是，将部分已经发病的仔猪粪便人工混入妊娠母猪及其他成年猪饲料中，由于成年猪对此病抗性较强，不会发病，但喂饲后会产生抗体，特别是妊娠母猪初乳中带母源抗体，这样新生仔猪出生即可获得免疫，此法称为人工感染。但由于人工感染所使用的仔猪粪便内所含病毒为强毒株，会持续污染猪场，不符合生物学安全，具有较大风险，目前已经禁止使用。

目前，比较流行的方式还是进行疫苗预防接种，中国农业科学院哈尔滨兽医研究所成功研制出猪传染性胃肠炎与猪流行性腹泻二联灭活苗和弱毒苗，适用于疫情稳定的猪场（特别是种猪场）。

猪传染性胃肠炎和猪流行性腹泻二联灭活疫苗的免疫程序：怀孕母猪产前 20～30 日，每头注射 4 mL。母猪妊娠期间未注射疫苗的，乳猪及断奶仔猪后海穴（即尾根与肛门中间凹陷的小窝部位）注苗 2 mL。50 kg 以内的后海穴注苗 3 mL。50 kg 以上的后海穴注苗 4 mL。

猪传染性胃肠炎和猪流行性腹泻二联弱毒苗的免疫程序：母猪产前 6 个月内服 4 头分，隔周肌内注射 4 头分，再隔两周肌内注射 4 头分。8～10 周龄仔猪每头内服 2 头分。购进该疫苗要用冷链运输，或者用带冰块的低温疫苗箱携带，到猪场后保存于冰箱冷冻室。使用时用生理盐水稀释，气温在 4 ℃以下，48 h 用完；气温 30 ℃左右时，7 h 以内用完。

3.5　猪轮状病毒病的防控

在大型规模猪场或家庭农场养殖中,猪轮状病毒是引起猪病毒性腹泻的重要病原体之一。感染压力不大时,通常不表现临床症状,为隐性感染。如果饲养环境发生突变或由于猪病原体感染则可诱发该病的发生,一旦暴发将对猪场造成巨大的经济损失。本章分别从猪轮状病毒的病原特性、流行特点、致病机理、病理特征、诊断要点、防控等方面阐述猪轮状病毒的感染特点与防治措施,为猪轮状病毒的科学防控提供依据。

3.5.1　病原特性

猪轮状病毒属于呼肠孤病毒科的成员,属于轮状病毒属。病毒核酸为双链RNA,65～75 nm,无囊膜,呈二十面体粒子,电子显微镜观察显示,其完整形态是一个带有短纤突和外缘光滑的车轮状,所以被命名为轮状病毒。对外界环境有一定的耐受力,耐酸碱能力较强,在 pH 为 3～9 时,病毒能长期保持稳定。在常温条件下,能长期存活,可以超过 7 个月不死亡并保持感染力。当温度升高后,病毒会出现死亡,在 63 ℃环境中,病毒存活不超过 30 min。胰酶不能灭活猪轮状病毒,反而在特定环境下帮助其侵入动物细胞。猪轮状病毒对乙醚、次氯酸盐、氯仿等消毒剂有一定耐受力。反复冻融可使猪轮状病毒的感染力和凝集红细胞的能力丧失。对 EDTA、EGTA、氯化钙、硫氰酸钾耐受力较差。75％乙醇、10％聚维酮碘、3.7％的甲醛可灭活该病毒,通常作为消毒剂防治猪轮状病毒的传播。

3.5.2　流行特点

猪轮状病毒在世界范围内普遍存在,流行率在 3.3％～67.3％,农场猪的感染率达 61％～74％。

在我国常规饲养条件下,猪群不携带轮状病毒是非常困难的。该病多呈现出地方流行性。该病的传染源为发病猪和感染猪,还可通过其他动物或人类的活动散毒。猪轮状病毒一年四季均可发生,但秋冬温差大,较冷时更容易诱发该病。

各月龄阶段的猪都可感染轮状病毒,但随着月龄的增加,对轮状病毒的抵抗能力逐渐增加。常感染的情况是在仔猪 60 日龄以内,最小的为 1 周龄,3～5 周龄的感染最为普遍。哺乳期间因母源抗体下降,哺乳仔猪感染概率增加。当母源抗体达不到保护水平时,仔猪就容易感染轮状病毒并造成腹泻。该病有 12～24 h 的潜伏期,发病率高达 80％,病死率与日龄有关,因脱水、自体酸中毒等因素,日龄越小死亡率越高,最高可达 100％。仔猪可通过哺乳而获得被动免疫力,但这种免疫力仅能持续 3～5 周。

猪轮状病毒经粪排出可持续 1～14 d,平均 7.4 d。猪轮状病毒可以随粪便排出,再经口传播,仔猪生活场所的灰尘和干的粪便中常可检测到猪轮状病毒,在 10 ℃下,粪中病毒可以保持 32 个月的持续感染力,为轮状病毒的持续感染提供了条件。

青年猪群中轮状病毒阳性率虽然较高,但多不表现临床症状,且这些隐形感染的猪群却源源不断地向体外排毒,给养殖场带来潜在威胁。猪轮状病毒主要存在于消化道内,常随着粪便排出病猪体外,当这些粪便排出后可对环境及饲料和饮水等造成污染,主要传播形式是粪口、接触性传播。仔猪若接触到病毒浓度 $\geqslant 10^{12}$ 个/g 轮状病毒粒子的感染物就很可能引发疾病。虽然其他动物源的轮状病毒能感染猪,但至今还未发现猪源轮状病毒感染其他动物的情况。在生产实践中,为了预防仔猪腹泻常常给待产母猪和出生后仔猪注射猪传染性胃肠炎和猪流行性腹泻二联疫苗,但有时并不能杜绝该病的发生,这很有可能是感染了猪轮状病毒。

3.5.3　致病机理

了解轮状病毒的致病机理可以有针对性地选取有效措施进行预防或控制,尽可能地在实际生产中避免或降低损失。轮状病毒感染后,猪肠绒毛萎缩,导致小肠吸收细胞失去功能,引起吸收不良,导致腹泻。

在实验感染过程中,腹泻症状要比小肠病理变化出现得早,说明除了肠绒毛萎缩还有其他机制导致腹泻的发生,例如肠道炎症反应、肠道神经系统紊乱以及肠毒素累积,直接或间接导致仔猪的腹泻和死亡的发生,这些因素可在实际生产中通过采取有效管理措施进行提前预防或治疗,降低疫病损失。

3.5.4　病理特征

猪轮状病毒引起的病理变化仅存在于小肠,主要是由于猪轮状病毒在绒毛上皮细胞内增殖,破坏绒毛上皮细胞,以及随后的适应性和再生性反应引起。眼观病变比腹泻出现得略早或与腹泻同时出现。病猪胃内通常含有食物,小肠的后 1/2～2/3 壁薄、松弛、膨胀。小肠后 1/3 没有食糜,肠系膜淋巴结小,呈棕褐色。

对病死猪进行剖检后,可见其胃肠道内有凝乳块,还有棕黄色的水样物质。肠壁变薄,甚至呈现半透明状。切开小肠,可见有弥漫性的出血。盲肠和十二指肠会表现出明显鼓气。肠系膜淋巴结也会有不同程度的充血。肝颜色变淡,出现肿大。肾软化,外观呈现米黄色,心肌出现软化。

3.5.5　诊断要点

1. 实验室诊断

轮状病毒感染猪的临床症状不典型。诊断需要检测病毒、病毒抗原或病毒核酸。

轮状病毒是新生1～8周龄仔猪腹泻的原因之一,应在疾病急性期采集粪便排泄物、肠道内容物或切片用于诊断。猪轮状病毒在腹泻最初的24 h内排毒量最高。

目前,实验室检测猪轮状病毒的方法有电子显微镜、ELISA、血清学试验、核酸探针杂交试验。电子显微镜技术是诊断猪轮状病毒最快速的方法,因为粪便使用磷钨酸染色后可直接检测。ELISA是检测粪便和肠道内容物中猪轮状病毒抗原的常用方法,不但可以确定有无轮状病毒感染,还能确定感染的轮状病毒血清型。2002年我国学者建立了酶联免疫吸附试验(ELISA)抗体检测法,不但能检测出猪轮状病毒,同时还能检测出是否有猪传染性胃肠炎和猪流行性腹泻病毒感染。RT-PCR能快速检测出猪粪便或呕吐物中是否含轮状病毒粒子,这种方法特异性及敏感性均较高。其中实时定量RT-PCR可测出排泄物含有病毒粒子的浓度,有助于探究猪轮状病毒感染后的严重性与病毒量的关联性。血清学试验对猪轮状病毒感染的检测意义不大,因为大多数猪群内都有抗体。但抗体滴度和同型性可提示动物的免疫/感染状态,高滴度的IgM和IgG抗体提示猪只主动免疫水平和最近感染状态。

2.临床诊断

猪轮状病毒的诊断通过对临床症状和病理变化的观察很难进行确诊,尤其是有一些传染病和该病的症状较为相似,在诊断中更不易判断。若想确诊,一定要进行实验室诊断,避免仅通过临床症状导致误判,延误疫情。

3.5.6 防控

1.药物防控

目前还没有针对猪轮状病毒的特效药物,但在药物研发方面还是取得了一定进展。2009年有报道指出,在仔猪日粮中加入丁酸钠能有效减轻轮状病毒对仔猪的侵害力。许多中药提取物也有助于猪轮状病毒的治疗。白头翁素作用于肠道,修复黏膜损伤,从而抵抗猪轮状病毒的侵入。穿心莲提取物能改善毛细血管的循环,提高抗原呈递细胞的吞噬能力,从而提高仔猪对猪轮状病毒的抵抗力。

为了降低仔猪因脱水导致的死亡,可多次灌服口服补液盐,按标准使用兑水后,按每千克体重5 mL温水灌服,3～5次/d。

为了避免病猪出现细菌病继发感染,可进行抗生素注射,长效头孢注射液、青霉素、庆大霉素、林可霉素等,但不可频繁注射,以少次、长效为原则。

2.疫苗免疫

疫苗免疫是防治病毒性疾病的最佳手段,有成本低、防控效果好的优势。目前我国养猪业已大规模使用TGEV-PEDV-PRV三联弱毒活疫苗,给待产母猪注射TGEV-PEDV-PRV三联弱毒活疫苗可有效预防仔猪感染猪轮状病毒。在免疫程序上有产前三针免疫和产前两针免疫两种方式,猪场在实际使用中要配合实验室抗体检测(sIgA)评估免疫效果。

疫苗的使用分跟胎免疫和季节免疫两种,猪场可酌情选择,不仅能有效预防猪轮状病毒感染及发病,还能预防猪流行性腹泻、猪传染性胃肠炎。但疫苗的防控效果不是100%,要定期监测猪群抗体水平,及时查漏补缺,进行补免和加免。疫苗免疫后,猪场即便因感染压力过大导致发病,猪的发病率和死亡率也会大幅度降低,猪场损失降低。

3.其他措施

猪轮状病毒的传播主要以粪口传播、接触传播为主,因此除药物和疫苗两种措施外,生物安全务必要重视。

(1)要尽严、尽早禁止健康猪群与患病猪群接触,若发病群体较小,优先考虑无害化处理病猪群,防止交叉感染导致疫情散播。

(2)务必严格控制养猪场来往的人员,即便是养猪场的正式工作人员,也必须在更衣、淋浴、消毒之后才能够进入生产区。

(3)定期清扫猪舍内的粪污,清扫频率控制在≥2次/d。清扫完毕之后,第一时间将猪粪运到指定地点,尽量避免出现污水洒漏在猪舍内部的情况。

(4)每日都要对猪舍的工具间、饲料间、窗户、墙壁、隔栏等处进行打扫与除尘。与此同时,还要定期更换消毒液,保持其有效灭菌力。

(5)定期清理和消毒猪舍外的空地,频率控制在1周/次,并且还要对场区的植被与树木进行有效的护理。若处于天气寒冷、气温较低的冬季,在确保猪舍内温度适宜的基础上,还需要保证猪舍内的氧气充足、空气质量新鲜。

(6)严格按免疫程序做好猪瘟、口蹄疫等基础免疫,并做好免疫档案记录。

(7)自觉接受兽医站工作人员及动物卫生监督所工作人员的指导及监督。

(8)禁止无关人员进入养殖场地,猪场所有人员不得与外部猪只接触,尤其是运输病死猪的车辆。

(9)出售生猪时,贩运人员不得入场;畜主须提前申报检疫,经官方兽医人员检疫合格后方可出售,起运前对车辆做好消毒。

(10)按要求对病死生猪做好无害化处理,禁止出售病死生猪。

3.5.7　结论

猪轮状病毒给仔猪带来巨大威胁,降低了猪的饲料利用率,同时,猪群带毒率高,临床诊断难以判定,需依靠实验室诊断,在确诊期间易造成疫情扩散,因此防控猪轮状病毒应常态化,要在正常生产中做好环境清洁、严格消杀、药物预防及疫苗接种。

3.6　猪德尔塔冠状病毒病的防控

猪德尔塔冠状病毒病是由猪德尔塔冠状病毒（PDCoV）引起的猪肠道传染病，猪德尔塔冠状病毒临床感染症状为仔猪急性腹泻、呕吐，导致仔猪严重脱水衰竭而亡。对新生哺乳仔猪危害大，死亡率高达80%～100%，成年猪感染该病毒症状轻微，一般不需治疗即可自愈。

3.6.1　病原特性

猪德尔塔冠状病毒属于冠状病毒科德尔塔冠状病毒属成员，是近年来新发现的一种可引起不同日龄猪只感染发病的病毒。PDCoV于2012年首次在我国香港报道，科研人员在进行冠状病毒的分子流行病学研究时首次检测到了一种新型的冠状病毒。PDCoV感染后的临床症状与PEDV和TGEV相似，主要表现为急性水样腹泻，并常常伴有急性、轻度至中度呕吐，最终导致脱水、体重下降、嗜睡和死亡，给猪场造成严重的经济损失。

1.形态

电镜观察PDCoV病毒粒子结构与其他冠状病毒相似，病毒粒子呈球形或椭圆形。PDCoV病毒粒子具有囊膜和纤突。基因组全长25.4 kb，在已知的冠状病毒中，其基因组是最小的（图3-4）。

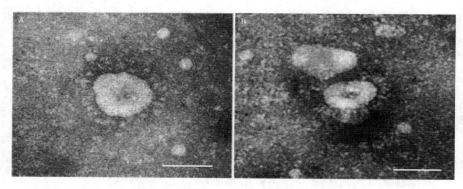

图3-4　电镜下PDCoV病毒粒子形态

2.病毒基因组特征

PDCoV为有囊膜的单股正链RNA病毒，具有5′端帽子结构和3′端Poly（A）尾巴。PDCoV基因组编码4种结构蛋白：棘突蛋白S、囊膜蛋白E、膜蛋白M及核衣壳蛋白N。N蛋白是冠状病毒在感染细胞中产生最多的病毒蛋白之一，结构具有保守性和种属特异性，可用于建立高效、准确和快速的分子生物学检测技术。S

蛋白是受体结合位点、溶细胞作用和主要抗原位点。E 蛋白较小,是负责病毒与包膜结合的蛋白。M 蛋白负责营养物质的跨膜运输、新生病毒出芽释放与病毒外包膜的形成(图 3-5)。

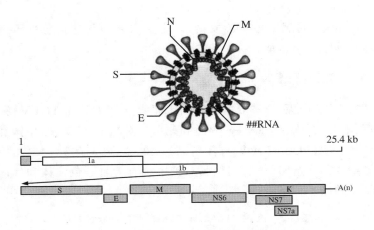

图 3-5 PDCoV 模式图和基因组结构

3.6.2 国内外流行情况和流行特点

1. PDCoV 在国内外的流行情况

2007 年,中国香港研究人员检测到新型冠状病毒的存在,后续流行情况如下表所示。

表 3-1 PDCoV 在国内外的流行情况

时间	事件
2007 年	中国香港研究人员检测到中国雪貂獾和亚洲豹猫体内有新型冠状病毒的存在
2007—2011 年	中国内地和中国香港初步调查表明,德尔塔冠状病毒在亚洲食肉动物、猪和鸟类之间存在着种间传播
2013—2014 年	华中农业大学肖少波团队首次证实我国内地猪场 PDCoV 的存在
2014 年	在美国俄亥俄州的猪中首次发现了与 PDCoV 相关的腹泻
2014—2016 年	加拿大、韩国、中国、泰国以及越南和老挝也相继报道 PDCoV

2. PDCoV 的流行特点

传染源主要是感染 PDCoV 的猪,仔猪感染病毒后发病突然、传播迅速,尤其是 10 日龄左右的仔猪,感染概率最大,也是主要的传染源。

PDCoV 传播途径可能与 PEDV 和 TGEV 相似,直接或间接的粪-口传播途径是 PDCoV 传播的主要手段。与 PEDV 传播一样,腹泻猪的粪便或呕吐物和其他受污染的污染物,例如运输拖车和饲料,饲养者所穿的工作服装等可能是病毒的主要传播源。

临床上 PDCoV 可感染各年龄段猪群,主要引起哺乳仔猪急性腹泻、呕吐,导致患病仔猪迅速脱水衰竭而亡。

3.6.3 临床症状

仔猪感染 PDCoV 后 1～3 d 内观察临床症状与 PEDV 和 TGEV 感染相似:急性水样腹泻、呕吐、脱水、体重减轻、嗜睡和死亡。对 2014 年美国、中国和泰国的立案病例的评估表明,PDCoV 感染与仔猪高达 40%～80% 的死亡率相关。严重的病变包括肠壁变薄和透明(空肠到结肠),其中含有大量黄色液体和气体。胃部常因乳汁凝结而肿胀。

表 3-2　PEDV、TGEV 和 PDCoV 临床症状的对比

病毒类型	症状	临床发病	损伤部位	发病率	死亡率	发病阶段
TGEV	腹泻、呕吐、脱水	24 h	空肠、回肠	100%	高达 100%	0～21 d
PEDV	腹泻、呕吐、脱水	24～36 h	空肠、回肠	100%	高达 100%	0～21 d
PDCoV	腹泻、呕吐、脱水	24～72 h	空肠、回肠、结肠	100%	40%～80%	0～21 d

1. 哺乳仔猪

哺乳仔猪感染 PDCoV 后,21 h 左右出现明显的临床症状,表现为急性腹泻;2～3 d 会出现呕吐症状但并不明显;4～5 d 出现严重脱水,体重迅速下降和精神高度沉郁等症状。一般会因脱水、衰竭而死亡,出现急性腹泻症状的哺乳仔猪死亡率高达 100%。

2. 断奶仔猪及保育仔猪

临床症状与哺乳仔猪较为相似,都能引起严重的腹泻。但保育仔猪腹泻症状会持续 6～10 d,其间表现厌食,体重逐渐减轻。腹泻症状缓解后,体重增加,但与健康仔猪相比生长缓慢,甚至停滞。

3. 生长育肥猪、成年猪、种母猪

生长猪、成年猪和种母猪感染 PDCoV 后症状轻微,一般不治而愈,几乎不会死亡。但生产性能和饲料转化率会受到一定程度影响。

3.6.4　病理特征

自然感染和人工感染的仔猪均有肉眼可见病变。PDCoV 感染后病变与 PEDV、TGEV 相似，主要表现在肠道细胞损伤、肠绒毛萎缩脱落、肠壁变薄、透明、肠道充满黄色或透明液体（图 3-6），胃内充满未消化的乳汁和凝乳块也很常见。

对感染 PDCoV 的肠道进行免疫荧光和免疫组化染色发现，病毒抗原主要存在于小肠中的空肠和回肠。将发病的组织器官制作病理切片观察，会发现以回肠、空肠黏膜上皮细胞空泡化为主的典型病理变化（图 3-7），说明空肠和回肠是 PDCoV 感染的重要靶器官。

图 3-6　肠壁变薄、透明，肠道充满黄色或透明液体

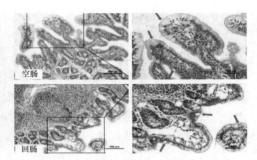

图 3-7　回肠、空肠黏膜上皮细胞空泡化

3.6.5　诊断要点

目前对于 PDCoV 感染发病猪群，仅依靠临床症状、剖检病变难以与 PEDV、PRoV 和 TGEV 区分开来，难以确诊，需要借助实验室诊断方法完成确诊。PDCoV 的实验室诊断方法主要分为病原学和血清学两种。其中病原学的检测方法主要有：

（1）病原分离与电子显微镜观察　取被病毒感染的组织的病料在细胞中培养，通过盲传和观察细胞病变，然后在电子显微镜下观察，可根据观察到的病毒颗粒的结构、形态及大小，按照已有病毒学的分类标准进行分类。

（2）反转录 PCR（RT-PCR）　王睿敏等通过 PEDV N 基因、TGEV M 基因、PDCo VN 基因和 PRoV VP6 基因设计特异性引物和 TaqMan 探针，分别建立了多重 RT-PCR 检测方法和多重 TaqMan 荧光定量 RT-PCR 检测方法均可特异性地检测和区分 PEDV、TGEV、PDCoV 和 PRoV 4 种病毒。

PDCoV 血清学检测方面，国内外大量文献报道建立了基于 PDCoV S1 蛋白和 N 蛋白的 ELISA 检测方法。S1 片段为 PDCoV S 与细胞受体结合的部位，含中和表位,所以可作为包被抗原,建立检测特异性 IgG 的间接 ELISA 方法。另外,PDCoV 胶体金试纸条可快速鉴别诊断,临床一线使用比较频繁,可快速检测 PDCoV,但缺点是敏感性低,一旦检出阳性,可能该病毒已经在场内传播扩散和暴发。

3.6.6 类症鉴别

1. 与仔猪黄痢的鉴别

二者相似之处是主要导致仔猪感染,患病后排出稀粪,有较高的死亡率,剖检可见胃内存在乳凝块,肠壁变薄。区别是仔猪黄痢是由于感染大肠杆菌导致,通常是小于 1 周龄的仔猪多发,排出黄色粪便,剖检发现胃肠内容物呈黄白色,有时会混杂血液,往往散发酸臭味。

2. 与仔猪白痢的鉴别

二者相似之处是多在气候寒冷的冬季发生,常见于 10 日龄的仔猪,病猪体温可升高至 40 ℃,并发生腹泻,剖检可见肠壁变薄,并存在乳凝块。区别是仔猪白痢是由于感染大肠杆菌导致,病猪排出灰白色粪便,并散发腥臭味,剖检可见胃黏膜水肿、充血,肠道出现臌气膨胀,肠壁变薄,内容物通常是黄白色的稀薄粪便。

3. 与仔猪红痢的鉴别

二者相似之处在于都是仔猪易发,且有高致死率。区别是仔猪红痢是由于感染魏氏梭菌导致,通常是 3 日龄左右的仔猪多见,病猪排出黄褐色粪便,其中混杂组织碎片,剖检可见胸腔、腹腔存在樱桃红色的积水,肠腔含有大量血红色液体,尤其空肠外观呈暗红色,同时肠系膜淋巴结发生水肿。

3.6.7 防控

1. 治疗方法

目前,该病还没有研制出有效的治疗药物。发现病猪后要立即停止喂乳,由于腹泻会造成机体严重脱水,如有需要可注射适量的 5% 碳酸氢钠溶液及葡萄糖生理盐水,减轻脱水,避免发生酸中毒。另外,也可采取口服补液,让病猪自由饮用葡萄糖生理盐水或者葡萄糖甘氨酸溶液,用于补充电解质,调节体内酸碱平衡。为避免出现继发感染或者并发症,病猪可适当使用抗生素,尤其是使用微生态制剂的疗效较好,也可选择收敛止泻剂用于对症治疗。

2. 预防措施

目前,市场上尚无该病毒的商品化疫苗,华中农业大学肖少波教授采用猪德尔塔冠状病毒国内分离株 CHN-HN-2014 株研制的灭活疫苗,2017—2018 年该疫苗在湖北、河南、湖南三个省份完成临床试验,并且申报了 Ⅰ 类新兽药。

为了防止该病毒的感染,要求猪场做好场内的生物安全措施:

(1)加强饲养管理,产房全进全出,严格消毒,空栏期至少1周。

(2)做好其他腹泻病的防控,尤其是猪流行性腹泻(PED)、猪伪狂犬病及仔猪黄白痢的防控。

(3)做好猪圆环病毒病和猪繁殖与呼吸综合征免疫抑制性疾病的防控,提高猪群的免疫力。

(4)对于已经发病猪场,可以参考猪流行性腹泻防控八步法进行防控。

3.7 猪塞内卡病毒病的防控

猪塞内卡病毒病是由塞内卡病毒(SVV)引起的猪的一种高度接触性传染疾病。各品种和日龄猪均可感染,成年猪感染后受到的危害较轻,母猪仅表现为口蹄部位出现水疱;育肥猪生长停滞,饲料转化率降低;仔猪感染后可表现为腹泻及神经症状,死亡率高。

2007年加拿大发生的一次疫情中,病猪6%出现鼻镜水疱,30%出现蹄部冠状带水疱,80%出现跛行,没有出现死亡。我国2017年福建省发生的一次疫情中,部分经产母猪和150 kg以上的大猪表现四肢蹄部有溃烂,鼻镜有水疱,乳房未见水疱性损伤,未出现死亡现象,10 d后损伤部位结痂。而产房小猪、保育猪、中大猪均未发病。

3.7.1 病原特性

塞内卡病毒又称为塞尼卡谷病毒(SVV),是一类无囊膜单股正链RNA病毒,属于小核糖核酸病毒科塞内卡病毒属,是该属唯一成员。病毒粒子为二十面体结构(图3-8),外形似球体,直径为17～25 nm。

SVV可利用多种方式诱导细胞死亡并促进其复制,通过多种机制对宿主细胞产生免疫逃逸作用。

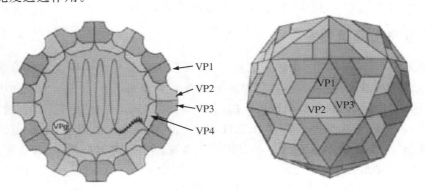

图3-8 塞内卡病毒粒子平面和三维结构(Viral Zone 2015)

3.7.2　流行特点

1.传染源

SVV 最为主要的传染源是携带 SVV 的感染猪,包括患病猪和无临床症状的病毒携带猪。

2.传播途径

塞内卡病毒可通过直接接触或者间接接触如运输工具、饲料、饮水、消化道等进行水平传播。传播方式类似口蹄疫,可通过口沫、气溶胶等进行长距离传播,传染性较强。目前未证实可垂直传播。

3.易感动物

SVV 主要感染猪,不同性别和不同年龄阶段的猪皆容易被感染。可感染牛、羊,但发病不明显,人类也可成为该病毒的宿主。

4.流行特征

塞内卡病毒病的暴发和流行季节性不明显,主要在加拿大、巴西和美国等国家流行。据报道,该病已经传入我国并在局部地区零星散发。

3.7.3　临床症状

在不同阶段发病猪群里,母猪和中大猪较多发。成年猪的临床表现相对较轻,病程持续 1～2 周,但可能会出现厌食、嗜睡和发烧等症状,并且在早期,可以检测到病猪体温升高至 40 ℃。病猪的口腔黏膜会出现大小不一的水疱,感染猪出现行动迟缓症状,猪蹄蹄壁出现溃疡性病变,严重时可造成蹄壳脱落(图 3-9)。发病仔猪常出现昏睡、精神沉郁等症状,腹泻症状时常发生,体温一般无明显变化,不同猪场仔猪死亡率有较大差别,但主要影响 4 日龄内的幼猪。4％～60％的患病仔猪腹泻持续 1～5 d。母猪产奶减少甚至停止,乳猪饿死,受影响的母猪场出现新生仔猪死亡率的突发性增长,但于 4～10 d 内恢复正常死亡率水平。

3.7.4　病理特征

猪感染 SVV 后死亡,在进行剖检时,发现腹泻的仔猪中有很大一部分表现出皮下或肠系膜水肿,并且大多数仔猪的胃中存留大量母乳。小肠和大肠的内容物具有流体稠度,肠黏膜没有肉眼可见的病变。个别病例可见浆液纤维素性腹膜炎、心包炎,局部广泛性空肠炎和局灶性胃溃疡。仔猪还可见心肌炎,最终可出现死亡。猪感染 SVV 后第 3～7 天,淋巴结、脾、扁桃体出现淋巴样增生、肺膨胀不全,并伴有弥漫性充血。

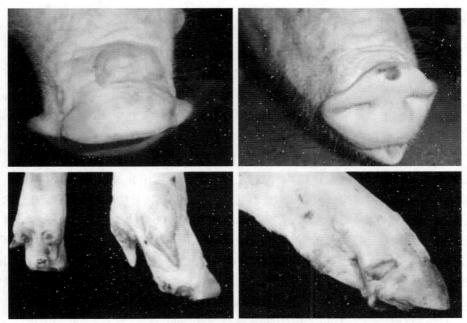

图 3-9　口腔水疱、蹄部溃疡

3.7.5　诊断要点

　　SVV 可在人的成视网膜细胞和肺癌单层细胞上生长并产生高滴度的病毒。可用于病毒分离和培养。用 PK-15、BHK-21 和 IBRS-2 细胞分离培养 SVV 也获得了很好的效果,其中 PK-15 最为敏感。电镜观察、免疫组化法、RT-PCR、实时荧光定量 RT-PCR 等都已经用于 SVV 的研究和诊断。用单克隆抗体开发的竞争性酶联免疫吸附试验(C-ELISA)具有更快捷和敏感的特点,广泛用于 SVV 抗体的检测。

　　诊断样品的采集:首选采集的样品包括水疱液、血液和病变的上皮组织,也可采集口咽部的刮取液。如怀疑口蹄疫则需按口蹄疫病毒检测要求采集样品。

　　各地发现猪出现水疱性病变等临床症状后,应立即采集病料样品,由省级动物疫病预防控制机构进行检测。对口蹄疫、猪水疱病等病原检测结果为阴性的,有条件的省份,应使用中国农业科学院兰州兽医研究所(简称"兰兽研")提供的诊断试剂进行塞内卡病毒检测;不具备检测条件的省份,应将样品送兰兽研进行塞内卡病毒检测。

3.7.6 类症鉴别

需要与猪口蹄疫、猪水疱病和水疱性口炎进行鉴别诊断。

3.7.7 防控

1.预防措施

中国动物疫病预防控制中心要组织有关单位,按照《2018年国家动物疫病监测与流行病学调查计划》安排,做好塞内卡病毒病监测工作,掌握疫病流行情况;组织对省级动物疫病预防控制机构开展塞内卡病毒病防治知识、诊断和鉴别方法培训。各有关单位在前期研究基础上,要进一步加快适用于基层使用的检测技术研究,研发出特异性强、灵敏度高、方便、高效的检测诊断方法,做好技术储备。各地要做好基层兽医人员培训工作,加强防治知识宣传,提高从业人员防治意识。塞内卡病毒是典型的外来病,它的发生与引种时忽视检测有关。如已在较大范围扩散,做扑杀净化的方案不太容易实现。塞内卡的危害性没有口蹄疫高,部分可自我康复,建议不作为重大疫病来管理,减少行政资源负担。

目前,世界上还没有猪塞内卡病毒病商品化疫苗。

2.扑灭措施

各地要监督养殖场(户)对患病猪进行隔离、监控,对病死猪进行无害化处理,对染疫场(户)生猪及有关物品要采取限制移动措施,并加强对整个养猪场所的消毒和清洁,防止疫情扩散。发病猪场(户)最后一头病猪康复并经检测合格后,相关生猪及有关物品方可解除移动限制措施。中国动物疫病预防控制中心要及时关注疫情发生态势,指导做好疫情的控制工作;中国动物卫生与流行病学中心要调整、完善紧急流行病学调查方案,组织开展疫源追溯和疫情追踪等调查工作。

3.8 猪繁殖与呼吸综合征的防控

猪繁殖与呼吸综合征(PRRS)是由猪繁殖与呼吸综合征病毒(PRRSV)引起的猪的一种繁殖障碍和呼吸系统疾病的高度接触性传染病,又称"猪蓝耳病"。以厌食、发热,母猪妊娠后期流产、产死胎、弱胎和木乃伊胎,幼龄仔猪呼吸困难、高死亡率为临床特征。

该病最早于1987年被发现,随后一些国家相继发生。欧洲国家曾称其为"猪神秘病",又因部分病猪的耳部发紫,称为"猪蓝耳病",还有过"猪不孕与呼吸综合征"和"流行性流产与呼吸综合征"的名称。直到1992年世界动物卫生组织在国际专家研讨会上采用猪繁殖与呼吸综合征这一名称。

2006年夏季,猪繁殖与呼吸综合征病毒的变异毒株(HP-PRRSV)引起的"高热综合征"曾在我国暴发,呈现发病率高和死亡率高的特征。该病不仅成为危害我国猪生产的重要疫病之一,而且严重危害全球生猪产业的发展。

3.8.1 病原特性

猪繁殖与呼吸综合征病毒(PRRSV)属于动脉炎病毒科动脉炎病毒属,为单股正链RNA病毒,病毒粒子呈卵圆形,直径为50~65 nm,有囊膜。内含一个呈二十面体对称的核衣壳,直径为30~35 nm。病毒粒子表面有明显的突起。对乙醚和氯仿敏感。

该病毒分为两个基因型,即以LV为代表的欧洲型(基因Ⅰ型)和以VR-2332为代表的美洲型(基因Ⅱ型),二者在抗原性上有差异,均具有典型的免疫抑制特性,形态和理化性状相似。

在体内,所有毒株对猪肺巨噬细胞(PAM)的亲嗜性最高;在体外,LV仅能适应于PAM,并出现细胞病理变化作用(CPE),VR-2332还能在CL-2621、Marc-145、MA-104细胞系培养,可出现CPE。

该病毒在-70 ℃可保存18个月,4 ℃保存1个月;在37 ℃ 48 h或56 ℃ 45 min完全失去感染力。pH 7以上或pH 5以下,感染力很快消失。

3.8.2 流行特点

1.易感动物

猪是唯一感染本病并出现症状的自然宿主,各种年龄和品种的猪均可感染,主要侵害繁殖母猪和仔猪,育肥猪发病温和。

2.传染源

病猪和带毒猪是本病的主要传染源。感染母猪可通过鼻分泌物、粪便、尿液等排出病毒,并长期带毒、排毒,在病猪临床症状消失后8周还可向外排出病毒,导致病毒在猪群中反复传播而难以根除。

3.传播途径

该病主要经呼吸道传播,传播途径如经口、鼻、眼等传播。与病猪和带毒猪同圈舍饲养、频繁调运、饲养密度过大等均容易导致该病的发生。该病还可水平和垂直传播;公猪感染后,精液中可存在病毒,通过精液造成水平传播;妊娠中后期的母猪易感性较高,经胎盘感染胎儿,导致繁殖障碍。某些禽(鸟)类也是重要的传播媒介。

3.8.3 临床症状

人工感染潜伏期4~7 d,自然感染一般为14 d。病程通常为3~4周,最长者

6～12周。

1.母猪

发病初期,母猪精神倦怠、食欲不振、发热,妊娠后期(105～107 d)症状较为明显。个别病猪耳朵、腹部、腿部发绀。出现早产、流产(50%～70%)、死胎(35%以上)、木乃伊胎(可达25%)、弱仔数增多,该现象可持续6周,而后出现重新发情现象,常引起母猪屡配不孕。出现早产的母猪,产奶量下降,早产的仔猪在出生后当时或几天内死亡,少部分早产仔猪的四肢末端、尾、乳头、外阴和耳尖发绀,以耳尖发绀最为常见。配种前感染的母猪可出现产仔率降低、推迟发情、屡配不孕或不发情等现象。发病末期,母猪繁殖功能逐渐恢复,达到或接近病前水平。

2.哺乳仔猪

28日龄前的仔猪感染后临床症状较为明显,产后1周死亡率可达80%。高峰期一般持续8～12周。病猪体温达40～41 ℃,呼吸道症状较为典型,呈现呼吸困难、肌肉震颤、呆立、前肢呈八字腿、后肢麻痹、共济失调、喷嚏、嗜睡、眼睑水肿等,有的哺乳仔猪耳朵发紫和四肢末端皮肤发绀。

3.保育和生长猪

以30～90日龄猪为主。病猪发热,体温高达39.5～42 ℃,呈现稽留热型;精神沉郁、食欲不振,病猪扎堆,多数表现为呼吸困难,有的腹泻或四肢关节肿胀;发病后期耳尖、臀部皮肤发绀;有的发生结膜炎;病猪迅速消瘦,多数死亡或成为僵猪,很难康复。

4.育肥猪

发病初期以呼吸道症状为主,如咳嗽、喷嚏;随后出现眼睑肿胀、结膜炎、腹泻,发生肺炎。

5.种公猪

发病后表现为精神沉郁、咳嗽、喷嚏、食欲不振、呼吸困难和运动障碍、性欲减退、精液质量下降、射精量减少;一般无发热现象,很少出现耳朵发绀的症状。

慢性感染是规模化猪场的主要表现形式。表现为生产性能下降、生长缓慢,母猪群的繁殖能力下降,猪群免疫功能下降,易继发感染其他呼吸道传染病,如支原体感染、传染性胸膜肺炎、链球菌病、附红细胞体病等发病率上升。处于持续性感染的猪群,血清抗体阳性率为10%～88%。

3.8.4　病理特征

1.眼观病理变化

该病的特征性病理变化是弥漫性间质性肺炎,肺肿胀、硬变,肺边缘发生弥散性出血。其他还可见全身淋巴结出现不同程度淤血、出血、水肿、切面湿润多汁等病理变化;肺门淋巴结出血、大理石样外观。腹膜、肾周围脂肪、皮下脂肪、肌肉等部位发生水肿、肺水肿。病毒可通过胎盘感染仔猪,导致脐带出血性病变。

有的病猪脾呈暗紫色,轻度肿胀,肾肿大、出血。急性死亡病例肾表面可见大小不一的出血点,脑充血。

2.组织学变化

鼻黏膜上皮细胞变性,纤毛上皮消失。支气管上皮细胞细胞变性,管腔内充斥着数量不一的炎症细胞、脱落的黏膜上皮细胞及组织细胞坏死物。肺泡壁增厚,肺泡隔有巨噬细胞和淋巴细胞浸润。淋巴结的皮质、髓质有数量不等的红细胞,淋巴小结数量减少;皮质淋巴窦中有大量炎症细胞及组织坏死崩解物。母猪可见脑内灶性血管炎,脑髓质可见单核淋巴细胞性血管套。动脉周围淋巴鞘的淋巴细胞减少,细胞核破裂和空泡化。接毒后 60 h 可见单个肝细胞变性和坏死。流产胎儿可见坏死性脐带动脉炎、心肌炎和脑炎。

3.8.5　诊断要点

3.8.5.1　临床诊断

根据以下临床症状和病理变化可怀疑猪群发生猪繁殖与呼吸综合征病毒(PRRSV)感染,确诊需要进行实验室检查。

1.急性感染初期

猪群表现为食欲不振、发热、嗜睡和精神倦怠等症状,个别猪可出现双耳、四肢、外阴、腹部、口部等部位青紫发绀。

2.母猪

早产、流产以及木乃伊胎和弱仔增多;仔猪断奶前死亡率增加,高峰期一般持续 8～12 周;发病末期,母猪繁殖能力逐渐恢复,达到或接近病前水平。

3.仔猪和育肥猪

存在不同程度的呼吸系统症状,痊愈猪一般生长缓慢,体重较轻。若没有继发感染,除发病仔猪可见间质性肺炎等特征病变外,一般不表现肉眼可见病变。

3.8.5.2　实验室检查

1.病毒的分离与鉴定

病料为无菌采取病猪的扁桃体、肺、淋巴结、脾、死胎儿的肠和腹水、母猪血清、鼻拭子和粪便等,置低温保存盒内立即送检。不能立即检测的,将采集的病料放 −20 ℃ 冰箱中,长期保存的置于 −70 ℃ 冰箱中。

病料经制备后(血清和腹水可直接检测;肺、脾和扁桃体等组织可单独也可混合剪碎后研磨成糊状)接种猪肺泡巨噬细胞或 Marc-145,37 ℃,5％二氧化碳培养箱中培养,每天观察 CPE(细胞圆缩、聚集、固缩,最后溶解脱落),连续观察 2～5 d。

经细胞培养物盲传结束后,不论是否出现 CPE,对所有的孔采用免疫过氧化物酶单层试验(IPMA)或间接免疫荧光试验(IFA)鉴定病毒。对 PRRSV 标准阳性血清呈现阳性反应,则被认定为 PRRSV 分离阳性。

2. 免疫过氧化物酶单层试验(IPMA)

新鲜血清样品,透明、不溶血、无污染,密装于灭菌小瓶内,4 ℃或−20 ℃冰箱保存或立即送检。

最后将 IPMA 诊断板置于倒置显微镜下判读。在对照样品成立的前提下,被检血清标本板内各孔 30%～50%的细胞质呈现深红色,判读为免疫过氧化物酶单层试验阳性,记作 IPMA(＋);细胞质未被染色,判读为免疫过氧化物酶单层试验阴性,记作 IPMA(−)。血清非特异性反应使整孔细胞染色(与阳性对照比较)。血清滴度以 50%以上的孔染色的最高稀释度的倒数表示。血清滴度<10 为阴性,10 或 40 为弱阳性,非特异性染色常在此范围内,血清滴度≥160 为阳性。

3. 间接免疫荧光试验(IFA)

该方法是国际上检测 PRRSV 阳性抗体通用的而且比较敏感的血清学检测方法。能在感染后 6～8 d 检测出 PRRSV 抗体。

样品为新鲜血清,透明、不溶血、无污染,试验前用磷酸盐缓冲盐水(PBS)做 20 倍稀释。最后用荧光显微镜观察。

在对照血清成立的前提下,即标准阳性血清对照中感染细胞孔应出现典型的特异性荧光,而未感染细胞孔不出现荧光,标准阴性血清对照感染细胞孔和未感染细胞孔均不出现荧光。被检血清中未感染细胞孔不出现荧光,感染细胞孔出现绿色荧光,判为阳性;未感染细胞和感染细胞中都没有特异性绿色荧光,判为阴性。任何血清在 1∶20 稀释条件下出现可疑结果时应重新检测,或 2～3 周后重新采样进行检测,重复检测仍为可疑,判为阳性。

4. 反转录-聚合酶链反应(RT-PCR)

该方法可区分美洲型和欧洲型毒株。对一些特殊的样品,尤其是对细胞有毒性而不能进行病毒分离的样品(如精液)、已灭活的样品、已被 PRRSV 特异性抗体中和的样品和病毒含量不高的样品等,RT-PCR 不失为一种更有效的检测方法,已广泛应用于临床检测。

病料为采取的肺、扁桃体、淋巴结和脾等组织样品;或新鲜精液或冷冻精液;或血清、血浆、全血或细胞培养物。

病料经制备、总 RNA 的提取、反转录、PCR 扩增、PCR 反应后进行结果观察和判定。在紫外灯下观察核酸条带并判断结果;PCR 后阳性对照孔会出现一条 372 bp 的 DNA 片段,阴性对照和空白对照没有核酸条带;待测样品电泳后在相应 372 bp DNA 位置上有条带者为 PRRSV 核酸检测结果阳性;无条带或条带的大小不是 372 bp 的为 PRRSV 核酸检测结果阴性。必要时,可取 PCR 扩增产物进行序列测定,序列结果与已公开发表的 PRRSV 特异性片段序列进行比对,序列同源性在 95% 以上,可判定待测样品 PRRSV 核酸检测结果阳性。

5.鉴别猪繁殖与呼吸综合征病毒高致病性与经典毒株的复合 RT-PCR 方法

该方法可检测以基因组非结构蛋白 Nsp2 编码区缺失 30 个氨基酸为特征的猪繁殖与呼吸综合征病毒高致病性毒株与非缺失 30 个氨基酸的猪繁殖与呼吸综合征病毒经典毒株。

适用于疑似猪繁殖与呼吸综合征病毒感染猪血清及临床病料等样品中的病毒核酸检测。

猪繁殖与呼吸综合征病毒高致病性毒株与经典毒株阳性对照的 PCR 扩增产物,经电泳后分别在 400 bp 和 264 bp 位置出现特异性条带,同时阴性对照的 PCR 扩增产物电泳后没有任何条带,则试验结果成立;否则结果不成立。在试验结果成立的前提下,如果样品的 PCR 产物电泳后在 400 bp 和 264 bp 的位置上同时出现特异性条带,判定为猪繁殖与呼吸综合征病毒高致病性与经典毒株核酸检测双阳性;若 400 bp 位置出现特异条带而 264 bp 位置无特异条带,判定为猪繁殖与呼吸综合征病毒高致病性毒株核酸检测阳性;若 264 bp 位置出现特异条带而 400 bp 位置无特异条带,判定为猪繁殖与呼吸综合征病毒经典毒株核酸检测阳性。在试验结果成立的前提下,如果 400 bp 和 264 bp 位置均未出现特异性条带,判定为猪繁殖与呼吸综合征病毒高致病性与经典毒株核酸检测阴性。

6.间接酶联免疫吸附试验(间接 ELISA)

该方法可用于检测病毒的抗体,具有较好的敏感性和特异性,许多国家已将其作为监测和诊断 PRRS 的常规方法。感染 PRSSV 后第 9 天可检测到抗体,30~50 d 达到高峰,抗体可维持 4~12 个月。

新鲜血清样品,透明、不溶血、无污染,试验前用血清稀释液做 1:20 稀释。

在加入终止液后在酶标测定仪上读取反应板各孔溶液的 OD 值,阳性对照 OD 值与阴性对照 OD 值的差值应大于或等于 0.15 时,可进行结果判定。否则,本次试验无效。S/P 比值小于 0.3,判定为 PRRSV 抗体阴性,记作间接 ELISA(一);S/P 比值大于或等于 0.3,小于 0.4,判定为可疑,记作间接 ELISA(±);S/P 比值大于或等于 0.4,判定为 PRRSV 抗体阳性,记作间接 ELISA(＋)。判定为可疑样品,可重复检测一次,如果检测结果仍为可疑,可判作阳性;也可以采用其他血清学检测。

病毒的分离与鉴定多用于急性病例的确诊和新疫区的确定,RT-PCR 适用于该病病原的快速诊断。血清学方法主要用于检测 PRRSV 抗体。IPMA、IFA 和间接 ELISA 群体水平上进行血清学诊断较易操作、特异性强、敏感性高,但是对个体检测比较困难,有时出现非特异性反应,但是在 2～4 周后采血检测能够解决此问题。

当在临床上怀疑有 PRRSV 感染时,可根据实际情况,由上述几种方法中选用一种或两种方法进行确诊,对于未接种过 PRRS 疫苗,经任何一种方法检测呈现阳性结果时,都可最终判定为 PRRSV 感染猪。对接种过 PRRS 灭活疫苗并在疫苗免疫期内的猪或已超越疫苗免疫期的猪,当病毒分离鉴定试验为阳性结果时,可最终判为 PRRSV 感染猪;当仅血清学试验呈阳性结果时,应结合病史和疫苗接种史进行综合判定,不可一律视为 PRRSV 感染猪。

3.8.6　类症鉴别

本病应与猪细小病毒病、猪伪狂犬病、圆环病毒感染、乙型脑炎及迟发性猪瘟等相鉴别。

3.8.7　防控

1. 治疗方法

该病目前没有特效治疗药物。该病发生时,常继发细菌感染,如猪链球菌和副猪嗜血杆菌等。因此,应注意针对常见细菌性疾病采取适当的防控措施,如免疫接种和药物防治,可促进机体尽快康复,减少损失。

2. 预防措施

预防该病应加强生物安全体系建设,采取综合防控措施及对症治疗。最根本的方法是消除病猪、带毒猪和彻底消毒,不引进皮草、生皮和皮革制品、猪鬃、肉制品、肉骨粉、血液制品、肠衣、明胶等猪产品,切断传播途径。此外,提倡自繁自养,加强引进猪只的检疫和监测,可有效防止本病扩散。

建议引进的猪来自出生之日起或隔离之前至少 3 个月内未检测到该病毒感染的养殖场。引进猪采用生物安保措施隔离 28 d,当天无猪繁殖与呼吸综合征临床症状,并进行了两次猪繁殖与呼吸综合征病毒感染血清学检测,间隔时间不少于 21 d,结果均为阴性,第二次血清学检测是在装运前 15 d 内进行,经临床观察无发病表现后再混群。

宜选择对有囊膜病毒效果好的消毒剂,每周消毒 1 次。

定期进行免疫监测,每年进行 4 次,各阶段猪监测抗体阳性率没有显著变化,表明该病在猪场较稳定;如果某次抗体阳性率升高,应加强猪场管理,降低发病的风险。

确定已发生疫情,应隔离淘汰病猪,对流产的胎儿、胎衣进行深埋处理,增加消毒频率和启动疫病应急预案,对运输车辆、生产工具等使用前后进行严格消毒。

感染猪繁殖与呼吸综合征病毒的发病猪,从恢复期开始即产生免疫力,对再次感染猪繁殖与呼吸综合征病毒具有免疫力,在地方流行性区域内接种疫苗可有效预防猪繁殖障碍。

目前我国已经研制出灭活疫苗和弱毒疫苗。灭活疫苗安全性较高,但免疫效果较差,需要多次免疫才能产生较好的效果,适用于母猪和种公猪配种前和每年的常规免疫;弱毒疫苗免疫效果较好,可适用于仔猪和保育猪免疫接种,但存在散毒和返祖毒力增强的安全性问题,应严格按疫苗说明书使用。

3.9　猪圆环病毒病的防控

猪圆环病毒病又称猪圆环病毒相关疾病,是由猪圆环病毒感染引起猪多种疾病的总称,包括断奶仔猪多系统衰竭综合征(PMWS)、猪皮炎和肾病综合征(PDNS)、母猪繁殖障碍、肠炎、猪呼吸道病综合征和仔猪先天性震颤等,其中以PMWS最为常见,以消瘦、贫血、黄疸、生长发育不良、腹泻、呼吸困难、全身淋巴结水肿和肾坏死等为特征。该病可导致猪群产生严重的免疫抑制,从而容易继发或并发其他传染病。

PMWS于1991年首次发生于加拿大某猪场,1997年暴发流行,随后逐渐在其他国家发生。我国于2001年首次发现该病,目前几乎存在于所有猪群,严重影响养猪生产水平,给我国养猪业造成了巨大的经济损失。

3.9.1　病原特性

猪圆环病毒(PCV)属于圆环病毒科圆环病毒属,病毒粒子直径 $14\sim17$ nm,呈二十面体对称,无囊膜,病毒基因组为单股环状负链 DNA,基因组大小约为 1.76 kb,是已知的一种最小的动物病毒,不凝集牛、羊、猪、鸡等多种动物和人的红细胞。

PCV 有四个血清型,即 PCV1、PCV2、PCV3 和 PCV4。PCV1 无致病性,广泛存在于猪体内及猪源传代细胞系中。PCV2 具有致病性,1998 年首次从 PMWS 病猪体内分离得到,PCV2 有多个基因型,包括 PCV2a、PCV2b、PCV2c 和 PCV2d 等,但其抗原性没有明显差异,PCV2b 毒力较强。PCV3 是 2016 年被美国首次报道发现的新病原(Palinski et al.,2016),随后相继被波兰、韩国和中国(Ku et al.,2017)等国家报道。PCV3 和猪只的繁殖障碍等疾病相关。目前在我国猪场,PCV3 抗原阳性率达 12.7%,血清阳性率达 48.02%(翁善钢,2017)。PCV4 于 2019 年在我国湖南省患有猪呼吸道疾病、腹泻及 PDNS 的猪群中首次发现,PCV4 与水貂圆环病毒(Mink circovirus,MiCV)的基因组同源性最高,为 66.9%,与

PCV1、PCV2、PCV3 基因组同源性为 43.2%～51.5%，基因组核苷酸的一致性小于 80%，因此，PCV4 代表了一种新的圆环病毒。目前，其致病机理、流行病学和分子生物学等方面处于初步研究阶段，值得深入研究。

本病毒对外界环境抵抗力极强，耐酸，在 pH 3 的环境下仍可存活；耐氯仿；70 ℃ 环境中仍可稳定存活 15 min。一般消毒剂很难将其杀灭，福尔马林、碘酒和酒精室温下作用 10 min，可部分杀灭病毒。

3.9.2 流行特点

1. 传染源

病猪和带毒猪多数为隐性感染，为本病的主要传染源，病毒存在于病猪的呼吸道、肺、脾和淋巴结中，病猪或带毒猪可通过粪尿、呼吸道分泌物、乳汁、唾液、精液、胎盘或产道向外排出病毒。

2. 传播途径

经消化道和呼吸道传播，或通过交配传播及经胎盘垂直将病毒传给胎儿，也可通过污染病原的人员、工作服、用具和设备传播。

3. 易感动物

不同年龄、品种和性别的猪均可感染，但仔猪感染后发病严重，呈现多种临床表现，包括断乳仔猪多系统衰竭综合征和猪皮炎和肾病综合征等。

4. 流行特征

以散发为主，有时可呈现暴发流行。病程发展较缓慢，有时可持续 12～18 个月之久。病猪多于出现症状后 2～8 d 发生死亡。饲养管理不良，饲养条件差，饲料质量低，环境恶劣、通风不良、饲养密度过大，不同日龄的猪只混群饲养，以及各种应激因素的存在均可诱发本病，并加重病情的发展，增加死亡，病死率一般在 10%～20%。由于猪圆环病毒能破坏猪体的免疫系统，造成免疫抑制，引起继发性免疫缺陷，因而本病常与猪繁殖与呼吸综合征病毒、细小病毒、伪狂犬病毒、猪肺炎支原体、猪胸膜肺炎放线杆菌、多杀性巴氏杆菌和链球菌等混合或继发感染。本病无明显季节性。

3.9.3 临床症状

猪圆环病毒感染后潜伏期较长，即使是胚胎或出生后早期感染，也多在断奶后才陆续出现临床症状，猪圆环病毒感染可引起以下多种病症。

1. 断奶仔猪多系统衰弱综合征

仔猪感染后发病较重，胚胎期或出生后早期感染的猪，往往在断奶后才发病，一般集中在 5～18 周龄，尤其在 6～12 周龄最多见。临床表现为呼吸道症状、渐进性消瘦、皮肤苍白、淋巴结肿大、腹泻及黄疸,造成患猪免疫机能下降、生产性能降低。

2.猪皮炎和肾病综合征

本病多见于 8～18 周龄的猪,发病率 0.15%～2%,有时可达 7%。患病猪饮食减退、精神不振,体温轻度升高或正常,皮下水肿。喜卧、不愿走动,步态僵硬。最常见的临床症状为皮肤发生圆形或不规则的丘状隆起,呈红色或紫色,中央形成黑色病灶,最明显的部位为后腿、臀部、会阴部和耳部,有时可延伸到腹部、胸部和前腿,以及覆盖全身,几天后损伤变成褐色硬壳脱落(图 3-10)。

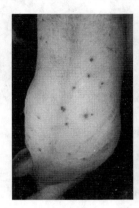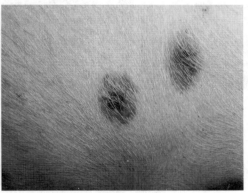

图 3-10　皮肤表面紫红色斑点

3.猪呼吸道病综合征

主要侵害 6～14 周龄育成猪和 16～22 周龄育肥猪,主要表现为生长缓慢、厌食、精神沉郁、发热、咳嗽和呼吸困难。6～14 周龄的猪发病率为 2%～30%,病死率为 4%～10%。

4.PCV2 相关性繁殖障碍

PCV2 感染可以造成繁殖障碍,导致母猪返情率增加,产木乃伊胎、流产及死产和产弱仔等。出生的仔猪可出现颤抖现象。

5.PCV2 相关性肉芽肿性肠炎

病猪主要表现为腹泻,开始排黄色粪便,后呈黑色,生长迟缓,抗生素治疗均无效。

3.9.4　病理特征

1.断奶仔猪多系统衰竭综合征

病死猪病理变化明显,最显著的剖检病变是全身淋巴结异常肿大,特别是腹股沟淋巴结、支气管淋巴结、纵隔淋巴结、肺门淋巴结、肠系膜淋巴结及颌下淋巴结肿大(图 3-11)。肾肿胀,呈灰白色,皮质与髓质交界处出血。常见胸腔积液,肺水肿,间质增宽,质地坚硬或似橡皮,其上散在有大小不等的褐色实变区。脾、肝轻度肿胀。有些病死猪肠道,尤其是回肠和结肠肠壁变薄,肠管内液体充盈。继发其他细菌感染的病例可出现相应的病理变化,如继发副猪嗜血杆菌感染,可见胸膜炎、心包炎、腹膜炎和关节炎。

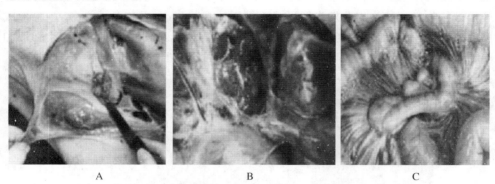

A   B   C

图 3-11 腹股沟淋巴结、支气管淋巴结、肠系膜淋巴结肿大

A.腹股沟淋巴结肿大;B.支气管淋巴结肿大;C.肠系膜淋巴结肿大

2. 猪皮炎和肾病综合征

病理变化一般表现为双侧肾肿大(图 3-12),肾有时可见白色散在斑点,肾皮质苍白黄染甚至变薄,肾乳头出血乃至溃疡,肾盂及输尿管水肿。另外,还表现为出血性坏死性皮炎、动脉炎和心包积液等病变。

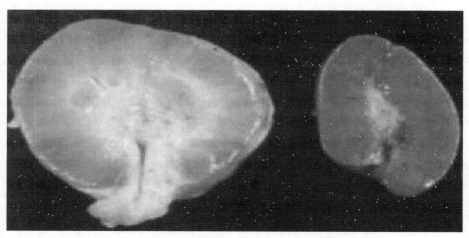

图 3-12 肾肿大、慢性间质性肾炎

3. 猪呼吸道病综合征

肉眼可见病变为弥漫性间质性肺炎(图 3-13)。

4. PCV2 相关性繁殖障碍

流产的胎儿和死产小猪(图 3-14)剖检后可见心脏肥大、质软。

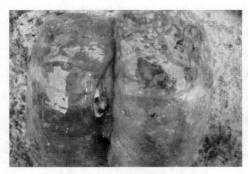 

图 3-13　弥漫性间质性肺炎　　　　　**图 3-14　流产的胎儿和死产小猪**

5. PCV2 相关性肉芽肿性肠炎

组织性病变为大肠和小肠的淋巴结集中出现肉芽肿性炎症和淋巴细胞缺失,肉芽肿性炎症的特点是上皮细胞和多核巨细胞浸润,并在组织细胞和多核巨细胞的细胞质中出现大的、嗜酸性或嗜碱性的梭状包涵体。

3.9.5　诊断要点

本病的诊断根据流行特点、临床症状和病理特征可初步诊断,确诊必须进行实验室诊断。可通过 ELISA 和 PCR 检测血清中的抗体和病原;PCR 和免疫组化(IHC)检测组织中的病原,荧光定量 PCR 可以检测病原含量。

3.9.6　类症鉴别

临床上,应注意猪圆环病毒病、猪瘟、猪繁殖与呼吸综合征、猪丹毒、猪渗出性皮炎等鉴别诊断,并且应考虑到与 PMWS 混合感染的其他疾病。

1. 猪瘟

猪瘟是由猪瘟病毒引起的一种急性、热性、高接触性传染病。以传播快,发病急,高稽留热,细小血管变性引起全身广泛性点状出血,脾梗死,强毒,发病率高,死亡率高,公猪包皮积尿,病猪先便秘后腹泻,粪便带有黏液和血液,口鼻皮肤出血。母猪则表现为繁殖障碍,产畸胎和震颤的弱仔猪。

2. 猪繁殖与呼吸综合征

猪繁殖与呼吸综合征是一种繁殖障碍和呼吸道症状的传染病。因部分病猪耳部发紫,又称蓝耳病。母猪表现为发热、流产、木乃伊胎、死胎、弱胎等繁殖障碍。仔猪表现为呼吸道症状,有严重的呼吸困难,体温升高,肌肉震颤,后肢麻痹,打喷嚏,嗜睡。有的耳尖发紫,断奶前仔猪死亡率 80%～100%。

3. 猪丹毒

猪丹毒是由猪丹毒杆菌引起的一种急性、热性传染病，俗称"打火印"。多发于3～12月龄的猪。急性死亡呈败血症状，全身可形成紫斑，肾淤血、肿大，有"大红肾"之称，脾肿大，呈典型的败血脾；亚急性型表现为皮肤疹块，充血斑中心可因水肿压迫呈苍白色；慢性型表现为心内膜炎、关节炎，会发展为皮肤坏死，脱落，在心脏可见到疣状心内膜炎的病变，二尖瓣和主动脉瓣出现菜花样增生物。

4. 猪渗出性皮炎

一般多发于仔猪，突然发病，先是仔猪吻突及眼睑出现点状红斑，后转为黑色痂皮，接着全身出现油性黏性滑液渗出，气味恶臭，有的出现皮肤增厚、干燥、龟裂，呼吸困难、衰弱、脱水，败血死亡。病猪全身皮肤形成黑色痂皮，肥厚干裂，痂皮剥离后露出桃红色的真皮组织，体表淋巴结肿大，输尿管扩张，肾盂及输尿管积聚黏液样尿液。

3.9.7 防控

猪圆环病毒病的发生除了 PCV2、PCV3 感染外，其他病原的混合感染或继发感染、环境因素、饲养管理等也是重要的诱因，因此，采取严格的生物安全措施，改善饲养环境，提高管理水平，预防控制病原体的入侵，是有效防控猪圆环病毒病的关键。本病的预防和控制主要依靠免疫接种和综合性防控措施。

1. 加强饲养管理

新生仔猪必须确保摄入足够的初乳，执行严格的全进全出管理措施，尽量限制猪只个体的交叉接触，尽量减少应激，降低饲养密度和执行严格的卫生消毒制度，可以显著地降低 PCV2 病毒以及其他病原的感染及发病猪群的死亡率。

2. 控制并发和继发感染

控制其他病毒和细菌等病原体的共同感染或继发感染，如猪繁殖与呼吸综合征病毒、细小病毒、副猪嗜血杆菌和支原体等。一方面制定合理的免疫程序，另一方面在平时的饲养过程中添加预防保健类药物，如支原净、金霉素、阿莫西林等，有助于控制细菌混合感染或继发感染。

3. 免疫接种

疫苗免疫接种是控制圆环病毒病最有效的办法。我国批准使用的疫苗主要有 PCV2 灭活疫苗（SH、WH、DBN-SX07、LG 和 YZ 株等）和 PCV2 杆状病毒载体灭活疫苗（CP08 株）和 PCV2 基因工程亚单位疫苗。妊娠母猪产前 1 个月免疫 2 次；2～3 周龄仔猪免疫 1～2 次，每次间隔 3 周；后备猪在配种前免疫 2 次，间隔 2 周；公猪每 3～4 个月免疫 1 次。

3.10 猪流行性感冒的防控

3.10.1 病原特性

猪流感病毒(SIV)属于正黏病毒科,A 型流感病毒属。根据表面蛋白血凝素(HA)和神经氨酸酶(NA)抗原性差异,可将 A 型流感病分为 16 种 HA 亚型(H1—H16)和 9 种 NA 亚型(N1—N9)。A 型流感病毒(图 3-15)为单股负链 RNA 病毒。SIV 呈多种形态,呈球形(直径大约 100 nm)或细丝状(几微米长)。病毒有囊膜,表面有纤突和刺突呈放射状的糖蛋白,分别是 HA、NA 和插入在类质膜的质子通道蛋白(M2)(图 3-15)。中间层是基质蛋白(M1)构成病毒蛋白壳。病毒的囊膜内是核衣壳,含有病毒 RNA、聚合酶蛋白(PB2、PB1、PA)和核蛋白(NP)。病毒感染初期,24～72 h 是病毒排放的最佳时间,其病毒可在猪鼻液、气管或支气管渗出液,肺及肺淋巴结内存在,在鸡胚尿囊腔、MDCK 细胞得到良好的增殖(图 3-16)。A 型流感病毒可感染禽、人和猪等动物,所以,这就为 A 型流感病毒跨物种传播提供了宿主条件。猪是流感病毒跨中间传播的重要一环,有较多的机会参与流感病毒跨种传播,因为猪近距离接触人类和禽类的机会较多,因此猪被认为是流感病毒跨种传播的重要中间宿主。

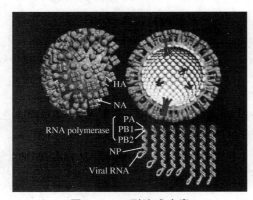

图 3-15 A 型流感病毒
(NeumannG,2009)

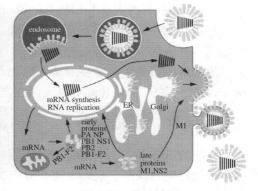

图 3-16 增殖过程
(NeumannG,2009)

3.10.2 流行特点

猪流感在世界范围内均有流行,主要有三种亚型:H1N1,H3N2 和 H1N2。其中各亚型类病毒基因来源又不尽相同,包括猪古典 H1N1,类禽 H1N1,类人 H3N2,基因重组 H3N2,以及各种基因型的 H1N2 亚型,所谓"类"表示病毒的最初宿主来源。此外,H1N7、H4N6 等亚型病毒也在猪体内分离到,但没有证据显示这些病毒在猪体内建立稳定的谱系。SIV 在世界各地的流行情况较为复杂,既有共性也有一些不同的情况,又具有明显的地理差异,SIV 的报道主要集中在北美,欧洲和东亚地区,其他地区的流行情况报道较少。

SI 在世界各地的流行情况既有共性,又有一些不同情况。在北美地区,1998 年以前猪群流行的流感病毒,基本上属于古典的 H1N1 亚型,但之后情况发生了变化,出现了新型 H3N2 病毒并在该地区广泛流行。1999 年后又出现了 H1N1 病毒和 H3N2 病毒重组产生了 H1N2 亚型病毒。此后在北美地区的周围,出现多种亚型病毒共循环的局面。

在我国,早在 1998 年 Chun 等就报道类似猪流感的症状。关于我国猪流感的流行情况,许多资料来自香港的一些早期研究报道,猪古典 H1N1 病毒和人类 H3N2 病毒是我国猪群中流行的主要亚型。20 世纪 80 年代初和 90 年代中期,香港学者从香港地区供港猪中分离到禽源 H3N2 病毒和禽源 H1N1 病毒,但没有引起流行。香港学者在 80 年代初从华南地区的供港猪中分离到 3 株基因重组的 H3N2 病毒,它们的 HA 和 NA 基因来自人类 H3N2 病毒,而这种重组病毒没有造成大范围的流行,对猪的致病性也不清楚。1998 年香港学者又从内地供港猪群中分离到禽源的病毒。1991 年,郭元吉等从北京某猪群中分离到 H1N1 病毒,这是在中国内地首次检出;2008 年内地的一些研究学者也从猪体内分离到禽源 H9N2 和 H5N1 病毒,但两者在我国猪群的流行情况尚不清楚。

SIV 的流行情况日趋复杂,对猪群的健康危害越来越大,在 SIV 的进化中,禽流感病毒基因越来越频繁地进入基因重组中,由此可能产生重组病毒,对人类的公共健康也造成了更大的潜在威胁。因此,对于我国猪群的免疫接种乃至全民的健康来说,做好 SIV 的防控具有重大的现实意义。

3.10.3　临床症状

猪群被 SIV 感染后,病毒一般在猪体内的潜伏期为 1～3 d,SIV 从上呼吸道逐渐侵袭到呼吸道深部。病毒主要在呼吸道上皮细胞中复制,因此通常病毒复制也就局限在呼吸道。免疫系统会在病毒感染后 1 周产生抗体。所以如果要分离病毒就应该选择患病动物发病的早期。单纯的 SIV 感染,其临床症状主要表现为高热、食欲不振、呼吸困难(图 3-17 左图,犬坐式呼吸)、咳嗽、精神沉郁等,典型病例呈流鼻涕(图 3-17 右图,鼻镜多汁不净)、打喷嚏等。被 SIV 感染的猪只而造成的肺炎,可以清楚地看到正常肺组织和病变肺组织界限明显,肺组织常有纤维素性渗出物。病变的微观变化包括渗出物充满气腔,大面积肺不张,纤维素性胸膜肺炎和肺气肿,也可以看到支气管和血管周边有细胞浸润现象。根据相关学者的研究发现,

SIV 可以在猪体内感染巨噬细胞(PAM),这意味着 SIV 可以对肺部免疫系统造成一定的破坏,可引起其他病原的继发感染。SIV 的传播主要通过呼吸道途径,在急性发病期,鼻腔分泌物含有大量 SIV,通过直接或间接接触感染得以在猪群中传播,SIV 也能通过被人和禽携带转移而实现传播。有观点认为 SIV 不仅损伤呼吸系统,而且抑制机体免疫,易造成其他病原的混合继发感染;反过来,其他病原也可以通过提供一些条件,从而促进 SIV 的传播感染。

图 3-17 猪感染流行性感冒的临床表现

3.10.4 病理特征

SIV 侵入呼吸道上皮细胞复制后扩散传播,最终引起病毒性肺炎,正常和感染的肺组织界限明显,病变的组织表观暗红色,指压硬实(图 3-18),呼吸道扩张,常充满纤维素渗出物,气管和纵隔淋巴结肿大等,用原位杂交和免疫组化方法,对猪自然感染的核酸和抗原进行定位研究,结果在猪肺 PAM 中发现有 SIV 抗原,说明SIV 体内可以感染 PAM,病毒对猪肺巨噬细胞的破坏可能是 SIV 致病性的一个重要原因,肺 PAM 受损后严重影响肺部

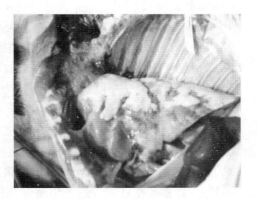

图 3-18 猪感染猪流行性感冒病理变化

免疫防御机制,容易引起其他病原菌和病毒的继发感染。

SIV 在猪群中传播,主要通过呼吸道途径,在急性发病期,病猪鼻腔分泌物含有大量病毒,猪只通过直接或间接接触而感染传播,其中人和禽类也能携带病毒进行传播。

3.10.5 诊断要点

猪流感病毒因其在兽医及人类公共卫生学中占有的重要地位,自首次报道以来的近100年间一直受到人们广泛的关注。猪流感虽以发烧、流涕为典型特征的临床病症,也常常是人们鉴别猪流感的目测诊断依据,但是近年来随着猪病的日益复杂化,呼吸道复合症状及并发感染的存在使得猪只难以表现出典型猪流感症状,故传统的临床诊断技术已难以满足当下猪流感防控的现实所需,建立运用快速、特异、灵敏的实验室诊断方法对于防治本病具有重大意义。另外分子生物学及血清学技术的日新月异也为猪流感的实验室诊断源源不断注入新的活力。

病毒分离仍是大多数病毒实验室诊断的金标准,猪流感病毒的诊断亦一直沿用该经典方法。利用猪流感病毒在敏感细胞或鸡胚上易增殖的特性,采集活体病料的咽喉拭子、鼻拭子或者死亡病例的肺组织接种于细胞或1日龄鸡胚上,利用连续盲传一代的方法分离病毒。分离过程中要注意病料低温操作、保存,即采即用,不可存放过久;接种后,收集细胞培养液或鸡胚尿囊液,死亡的鸡胚弃掉不用。盲传后不管有无出现,也需要用细胞培养液或鸡胚尿囊液做血凝实验以验证病毒的存在,如有血凝特性注意要用可能涉及的非特异性病原抗血清做血凝抑制试验,排除因外源污染造成假阳性的可能,如无非特异性病原,即用各种不同亚型流感血凝素特异性抗血清和神经氨酸酶的特异性抗血清分别做血凝抑制试验鉴定和神经氨酸酶抑制试验以鉴定亚型。病毒分离虽准确性很高,但对实验人员操作水平和硬件条件要求较高,耗时较长,不适宜在基层机构推广。

HI试验是WHO进行全球流感监测所采用的普及方法。检测有血凝性的样品,需用已知阳性血清进行HI试验,以此确定病毒的亚型,还可以检测疫苗注射后和定量感染后特异性血清抗体。非特异凝集素和非特异抑制素影响血凝抑制试验的准确性,也是造成假阳性或假阴性的主要因素。血清中的非抗体物质可能结合到血凝素上导致非特异性抑制和错误结果的出现,血清中的唾液酸残基可以模拟红细胞受体,同红细胞受体竞争与流感病毒血凝素结合而出现假阳性,为此,应对血清进行处理,去除非特异抑制物,常用的方法是受体破坏酶(RDE)处理法和胰酶-加热-高碘酸盐处理方法。中国农业科学院哈尔滨兽医研究所已经制备了所有的分型抗原和血清,为我国流感病毒毒株的分离和鉴定奠定了良好的基础。该试验特异性好,可以用于流感病毒亚型鉴定,但用已知的HA亚型的抗血清不能检测新的HA亚型流感病毒,具有一定的局限性。

酶联免疫吸附试验(ELISA)是猪流感实验室诊断的重要组成部分,由于猪流感病毒多具有良好的免疫原性,该方法无论用于病毒抗原或诱导抗体的检测,以其良好的特异性及可接受的敏感性而得到广泛的运用。用酶标记抗原或抗体,通过免疫学和酶学反应检测的方法,具有较高的灵敏性,适于大量的血清学监测,可以标准化而且结果易于分析。间接 ELISA 是将抗原吸附于反应板上,加入一抗形成抗原抗体复合物,洗涤后加入酶标二抗,再次洗涤后加入显色剂,通过显色反应检测抗体。2010 年,万春和等研究人员构建重组表达 H3 亚型 SIV 蛋白,建立了 H3 亚型 ELISA 分型鉴别诊断方法,具有较高的特异性。

运用病毒中和试验鉴别猪流感,其原理是利用针对病毒蛋白并阻止病毒粒子吸附感染易感细胞的特异性抗体,保护对流感病毒敏感的鸡胚或细胞免受病毒侵袭,以此来鉴别诊断特异性的流感病毒亚型。流感病毒中和试验同其他类似病毒中和试验结果的反应形式或判定标准是一致的,均可以鸡胚死亡或产生血凝现象作为是否感染病毒的依据。由于中和试验的特异性不仅可以对毒株进行定性分型鉴别,还可以用其测定中和抗体效价高低,同时在现今世界范围评价流感疫苗效果标准体系中,除了试验测定血凝抑制抗体效价外,另一重要指标则是中和抗体效价的高低,而研究证明这两者之间事实上呈一种正相关关系。

反转录聚合酶链式反应(RT-PCR)作为缩短猪流感病毒检测领域使用最多的分子诊断技术,可最快检测猪流感病毒的 RNA,缩短检测病原的时间。Lee 等利用 RT-PCR 方法分别在临床样本中鉴定出 H1、H3、N1、N2 亚型猪流感病毒。杨焕良等使用的猪流感病毒 3 种亚型的多重 RT-PCR 诊断方法,对猪流感 HA、NA 基因进行亚型鉴定,节约了人力、物力与时间。

3.10.6 类症鉴别

目前常用的诊断方式可分为现场诊断及实验室诊断。

现场诊断:现场诊断一般指在圈舍中通过对病猪临床症状进行观察,作出初步诊断。在易感季节,若猪群出现暴发性发病,且病猪呈现体温高、呼吸困难、行为无力等猪流感的典型症状时,即可初步诊断为猪流感;对于一些典型症状表现不明显的病猪,可以初诊判定为非典型肺炎;如果病症严重,且出现其他伴发症状,可以初步诊断为猪繁殖与呼吸综合征病毒及猪胸膜肺炎放线杆菌等。此外,如果发现较早、病症较轻的猪流感病猪,且未造成大规模感染,在经过一周治疗后,其症状会有所缓解,此时,其体内仍然含有病毒,且具有传播性,需要继续隔离观察,不要急于混群饲养,避免暴发更大的疫情。

实验室诊断:实验室诊断是在现场诊断的基础上,通过采取病猪或病死猪咽拭子或肺部病料进行琼脂扩散试验,检测出病毒后,再对病猪的病毒进行分离培养,通过血清型鉴定进行确诊。

3.10.7 防控

1.治疗方法

猪感染猪流感病毒后发病突然,潜伏期在 1~7 d,但死亡率不高。该病如果没有得到及时控制,会诱发其他疾病。所以,一旦发现患病猪,建议第一时间控制病情。

目前,猪流感还没有治疗的特效药。对于病猪只能对症治疗,防止继发感染。

2.治疗用药

猪发病后可以使用复方吗啉胍片或复方金刚烷胺片以及板蓝根冲剂,用量根据猪的体重确定。为预防继发感染,病猪应服用抗生素或磺胺类药物,同时给予止咳祛痰药。重病猪每头用青霉素 320 万 IU、链霉素 30 万 IU、病毒灵 30 mL、安乃近 30 mL,一次性肌内注射,每天 2 次,连用 5 d。饲料中添加 0.2% 的庆大霉素原粉,可有效控制病情。

3.猪流感不同时期的治疗

前期一般可以注射柴胡注射剂、阿莫西林等药物;中间病症较重的可以用青霉素、链霉素、安乃近三者的混合药剂;严重的则可以用瘟感全能配合龙达核酸肽混合注射,持续 3 d 左右。

4.猪流感的中药疗法

柴胡、黄芩、陈皮、牛蒡子各 15 g,双花、连翘各 12 g,甘草 9 g,水煎内服,每日一剂。本方适用于发病初、中期。体重 50 kg 左右的猪,用荆芥、金银花、大青叶、柴胡、葛根、黄芩、木通、板蓝根、甘草、干姜各 25~50 g,共研为细末,拌料喂服;如无食欲,可煎汤灌服,一般一剂即愈,必要时第 2 天再服一剂。金银花、连翘、桔梗各 30 g,薄荷、荆芥、豆豉、牛蒡子、淡竹叶各 15 g,甘草 10 g,鲜芦根 50 g,加适量的水共煎,一次灌服,一天一剂,连服三剂(注:以上剂量为 100 kg 猪的 1 次用量,小猪酌减)。

连翘、葛根、栀子各 15 g,苏叶、香附、花粉、双花各 12 g,陈皮、黄芩各 9 g,水煎内服,每日一剂。本方适用于发病中、后期。

5.根据猪流感的症状进行治疗

(1)刚开始应该对病猪用阿莫西林+金刚烷胺+清温败毒散拌料。

(2)如果症状主要表现在呼吸道上,则可用氟苯尼考+阿奇霉素+金刚烷胺+多维拌料。

(3)有的猪不吃料,可以肌内注射药物帮助其开食,并辅以少量退热药安乃近退热即可缓解。

(4)如果体温太高并持续不下,可用地塞米松磷酸钠 5~12 mg,或复方氨基比林 5~10 mL 肌内注射。

6.猪流感治疗注意事项

(1)一般用解热镇痛药物对症治疗以减轻症状和使用抗生素或磺胺类药物控制继发感染。

(2)发病猪应注意给予充足清洁的饮水,在饮水中可加入优质多维及止咳化痰等药物。

(3)由于该病会传染其他牲畜,也会传染给人,所以一定要禁止直接与病猪接触。

7.预防措施

猪流感控制住后,还要做好预防工作。秋冬季节是该病的高发期,尤其要注意,避免复发及其他健康猪感染。预防方法如下:

(1)注意气候变化,防止猪受寒,做好防寒保暖工作。

(2)圈舍定期消毒,保持猪舍环境干燥、卫生,使猪只保持较高的抵抗力。

(3)进行疫苗免疫。最好间隔3星期进行2次接种,如果仔猪具有母源抗体,则需要从10周龄开始进行免疫接种,防止产生干扰。

(4)主张"预防为主,防重于治"的原则,在该病没发生前做好充分的预防,阻止其发生,以免在发病后又急着去治,费财费力。

3.11　猪伪狂犬病的防控

20世纪60年代以前,猪伪狂犬病只发生在东欧,但是到20世纪80年代末此病已扩展到全球,特别是在猪群密集的地区易发,成为感染猪群最主要的传染病之一。这主要是由高致病性的伪狂犬病病毒毒株的出现和饲养方式的改变造成的,尤其是猪集约化生产和批量性母猪分娩。

二维码3-3　猪伪狂犬病

猪伪狂犬病由伪狂犬病毒引起,临床上以妊娠母猪流产、产死胎,新生仔猪出现共济失调、神经症状,并造成仔猪大量死亡为特征。自伪狂犬病毒毒株变异以来,病猪数量不断增加,严重威胁了养猪业健康发展,并造成巨大的经济损失。

最近几十年来,由于各种控制措施和净化计划的推行,在世界上一些地区的家养猪群中伪狂犬已经消灭,但在中国近年伪狂犬野毒再次在田间广泛流行。

3.11.1　病原特点

伪狂犬病病毒(PRV),又名奥耶斯基氏病病毒(ADV),属于疱疹病毒科,疱疹病毒亚科。病毒粒子呈圆形,直径为150~180 nm,核衣壳直径为105~110 nm,有囊膜和纤突。基因组为线状双股 DNA。

PRV 目前只有一个血清型,但不同毒株在毒力和生物学特征等方面存在差异。伪狂犬病毒具有泛嗜性,能在多种组织培养细胞内增殖,其中以兔肾和猪肾细胞(包括原 I 代细胞和传代细胞系)最为敏感,并引起明显的细胞病变,细胞肿胀变圆,开始呈散在的灶状,随后逐渐扩展,直至全部细胞圆缩脱落,同时有大量多核巨细胞形成。细胞病变出现快,当病毒接种量大时,在 18～24 h 后即能看到典型的细胞病变。

病毒对外界抵抗力较强,在污染的猪舍能存活 1 个多月,在肉中可存活 5 周以上,一般常用的消毒药都有效。

3.11.2 流行病学

伪狂犬病自然发生于猪、牛、绵羊、犬、鼠和猫,另外,多种野生动物、肉食动物也易感。水貂、雪貂因饲喂含伪狂犬病毒的猪下脚料也可引起伪狂犬病的暴发。实验动物中家兔最为敏感,小鼠、大鼠、豚鼠等也能感染。

猪是该病毒主要的自然宿主和贮存宿主,不同性别、年龄、品种的猪均可感染伪狂犬病毒,且感染后终生带毒,同时可持续排毒。病猪以及带毒猪的鼻腔分泌物、尿液、精液、粪便等都是本病的传染源。另外,与病猪、带毒猪接触的人员衣物、器械、进出的车辆等也可成为传染源。并且后者因为流动性更大,所以可以将病毒的传播范围扩大,产生更多的感染病例。病毒的传播主要靠猪与猪的直接接触,或是与 RRV 污染的感染物相接触,鼻腔黏膜和口腔是主要的入侵部位,结膜感染也可导致快速发病,在孕期,RRV 可以通过胎盘进行垂直传播,主要发生在怀孕的最后 3 个月,还可以通过初乳传播给仔猪。尽管犬、猫和一些野生动物被认为是感染区的病毒携带者,但是由于它们的排泄物中的病毒量低且很快死亡,它们在病毒的传染过程中的作用是有限的。

感染猪身体所有的分泌物、排泄物和呼吸物中都含有高浓度的 RRV,鼻腔和咽部的病毒滴度最高。在流产和生产时,经胎盘传播可以导致大量的病毒排出。在阴茎和包皮分泌物中可以发现病毒,PRV 在射出的精液中可以存活 12 d,在乳汁中可以存活 2～3 d。

病毒通过呼吸道、皮肤伤口或黏膜等侵入机体造成感染。若食用被病毒污染的饲料,猪只可经消化道感染该病毒;而受到感染的妊娠母猪可经胎盘垂直传播,使胎儿感染病毒。

3.11.3 临床症状

不同日龄的猪只在感染伪狂犬病毒后所出现的临床症状有所不同,其中妊娠母猪和新生仔猪的症状尤为明显。

1.妊娠母猪

妊娠母猪感染病毒后主要出现繁殖障碍,常会出现流产,产出死胎、木乃伊胎或产弱仔的现象,同时还伴有发热现象。

2.新生仔猪

仔猪常突然发病,其症状主要包括发热(41 ℃以上),腹泻,呕吐,呼吸困难,并伴有神经症状。病猪发抖,不自主痉挛,共济失调,倒地不起,四肢呈划水样,做转圈运动,有的还呈现角弓反张。初生的仔猪常出现顽固性腹泻,致使机体严重脱水,病猪在短时间内衰竭死亡,死亡率接近100%。

3.育肥猪

育肥猪症状较温和,病猪可能会出现精神不振,轻微发热,有的还具有呼吸道症状,咳嗽、打喷嚏等。但这些症状均可在几日后自行消失,死亡率极低,一般无须进行特殊治疗。

4.成年猪

有部分成年猪在感染伪狂犬病毒后体温会有略微升高,同时伴有轻微的呼吸道症状,但很快这些症状便能够自行消失。耐过的猪只呈隐性感染,即便康复后的成年猪仍是带毒猪,可不断向外排毒。但因其无症状表现,而成为本病的重要传染源。

在与其他病毒混合感染的病例中,如猪繁殖与呼吸综合征病毒、猪圆环病毒2型和猪流感病毒,在断奶和断奶后仔猪可形成严重的增生性坏死性肺炎。

3.11.4　病理特征

大量的小的急性出血性坏死点是疱疹病毒感染动物后在肝、脾、肺、肠道、肾上腺的病变特征。脑膜明显充血,出血和水肿,脑脊髓液增多。上呼吸道病变主要是上皮细胞坏死和坏死性气管炎,肺出现水肿和分散的坏死病灶、出血和支气管性间质性肺炎。在母猪,流产后可见到坏死性胎盘炎和子宫内膜炎,同时伴有子宫壁的增生和水肿。流产的胎儿可出现浸渍、或者偶尔出现木乃伊胎。对于胎儿和新生仔猪,肝、脾、肺和扁桃体上通常可见坏死点。

对病猪进行剖检,观察其病理变化可发现:脑膜血管扩张,充血、水肿(图3-19),脑脊髓液少量增多。心脏充血水肿,心内膜出血(图3-20)。肺水肿,背面有肋骨压痕(图3-21),且表面可见少量白色坏死灶(图3-22)。肾表面可见针尖状出血点,切面湿润,肾盂出血、水肿(图3-23)。膀胱出血,且尿液中有絮状物(图3-24)。肠系膜淋巴结出血(图3-25)。

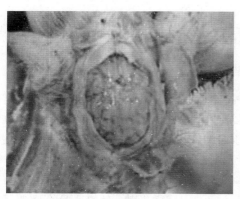

图 3-19　脑充血、水肿

图 3-20　心内膜出血

图 3-22　肺表面可见少量白色坏死灶

图 3-21　肺水肿，背面有肋骨压痕

图 3-24　膀胱出血，且尿液中有絮状物

图 3-23　肾盂出血、水肿

图 3-25　肠系膜淋巴结出血

3.11.5　诊断要点

临床诊断：根据发病仔猪有神经症状，妊娠母猪可能流产，剖检脏器灰白色小点可以作出猪伪狂犬的临床诊断。

实验室诊断：猪的三叉神经、嗅觉神经节和扁桃体是分离和检测 PRV 的首选组织。可通过免疫过氧化物酶和免疫荧光染色检测病毒抗原。

3.11.6　类症鉴别

对感染伪狂犬病毒的病猪所出现的典型症状及病理变化需要进行细致的鉴别。猪伪狂犬病、猪蓝耳病、猪瘟的病猪均会出现繁殖障碍。但猪蓝耳病病猪的皮肤上常存在斑点,后期皮肤甚至呈青紫色,尤其耳尖处皮肤发绀(图3-26)。患猪瘟的病猪大多突然发病,常见高度精神沉郁,食欲减退或废绝,有的病猪初期便秘,后转为下痢,排出的粪便也带有恶臭的气味,皮肤表面有大量的出血点(图3-27)。这些都是比较明显的有别于猪伪狂犬病的症状,可用于疾病的鉴别诊断。

图 3-26　耳尖处皮肤发绀

图 3-27　皮肤表面有大量的出血点

同样地,还存在一些疾病,其剖检后的病变组织变化与猪伪狂犬病的病变组织变化易相互混淆,此时则需要对病变组织进行细致观察,从而达到对疾病的鉴别诊断的效果。例如,猪伪狂犬病猪肝轻微水肿,表面相对正常,有的表面存在白色坏死点,或有一些密集的"正六边形";猪患有蛔虫病时,随着幼虫的不断移行,在肝表面造成大量乳白色的网状灶,称云雾斑(图3-28),肝无肿胀现象,表现为肝硬化的青黑色。猪沙门菌肝肿大,充血淤血,呈青黑色,肝表面可见白色结节。

3.11.7　伪狂犬野毒流行

近两年来,北京、河北、天津、东北三省、河南、山东、江西、上海、广东、湖南、湖北等地一些已经净化的伪狂犬野毒阴性场,短期内出现阳转的猪场出现伪狂犬病例,母猪出现流产、死胎、弱仔、返情等症状;仔猪出现典型伪狂犬病及新生仔猪死亡率攀升,保育猪、育肥猪呼吸道病发病率增多等。

一些专家认为当前流行的PRV毒株为一田间新

图 3-28　肝表面"云雾斑"

出现的野毒毒株,其毒力比原来的 PRV 野毒株的毒力更强。华中农业大学预防兽医学的一些专家 2012 年已从河南、山东、河北等地分离到 9 株 PRV 毒株,经过比对发现田间分离毒株在多个基因上出现一些碱基的缺失,系统进化树分析结果表明 9 个毒株与 Bartha 株遗传距离较远,而与国内分离株 Ea 株较近;上海兽医研究所研究人员用 Bartha-K61 毒株免疫羊群后,用传统 PRVS 毒株攻击,结果 4/4 保护;用新分离田间毒株攻击,只有 2/4 保护;也有人用新分离的 6 株 PRV 与 Ea 株在 BHK-21 细胞上进行 $TCID_{50}$ 毒力试验,结果证实 PRV6 株分离株与 Ea 株毒力相当。

另外,有报道称圆环病毒影响机体对伪狂犬疫苗的免疫应答。存在伪狂犬和圆环病毒的混合感染时,圆环病毒抑制了机体的免疫系统的功能,提高了伪狂犬的发病率和疾病的严重程度;有专家认为圆环病毒的 ORF1 中的 CpG 基因影响机体对伪狂犬活疫苗的再次免疫应答能力。

3.11.8 防控

3.11.8.1 疫苗接种

疫苗接种是控制 RRV 感染的有效措施,经过免疫的母猪即使经过一年之久,也可以将特异性抗体传给后代,母源免疫可以阻止 RRV 感染新生仔猪。

3.11.8.2 生物安全措施

主要包括:确保引进猪为野毒阴性,引入后隔离和检测;环境消毒、灭鼠;猪舍周围禁养猫、狗。

1. 加强饲养管理

(1)定期对猪场进行消毒 伪狂犬病毒在空气中存活时间较长,通过空气进行传播并侵入机体呼吸系统导致发病,因此应对猪圈环境进行定期消毒。另外,对于进出各个猪场的工作人员以及器械用具等都需做好消毒工作。

(2)做好灭鼠工作 老鼠极易传播伪狂犬病毒,其个体小,灵活性大,一旦感染伪狂犬病毒,随着其运动可迅速将病毒向四处传播开来,而成年猪感染后一般无明显症状,待到发现时,往往已经造成病毒大范围传播,同圈中猪只大规模感染,从而产生严重影响。因此应在猪场定期采取灭鼠工作,防止因老鼠而造成的大规模感染。

(3)及时隔离 对疑似感染伪狂犬病毒的猪只或已经确诊的病猪及时隔离,将它们与健康猪分开,对健康猪进行紧急免疫接种,同时对猪圈进行彻底消毒,避免更多的猪只感染。如果有条件,可以对与病猪同群的健康猪进行检测,避免无症状病猪混入健康猪群,造成后续的感染。

2.对猪群定期进行检测

保持猪场猪伪狂犬病呈阴性,其中一点在于引进种公猪时对其进行血清普查,并淘汰猪伪狂犬病阳性公猪,在确保猪群均为健康猪之后才可混入大群。同时对母猪进行检测,防止阳性妊娠母猪体内病毒经胎盘传给仔猪;防止哺乳仔猪饮用隐性感染母猪的乳汁后发生感染;防止成年猪因无症状而长期混于猪群中并不断排毒。

3.免疫接种

目前来说,应用较多的疫苗包括弱毒苗、灭活苗、基因缺失疫苗三类。由于伪狂犬病毒存在的"占位规则",因此弱毒苗在新生仔猪的免疫上有着天然的优势。另外,猪场在选取疫苗进行免疫时,应注意尽量选用一种疫苗,防止多种疫苗混合使用,引起病毒基因重组,形成超级毒株。

4.药物治疗

本病目前还没有特效药物可进行治愈,大多通过接种疫苗辅以对症治疗的方式对病猪进行治疗,同时给予一些药物来提高猪只的抗病力。病猪持续发热,高烧不退时,肌内注射安乃近、氨苄西林,1天1次,连续注射3~5 d,或者在饲料中加入一些清热解毒的药物,如板蓝根、柴胡、鱼腥草、清瘟败毒散,来缓解病猪体温升高的状况;病猪出现严重气喘时,给予麻黄素进行平喘。饲料中添加扶正补气类中药,连续服用15 d,或者在饮水中加入电解多维、黄芪多糖,都能够提高猪群的免疫力。

5.猪伪狂犬病的净化

根据国内外成功完成猪伪狂犬病净化的案例,现如今已经基本形成了3种较为成熟的净化方案:群体净化法、检测淘汰法、检测隔离净化法。

(1)群体净化法　是在20世纪80年代,一些商品猪大规模暴发猪伪狂犬病的欧美国家在进行猪伪狂犬病净化时大多采取的一种净化方案。各国根据自身的情况制定方案,如法国、荷兰、丹麦等,这些国家均最终达到了净化的目的。目前我国采取以企业为单位的净化方式,但还没有颁布强制性规程,因此国内净化所呈现出的效果远没有国外那样明显、有效。

(2)检测淘汰法　是国内常用的净化方式之一。这一方法需要对猪群中每头猪都进行检测,淘汰阳性猪后,重新引进猪只,而对于新进入的猪同样进行检测,防止再次混入带毒猪。通过此种方式进行猪伪狂犬病净化的猪场,结果毋庸置疑是很成功的。但对于大规模猪场,且伪狂犬病毒感染率较高的猪场来说,这种净化方式不但检测成本高,而且淘汰率高,对于日常的生产经营来说会有一些不利的影响。因此,这种方法并不适用于所有猪场。

（3）检测隔离净化法 以大型养殖集团的净化方案为例，按照"检测-淘汰-分群-免疫-检测-淘汰-净化"的方式，对猪场的种公猪群进行猪伪狂犬病净化。经过不断检测以及淘汰 gE 阳性猪，一年后猪场 gE 阳性率降至 0.00%。之后，对猪场持续检测半年，未出现一例猪伪狂犬病阳性猪，从而成功完成了猪伪狂犬病的净化。

完成第一步猪伪狂犬病净化后，后续的防控则更为关键。不完善的生物安全管理会导致伪狂犬病毒野毒再次传入猪场，使净化功亏一篑。因此，在完成净化后，制定并执行严格的管理措施和科学的免疫防控，定期进行血清学检测，只有这样才能彻底杜绝伪狂犬病野毒。

综上所述，伪狂犬病具有易感动物多，传播速度快，传播途径广的特点。对猪只影响严重且无特效药物及手段进行治疗，严重影响其健康，并给养殖业带了来巨大的经济损失。

因此，在养殖过程中对其应给予绝对的重视，以预防为主，治疗为辅，并进行猪场猪伪狂犬病净化，维持猪场阴性状态。加强日常的饲养管理，不从疫区引进种猪（包括精液），避免外界病毒进入猪场；对猪场进行定期消毒，定期清除猪场内老鼠，杀灭潜在病毒传染源，建立良好的饲养环境。对已经感染的病猪及时与健康猪分开，单独隔离，并进行紧急接种、对症治疗，补充维生素等，同时还应避免继发感染；对于一些没有治疗价值的病猪及时淘汰，减少排毒污染；制定科学的免疫程序，降低猪只感染率、发病率。目前来说，借鉴国外成功净化的经验，采用基因缺失疫苗并结合相应的 ELISA 鉴别诊断试剂盒，国内已经在部分猪场实现了对猪伪狂犬病的净化，证明了在科学免疫程序与严格生物安全管理的共同作用下，完全能够实现对猪伪狂犬病的根除。

3.12 猪传染性脑脊髓炎的防控

猪传染性脑脊髓炎病毒（PEV）是小核糖核酸病毒科、肠道病毒属的一种，有两个亚型——捷克猪捷申病病毒和英国猪泰法病病毒。除美洲和亚洲外，世界许多洲也已发现。主要病变为中枢神经灰质坏死，病死率 90%～100%。灭活疫苗有一定效果，但未能完全控制此病。

猪传染性脑脊髓炎又称猪脑脊髓灰质炎，最初发生于捷克捷申城，因而也称捷申病。主要侵害中枢神经系统，呈现中枢神经系统紊乱症状和四肢麻痹。其病原体是小核糖核酸病毒科肠道病毒属中的猪传染性脑脊髓炎病毒，其中血清 1 型毒力最强，是主要的病原，2 型、3 型、5 型毒力较低。病毒能耐酸和碱，对外界环境有较强的抵抗力,但用次氯酸钠、20％漂白粉和70％酒精可将其杀死。该病以眼睑肿胀、视物不明、共济失调、后肢麻痹及一系列神经症状而死亡为主要特征。

3.12.1　病原特性

本病的病原为猪肠病毒,属于微 RNA 病毒科、肠病毒属。病毒粒子呈球形,直径 22～30 nm,无囊膜,无脂蛋白,核衣壳呈二十面体对称,基因组为单股 RNA。

猪肠病毒在热和 pH 3～9 的环境下相对较稳定。其血清 1 型在 15 ℃可存活168 d。无血凝活性。对多种消毒剂都有抵抗力,但 3％福尔马林溶液、20％漂白粉溶液可灭活病毒。该病毒容易在猪源细胞上增殖,如 PK 细胞系、IBRs-Z、SST 细胞系或猪肾原代细胞,增殖时可产生细胞病变即细胞圆缩、坏死,亦可形成蚀斑。

猪肠病毒与其他微 RNA 病毒一样,有 C 抗原和 D 抗原。由于 C 抗原同时也存在于许多其他病毒毒株,因此,该病毒与马鼻病毒、柯萨奇病毒、脊髓灰质炎病毒在琼脂扩散中有交叉反应。依据血清学中和试验可将猪肠病毒分为 11 个血清型。引起猪传染性脑脊髓炎的主要为猪肠病毒 1 型,2 型、5 型也可成为本病的病原。

3.12.2　流行特点

仔猪易感,成年猪多为隐性感染。各血清型病毒的致病力差异较大,感染率、病死率和流行形式也常不同,在新发生地区常呈暴发,可蔓延到全群,老疫区多为散发。

1.病猪和带毒猪是本病的传染源

病猪无论是在临诊症状期还是在潜伏期都具有传染性,最危险的阶段是在潜伏期和发病初期。本病在发病第一天传染率为存栏头数的 15％～40％,随后逐渐降低。病毒主要存在于病猪的脑脊髓中,但在感染后几周内可随分泌物(唾液等)和排泄物(粪便)排出。外观正常的猪,特别是 4～8 周龄以上的猪体内,常可以分离到病毒。说明健康猪带毒现象或隐性感染普遍存在。只有强毒毒株才能引起暴发流行,因此,在临诊上隐性感染的猪,对疫病的传播起着重要作用。

猪传染性脑脊髓炎通过直接或间接接触感染,消化道是主要的感染途径。随分泌物、粪便等排出的病毒,可以通过饲料、饮水、用具、铺垫物传染给健康猪;工作人员也可能机械传播。不排除鸟类、啮齿类动物及飞蝇对病毒的传播。人工感染可经口、脑内或鼻内接种等方法,皮下注入病毒很难发生猪感染。PEV 只感染猪,包括家猪和野猪。

幼龄仔猪,特别是 2～6 个月龄的断奶仔猪和架子猪最易感染,而成年猪多为隐性感染。很少发病。哺乳仔猪的肠道中很少能够分离到病毒,这可能是吮乳仔猪随初乳获得母源抗体的缘故，自然感染后猪能产生免疫性。

本病可在任何季节发生，但在深秋和初春更为严重。

2. 由血清型 1 型引起的脑脊髓灰质被国际兽医局（OIE）列为 B 类传染病，捷申病的发病率可达 50％，病死率可达 70％～90％。

本病的血清型不少于 10 种。不同血清型的毒株，其致病性不同。除了引起脑脊髓灰质炎外，该病还可引起母猪繁殖障碍、肺炎、下痢、心包炎和心肌炎等，并且他们之间有一定的相关性。迄今，还不清楚 8 型、10 型毒株的致病性，有待于进一步的研究。

猪是该病的唯一宿主，各种年龄的猪均易感，幼龄猪易感性最高。该病感染率虽高，但病死率却因日龄而异。哺乳仔猪一旦感染，几乎 100％死亡。3 周龄以上的猪症状轻微或隐性感染。病毒在肠道内大量繁殖，并通过粪便排出体外，排毒时间可达数周。被污染的饲粮和饮水可经消化道再感染其他健康猪，也可通过眼结膜、生殖道和呼吸道黏膜感染。任何年龄猪都可感染多种血清型毒株，因此在同一个猪群中经常存在几个血清型。成年猪通常具有很高的循环抗体水平。哺乳仔猪则因母乳中的抗体而不感染。当该病呈地方性流行性发生于免疫猪群时，发病主要局限在生长期幼猪和断奶仔猪。未免疫或抗体水平低的母猪和哺乳仔猪也可能有散发病例，在诊断时应予以注意。

3.12.3 临床症状

病初猪体温达 40～41 ℃，不食，精神沉郁，不久出现各种神经症状。

重症病猪，出现眼球震颤，头颈后弯，肌肉抽搐，昏迷。随即发生麻痹，呈犬坐姿势（图 3-29）或一侧横卧，声响或触摸可引起共济失调（图 3-30，图 3-31）或头颈后弯，一般经三四天死亡。有些耐过的病例常呈现肌肉萎缩和麻痹症状。

由低毒力病毒引起的病例（英国称塔尔凡病或良性地方性轻瘫），主要侵害幼龄仔猪。病初猪体温升高，运步时后肢摇晃不稳，背腰部软弱，经数日后症状即可消失。有些病猪在出现上述症状后不久，就出现易兴奋、发抖、平衡失调、运动失控和肢体麻痹等症状。

图 3-29　犬坐姿势

图 3-30 共济失调(侧面观)

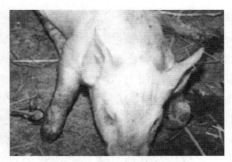

图 3-31 共济失调(正面观)

病死猪的眼观变化不明显,无诊断意义。通常根据上述流行特点和临床特征,可作出初步诊断。为了确诊,应采取病猪的小脑和脊髓的灰质部,送兽医检验单位进行病毒分离或病理组织学检查,有条件时,也可进行免疫荧光或中和试验等血清学诊断。

3.12.4 病理特征

病毒分离是诊断本病最准确的方法,特别是对新发生本病的地区更为重要。以无菌操作从病猪采取小脑和脊髓的灰质部,冷藏或放入 50%甘油生理盐水中,送实验室检查。也可用仔猪做接种试验,将病料制成 10%悬液。

离心沉淀,取上清液直接脑内接种,如被接种,猪经 10 d 左右发病。出现与自然病例相同症状和病理组织学变化,在排除类症的情况下,可确诊为本病。

检测血清抗体,可用中和试验、免疫荧光试验和酶联免疫吸附试验。病猪康复的中和抗体至少保持 280 d,中和滴度 1:64 可判为阳性。由于中和试验较费时、费力,大群检疫多用酶联免疫吸附试验。

3.12.5 病理变化

因脑脊髓炎死亡的病猪剖检可见脑膜水肿,脑膜和脑血管充血,心肌和骨骼肌稍有萎缩,其他脏器无肉眼可见变化。肠黏膜无特异性病变。组织学病变主要分布于神经灰质中,脊髓腹角、小脑皮质、间脑等处最明显。其主要特征是神经细胞变性、坏死,有噬神经细胞结节形成,血管周围淋巴细胞浸润,形成淋巴细胞套。早期主要侵害颈部脊髓,而后发展到胸、腰和尾部脊髓,大脑的病变较轻微。

3.12.6 类症鉴别

依据本病的流行病学特点、临诊症状以及中枢神经系统的病理组织学变化,可以初步诊断,但最终确诊需进行病原的分离鉴定。

可从早期表现脑脊髓炎症状的仔猪的脊髓、脑干或小脑无菌取组织制成悬液,接种于原代猪肾细胞培养,也可以接种于 PK-15 细胞,出现病变后再传 3 代使其稳定,用猪传染性脑脊髓炎阳性血清做中和试验进行鉴定。或将病脑接种易感猪,接种猪若出现与自然病例相同的症状和病理变化则可确诊。病毒鉴定可以用荧光抗体染色或免疫酶染色。急性期和恢复期猪血清抗体可用中和试验和 ELISA 试验的方法进行抗体检测。通常病猪在发生麻痹前 6～9 d 血清中的中和抗体滴度可达1:256。康复猪体内的中和抗体最短也可持续 280 d。

检测时一般中和滴度为 1:64 可判为阳性,1:16 以上为可疑。

本病应与其他呈现神经症状的猪病相鉴别。特别要注意与猪血凝性脑脊髓炎、伪狂犬病、李氏杆菌病相鉴别。

(1)猪血凝性脑脊髓炎 多发于 2 周龄以下,更多见于 4～7 日龄的哺乳仔猪。一般侵害一窝或几窝乳猪后疫情很快停止。病猪先有呕吐、便秘、嗜眠等症状,然后才出现神经症状,大多数病猪体温不高。

(2)伪狂犬病 除猪可感染外,其他动物也都易感。哺乳仔猪感染后呈现高热,食欲废绝,眼睑充血肿胀,呕吐,下痢,呼吸困难,病初兴奋,后期麻痹。妊娠母猪感染后,常发生流产、木乃伊胎、死胎或无生活能力的弱胎。而传染性脑脊髓炎病猪以共济失调为主症,受声响或触摸时,可使症状加剧。

(3)李氏杆菌病 仔猪多呈败血症症状,有神经症状的病猪,常呈现圆圈运动或无目的地行走或以头抵地不动,行走时步态强拘,有的因后肢麻痹拖地而走,剖检时,肝有小坏死灶等可资鉴别。

3.12.7 防控

1. 预防

本病可采用引进种猪严格检疫、发病猪群及时诊断、隔离和扑杀、严格消毒等一般性措施进行预防。国外有报道可用氢氧化铝灭活苗、弱毒活疫苗和细胞培养灭活苗进行免疫接种,前者的保护率低,弱毒活疫苗的保护率可达 80% 以上。免疫期为 6～8 个月。由于本病的血清型较多,因此,在实际生产中建议使用多种血清型的疫苗。

2. 加强饲养管理

除了早期接种疫苗外,猪场还应坚持自繁自养。尽量减少外购猪的数量,而且要严格控制外购猪的质量。与此同时,还要加强饲养管理,特别要注意提高饲粮中能量饲料的供给,完善防寒保暖措施,提高猪群整体抗病能力。搞好猪舍的清洁卫生和消毒工作。圈舍粪尿及垃圾要天天清除,并坚持对圈舍固定时间消毒。病毒在紫外线和日光下容易死亡。在猪舍内适当地加强光照,安装紫外灯可杀灭有效距离内的病毒,保持地面干燥也有一定的作用。猪场一旦感染发病,除用抗菌药物防止细菌继发感染外,还要采取隔离措施,防止发病猪舍的病毒传到健康舍。要控制人员串舍,妥善处理病猪粪便,禁止猫狗肆意活动,消灭老鼠,赶走飞鸟。及时用药,随时清除病猪或疑似病猪。目前,国内外对猪捷申病尚无有效的治疗方法,也无特效抗病毒药物,只有采取综合防控措施,才会有效降低发病率和死亡率。

3.13 猪口蹄疫的防控

口蹄疫是一种临床上偶蹄动物发生的急性水疱疾病,包括家养及野生的猪以及反刍动物等。发病急,传播快,造成巨大的经济损失严重影响国际贸易。口蹄疫属世界动物卫生组织列出的几大类重大疫病中的一类疫病。20 世纪,口蹄疫在欧洲暴发,每 5～10 年就有一次大的流行,这种状态持续到 1970—1973 年。之后由于高效疫苗的应用这种状态明显改变。1991 年,口蹄疫在欧洲完全根除,预防性接种被停止。

二维码 3-4 口蹄疫

3.13.1 病原特性

口蹄疫病毒(FMDV)属于微核糖核酸病毒科,口疮病毒属肠道病毒。核酸为RNA,全长 8.5 kb。病毒由中央的核糖核酸核芯和周围的蛋白壳体所组成,无囊膜,成熟病毒粒子约含 30% 的 RNA,其余 70% 为蛋白质。其 RNA 决定病毒的感染性和遗传性,病毒蛋白质决定其抗原性、免疫性和血清学反应能力,并保护中央的 RNA 不受外界核糖核酸酶等的破坏。

FMDV 具有多型性、易变性的特点。根据其血清学特性,现已知有 7 个血清型,即 O、A、C、SAT1、SAT2、SAT3(即南非 1 型、2 型、3 型)以及 Asia1(亚洲 1 型)。同型各亚型之间交叉免疫程度变化幅度较大,亚型内各毒株之间也有明显的抗原差异。病毒的这种特性,给本病的检疫、防疫带来很大困难。

FMDV 在病畜的水疱皮内及其淋巴液中含毒量最高。在水疱发展过程中,病毒进入血流,分布到全身各种组织和体液。在发热期血液内的病毒含量最高,退热后在奶、尿、口涎、泪、粪便等都含有一定量的病毒。

FMDV 对外界环境的抵抗力较强,不怕干燥。病毒对酸和碱十分敏感,因此很多均为 FMDV 良好的消毒剂。肉品在 10～12 ℃经 24 h,或在 4～8 ℃经 24～48 h,由于产生乳酸使 pH 下降至 5.3～5.7,能使其中病毒灭活,但骨髓、淋巴结内不易产酸,病毒能存活 1 d 以上。水疱液中的病毒在 60 ℃经 5～15 min 可灭活,80～100 ℃很快死亡,在 37 ℃温箱中 12～24 h 即死亡。鲜牛奶中的病毒在 37 ℃可生存 12 h,18 ℃生存 6 d,酸奶中的病毒迅速死亡。

3.13.2　流行特点

FMDV 感染大多数偶蹄动物,包括家养及野生的猪以及反刍动物等。在自然条件下,猪通过接触感染的动物或污染物直接或间接感染,空气传播 FMDV 是很重要的风险。易感动物通过分泌物和排泄物排毒,如唾液、泪液、鼻液、牛奶、呼出或排出物、粪便及尿液等都含有病毒。

FMDV 分布在非洲有一定的地域性,主要是 SAT 型,但也有 A 型和 O 型。亚洲和中东是 O 型、A 型和亚洲 1 型,南美是 O 型、A 型,C 型已基本消失。病毒在边界有很强的交叉传播能力,易在先前没有感染的地区进行传播。目前,猪口蹄疫仍以散发、局部流行为主,但应密切关注 A 型口蹄疫,不排除在一些地区发生和流行的可能。目前,猪口蹄疫的防控仍应以 O 型为重点,选择高质量的 O 型口蹄疫疫苗,做好疫苗免疫接种。一些无口蹄疫的国家自 2001 年后出现口蹄疫,其中日本 2010 年大量暴发 O 型口蹄疫;而韩国在 2000 年和 2002 年都有效地控制了口蹄疫的发生,但不能控制 2010 年口蹄疫的暴发,几个月内,O 型和 A 型同时出现在韩国。中国台湾在 2009 年停止接种疫苗,但 2010 年出现了新的血清型口蹄疫。这些例子说明,除非全球根除口蹄疫病毒,否则口蹄疫将不断传播,每个国家和地区都要做好准备。

3.13.3　临床症状

本病潜伏期很短,1~2 d,病初猪体温升高(41~42 ℃),俯卧、寒战,肢蹄发热,蹄部水疱出现,口舌水疱出现,精神不振,食欲减少或废绝;蹄冠、蹄叉、蹄踵发红形成水疱,继而溃烂出血,有继发感染的蹄壳大多脱落,病猪跛行、喜卧;鼻盘、吻突、口腔、齿龈、舌、下颌、乳房也可见到水疱和溃烂斑;驱赶或受惊吓时病猪尖叫声音很大。体重越大症状越严重。仔猪可因急性肠炎和病毒性心肌炎死亡,死亡率高达 60%~90%。

3.13.4　病理变化

除口腔、蹄部的水疱和烂斑,在咽喉、气管、支气管和前胃黏膜也有溃疡,胃和大小肠黏膜可见出血性炎症,心包膜有弥散性点状出血,心肌切面有灰白色或淡黄色斑点或条纹,好似老虎身上的斑纹,所以俗称为"虎斑心",心肌松软像煮熟的肉,具有诊断意义。

3.13.5　诊断要点

口蹄疫的临床诊断比较困难,临床上与猪水疱病(SVD)、水疱性口炎(VS)、水疱性传染病等很难区别。因此要确诊必须依靠实验室。确定性诊断 FMDV 必须经过特定的实验室诊断才能完成。通常使用 ELISA 检测感染组织的病毒抗原,同时需要细胞分离培养和 ELISA 检测每份样品的细胞病理变化。

3.13.6　防控

本病是目前发现的所有传染病中传染性最强的疫病,为国家一类动物传染病,控制和扑灭应按照《中华人民共和国动物防疫法》第三章的有关条款执行。发病后不进行治疗,必须进行扑杀。

3.13.6.1　预防

1.加强饲养管理

FMDV 传播最主要的途径有以下 3 种。

(1)感染动物的运输

(2)给易感动物饲喂污染的动物产品

(3)污染物的机械传播(人或动物等)

这些途径的传播能够通过严格的措施防止,如限制感染动物的活动和采取生物安全措施。空气传播 FMDV 基本上很难控制,而且近距离传播比较多,但是远距离传播相对较少,然而,一旦远距离传播,便造成致死性的传染。

2.疫苗接种

尽管疫苗接种能有效地控制 FMDV,但是因为 FMDV 有 7 种血清型,感染或接种一种血清型都不能抵抗其他血清型的感染,而且在同一血清型中也有很宽的毒株范围。而且一般疫苗引起的保护作用持续 4～6 个月,可疑的猪持续性地引起猪群或者通过再生产和动物的运动可能导致其携带病毒。因此,疫苗的接种通常需要每年 2 倍或更多倍,值得一提的是,一旦在猪群中发现口蹄疫就很难通过疫苗控制,而且很难根除。

3.13.6.2　发病后措施

(1)发现疫病流行,应立即上报,并封锁疫区,防止疫情扩散。病猪群屠宰深埋,疫点用 2% 烧碱液消毒。疫区周围猪群紧急预防注射口蹄疫疫苗。

(2)隔离要快,处理迅速,严格按照"早、快、严、小"的原则处理。

(3)对猪舍、环境和用具用 2% 烧碱液消毒。

(4)发病猪群和未发病猪群紧急注射口蹄疫疫苗,分开饲喂。严格做到人员、工具、饲料、运输车辆分开,不交叉。

(5)发病期间禁止外售猪只及其产品,并每日带猪消毒,封锁 45 d,无新发病猪方可解除封锁。

3.13.7 公共卫生

尽管口蹄疫的出现已有很长的历史，但感染人的报道比较少。1966 年，英国有一例口蹄疫病毒感染人的报道，该感染者生活在口蹄疫感染的牧场，喝了口蹄疫感染奶牛的牛奶而感染，出现了口蹄疫症状，在手、脚及口腔中出现水疱病变。虽然口蹄疫病毒能感染人，但是对口蹄疫的疫病学没有显著的作用，然而人却在控制口蹄疫病毒的流行病学中起到重要作用，接触病毒的人的呼吸道能携带病毒一至多天。

3.14 猪水疱病的防控

猪水疱病（SVD）又名猪传染性水疱病，是由肠道病毒属的病毒引起的一种急性、热性、接触性传染病。临诊的主要特征是猪的蹄部、鼻端、口腔黏膜，甚至乳房皮肤发生水疱。临诊症状不能与口蹄疫（FMD）、水疱性口炎（VS）和猪水疱疹（VES）相区别。该病首次发现于 1966 年，是猪的一种比较新的传染病。1966 年10 月，意大利的 Lombardy 地区发生了一种临诊上与 FMD 难以区分的猪病，1968年查明其病原为肠道病毒。进入 20 世纪 70 年代，中国香港和日本，以及欧洲的许多国家相继发生了这种疾病。

1973 年，联合国粮农组织欧洲口蹄疫控制委员会召开的第 20 届会议和国际兽医局（OIE）第 41 届大会，确认了这是一种新病，定名为"猪水疱病"。该病主要集中在欧洲和亚洲。20 世纪 70 年代初期为流行的高峰时期，以后逐渐趋于缓和。到 80 年代末期只有个别暴发，但 90 年代似乎 SVD 有重新抬头的趋势。

由于本病传染速度快、发病率高，对养猪业的发展是一严重威胁，必须十分重视本病的预防工作。SVD 造成的经济损失包括掉膘、发育停滞、延长育肥期（平均延长 20％）、母猪流产、仔猪死亡以及检疫和消毒等费用。若采取扑杀措施一次性损失更大，但有利于消除疫点。1972—1979 年，英国暴发了 446 次 SVD，仅屠宰的损失就近千万英镑。SVD 是养猪业的一大病害，也是 OIE 规定的 A 类动物传染病之一。国内外均要求任何水疱性疾病的发生都要上报国家兽医主管部门，并采取等同于 FMD 的防控措施。比如日本于 1973 年 11 月 23 日发生第 1 次 SVD 流行，同年 12 月 8 日日本政府就颁布了控制 SVD 的内阁法令，制定了一整套的检疫及处理措施。各国对生猪及猪肉产品的进出口检疫要求很严，因而 SVD 对国际贸易影响很大。另一方面，SVD 的暴发也不能排除使工作人员遭受感染的可能性。

3.14.1　病原特性

猪水疱疹疹病毒(SVDV),属于小核糖核酸病毒科肠道病毒属,病毒粒子是球形;属于人肠道病毒 B 群,认为是由柯萨奇病毒 B5 进化而来,有很相近的抗原和遗传特性。SVD 的血清型只有 1 种,通过不同的抗原或基因分型可以分成具有不同毒力的不同类型。在超薄切片中直径为 22~23 nm,用磷钨酸负染法测定为 28~30 nm,用沉降法测定为 28.6 nm。病毒粒子在细胞质内呈晶格排列,在病变细胞质的空泡内凹陷处呈环形串珠状排列。病毒由裸露的二十面体对称的衣壳和含有单股 RNA 的核心组成。病毒对乙醚不敏感,说明无类脂质囊膜。对 pH 3.0~5.0 表现稳定。病毒对环境和消毒药有较强抵抗力,在 50 ℃ 30 min 仍不失感染力,60 ℃ 30 min 和 80 ℃ 1 min 即可灭活,在低温中可长期保存。病毒在污染的猪舍内可存活 8 周以上,病猪的肌肉、皮肤、肾保存于 -20 ℃ 经 11 个月,病毒滴度未见显著下降。病猪肉腌制后 5 个月仍可检出病毒。3% NaOH 溶液在 33 ℃ 24 h 能杀死水疱皮中病毒,1% 过氧乙酸 60 min 可杀死病毒。

SVD 病毒通过直接接触、非直接接触或通过喂食猪肉、猪肉制品进行传播。病毒通过口腔或皮肤破损感染,并能引起病毒血症,经粪便排毒和水疱破裂导致病毒的扩散。

3.14.2　流行特点

在自然流行中,本病仅发生于猪,而牛、羊等家畜不发病,猪只不分年龄、性别、品种均可感染。需要注意的是,猪水疱病能够在人畜之间进行传播,且人感染病毒发病后,会导致肌肉疼痛,或者出现全身性疾病,影响人体健康。在猪只高度集中或调运频繁的单位和地区,容易造成本病的流行,尤其是在猪集中的仓库,集中的数量和密度越大,发病率越高。在分散饲养的情况下,很少引起流行。本病在农村主要由于饲喂城市的泔水,特别是洗猪头和蹄的污水而感染。病猪、潜伏期的猪和病愈带毒猪是本病的主要传染来源,其粪、尿、水疱液、奶均可排出病毒,也可通过接触、饲喂含病毒而未经消毒的泔水和屠宰下脚料、生猪交易、运输工具(被污染的车、船)等途径感染。被病毒污染的饲料、垫草、运动场和用具以及饲养员等往往造成本病的传播。病毒通过受伤的蹄部、鼻端皮肤、消化道黏膜而进入体内。普遍认为皮肤是 SVDV 最敏感的部位,小的伤口或擦痕可能是主要的感染途径。其次是消化道上皮黏膜。呼吸道黏膜似乎敏感性较差。

患病猪和携带病毒的猪是该病的主要传染源。病猪体内能够较长时间存在该病毒,还可经由血液循环扩散至全身,其分泌物、排泄物等都含有该病毒。水疱病毒可经由一些媒介导致其他猪群感染。对于不同饲养条件、不同体质的猪,对病毒的易感程度有所不同。一般来说,饲养环境较为干净,饲养户对猪群进行比较细心的管理的猪场较少出现发病。病猪的分泌物或者排泄物中含有病毒,导致其他猪群的生活环境被污染,在其采食、饮水或以其他方式接触病毒后,即可使病毒侵入体内,从而发生传染。由于该病毒具有非常强的传染性,饲养猪数量较多的猪场或者屠宰场更容易出现发病。

3.14.3　临床症状

先观察到的是猪群中个别猪发生跛行,病猪在硬质地面上行走较明显,并且常弓背行走,有疼痛反应,或卧地不起,体格越大的猪表现越明显。体温一般上升2~4 ℃。损伤一般发生在蹄冠部、蹄叉间,可能是单蹄发病,也可能多蹄都发病。皮肤出现水疱与破溃,并可扩展到蹄底部,有的伴有蹄壳松动,甚至脱壳。水疱及继发性溃疡也可能发生在鼻镜部、口腔上皮、舌及乳头上。一般接触感染经2~4 d的潜伏期出现原发性水疱,5~6 d出现继发性水疱,接种感染2 d之内即可发病。猪一般3周即可恢复到正常状态。发病率在不同暴发点差别很大,有的不超过10%,但有的高达100%,死亡率一般很低。对哺乳母猪进行试验感染,其哺育的仔猪发病率和死亡率均很高。有临诊症状的感染猪和与其接触的猪都可产生高滴度的中和抗体,并且至少可维持4个月之久。

潜伏期:自然感染一般为2~3 d,有的延至7~8 d或更长。人工感染最早为36 h。临床症状可分为典型、温和型(亚急性型)和亚临床型(隐性型)。

1.典型水疱病

其特征性的水疱常见于主趾和附趾的蹄冠上。早期症状为上皮苍白肿胀,在蹄冠和蹄踵的角质与皮肤结合处首先见到。在36~48 h,水疱明显凸出,里面充满水疱液,很快破裂,但有时维持数天。水疱破后形成溃疡,真皮暴露,颜色鲜红,常常环绕蹄冠皮肤与蹄壳之间裂开。病变严重时蹄壳脱落。部分猪的病变部位因继发细菌感染而成化脓性溃疡。由于蹄部受到损害,蹄部有痛感出现肢行。有的猪呈犬坐式或躺卧地下,严重者用膝部爬行。水疱也见于鼻盘、舌、唇和母猪乳头等处。仔猪多数病例在鼻盘发生水疱。体温升高(40~42 ℃),水疱破裂后体温下降至正常。病猪精神沉郁、食欲减退或停食,肥育猪显著掉膘。在一般情况下,如无并发其他疾病,不会引起死亡,初生仔猪患病可造成死亡。病猪康复较快,病愈后2周,创面可完全痊愈,如蹄壳脱落,则相当长时间后才能恢复。

2.温和型(亚急性型)

只见少数猪只出现水疱,病的传播缓慢,症状轻微,往往不容易被察觉。该类型在猪群中以非常慢的速度传播,病猪不会表现出明显的症状,会较快康复,较难被发现。大部分病猪的蹄部会出现1~2个水疱。

3.亚临床型(隐性型)

用不同量的病毒,经1次或多次饲喂猪,没有发生症状,但可产生高滴度的中和抗体。据报道,将1头亚临床感染猪与其他5头易感猪同圈饲养,10 d后有2头易感猪发生了亚临床感染,这说明亚临床感染猪能排出病毒,对易感猪有很大的危险性。

水疱病发生后,约有2%的猪发生中枢神经系统紊乱,表现向前冲、转圈运动,用鼻摩擦、咬啃猪舍用具,眼球转动,有时出现强直性痉挛。

3.14.4 病理特征

猪水疱病特征性病变主要在蹄部、鼻盘、唇、舌面,有时在乳房出现水疱。个别病例在心内膜有条状出血斑,其他内脏器官无可见病理变化。

3.14.5 类症鉴别

本病在临诊上与口蹄疫、水疱性口炎及水疱疹极为相似。单纯口蹄疫还能引起牛、羊、骆驼等偶蹄动物发病;水疱性口炎除传染牛、羊、猪外,尚能传染马;水疱疹及水疱病只传染猪,不传染其他家畜。因此,该病的确诊,还必须进行实验室检查。

3.14.6 诊断要点

1.动物接种

将病料分别接种1~2日龄小鼠和7~9日龄小鼠,如果2组小鼠均发病死亡,可诊断为口蹄疫;如果1~2日龄小鼠死亡,而7~9日龄小鼠不死,则可诊断为猪水疱病。病料在pH 3~5缓冲液处理30 min后,接种1~2日龄小鼠,小鼠死亡者为猪水疱病。反之则为口蹄疫。

2.血清学诊断

常用的有补体结合试验、反向间接血凝试验和免疫荧光试验。

3.实验室诊断

(1)病料采集 无菌条件下采取病猪水疱液或者刚破溃的水疱皮,添加适量抗生素液(注意水疱皮要先经过研磨),再加入5~10倍PBS进行稀释,放于4 ℃条件下浸泡过夜或者在室温下静置4 h,离心后取上清液(即待检病毒液)。

(2)病毒分离 取待检病毒液在猪源原代或者传代细胞单层接种,置于37 ℃

条件下培养,通常在 20～24 h 内就会出现典型细胞病变(CPE)。也可取待检病毒液在乳鼠或者仓鼠肾原代细胞或者人羊膜传代细胞单层接种,如果初代没有出现CPE,需要进行 2～3 代盲传。

(3)电镜观察　取病毒液初提纯物放于电镜下对病毒粒子进行观察,可用于病原学检查参考。

(4)动物试验　取病毒液给 1～3 日龄乳仓鼠或者乳鼠接种,会表现出典型的麻痹症状,四肢强直,2～3 d 后发生死亡。而其他实验动物,超过 2 周龄仓鼠或者超过 3 日龄乳鼠都不出现发病。

除采取以上方法外,还可进行免疫荧光试验、放射免疫法、免疫对流电泳试验等方法检测,但需要较专业的设备,且要求检测人员专业水准较高,因此较少在临床上应用,通常应用于科研性质的实验室。

3.14.7　防控

(1)场内实行封闭式生产,制定和执行各项防疫制度,控制外来人员和外来车辆入场,定期进行灭鼠、灭蝇、灭虫工作,加强场内环境的消毒净化工作,防止外源病原侵入本场。

(2)根据本场的实际情况,结合血清免疫学监测,制定科学、合理的免疫程序,确保猪群免疫的效果。

(3)疫苗注射:母猪在怀孕初期和分娩前 1 个月各接种 1 次灭活苗(猪可免疫接种豚鼠化弱毒疫苗或者细胞培养灭活疫苗。一般来说,豚鼠化弱毒疫苗的免疫保护力能够超过 80%,能够持续免疫保护 6 个月。细胞培养灭活疫苗安全性良好,免疫保护力也可超过 80%,但免疫保护期相对较短,只可持续 4 个月),仔猪在 40日龄或 80 日龄注射 1 次,即可获得较强的免疫能力。

使用 O 型口蹄疫灭活疫苗肌内注射,安全性可靠,但抗病力不强,常规苗只能耐受 10～20 个最小发病量的人工感染。据有关资料介绍,使用 O 型口蹄疫灭活浓缩苗经过多次加强免疫,免疫效果较好。

(4)加强检疫和免疫效果监测工作,不要从发病地区购买猪、牛羊等,购入猪只后,要按免疫程序接种疫苗,对抗性水平低的猪群应加强免疫。

(5)加强对猪群健康状况的观察,发现可疑情况及时上报,确定诊断,鉴定病毒,划定疫区和疫点,做到早发现、早处理,对疫点、疫区应立即采取紧急措施。加强猪群消毒工作,猪群、猪体可用 0.5% 过氧乙酸、10% 石灰石、氯制剂(火碱水)等消毒药物消毒;场地、环境选用烧碱、生石灰等消毒药物彻底消毒,每隔 2～3 d 消毒1 次;周边的易感动物应立即进行疫苗接种。当疫情扑灭后,疫区及周边地区的畜群应坚持注射疫苗 2～3 年,常规消毒防疫纳入生产的日常管理。

(6)猪群发病的处理要遵守"早、快、严、小"的原则,采取综合性防控措施,要严加封锁,扑杀病猪,严格控制病原外传。疫区内所有猪只不能移动,污水、粪便、用具、病死猪要严格、彻底地进行无害化处理。对诊贵的种用猪加强护理和进行药物治疗,防止继发感染。

(7)药物治疗:病猪的水疱发生破溃后,可使用1%高锰酸钾清洗患处,干净后再涂抹2%碘甘油。如果蹄部发生病变,病变处涂抹药物后还要进行包扎,防止再次出现感染。为避免病猪发生继发感染,可肌内注射300万IU青霉素、200万IU链霉素以及按每千克体重注射0.1 mL板蓝根注射液,每天2次,效果较好。

疫情停止后,须经有关主管部门批准,并对猪舍及周围环境及所有工具进行严格彻底的消毒和空置后才可解除封锁,恢复生产。

3.15 猪水疱性口炎的防控

水疱性口炎是由水疱口炎病毒所引起的一种人畜共患的急性、热性传染病。临床上以口腔黏膜发生水疱、流出泡沫样口涎为主要特征。

3.15.1 病原特性

水疱性口炎病毒属于弹状病毒科水疱病毒属,病毒粒子呈子弹状或圆柱状,病毒表面有囊膜,囊膜上均匀分布有10 nm的纤突结构。病毒内部为紧密盘旋的螺旋对称的核衣壳。水疱性口炎病毒结构相对简单,组成结构中RNA和糖类都占3%,类脂质占20%,蛋白质占74%。水疱性口炎病毒为单股负链RNA病毒,长约11 kb。从3′端到5′端依次排列着N、NS、M、G、L5个不重叠的基因,根据中和试验和补体结合试验该病毒可分为新泽西型(NJ)和印第安纳型(IND)两个独立的血清型,水疱性口炎病毒在大多数脊椎动物、爬行动物、鸟类、鱼类及昆虫的细胞上都可以进行培养。一般说来,病毒接种细胞18~24 h可以观察到明显的细胞病变,即可引起细胞快速圆缩、脱落,而且在动物的原代单层肾细胞蚀斑。

水疱性口炎病毒对外界的抵抗力不强,不耐热,56 ℃ 30 min可将其灭活。在强光照射和紫外线下,很快会失去活性。不耐酸,对脂溶剂乙醚和氯仿较敏感。水疱性口炎病毒在4~6 ℃土壤中能存活数天,对石炭酸能抵抗23 d。

3.15.2 流行特点

该病的主要传染源是病畜及患病的野生动物,患病动物通过水疱液和唾液排出病毒,扩散传染。在自然条件下,水疱性口炎病毒以节肢动物为传播媒介,主要感染猪、牛和马等哺乳动物以及人类。野羊、野猪、鹿、浣熊及刺猬等野生动物易感染。幼龄动物比成年动物更易感，随着日龄的增长，其易感性程度逐渐降低。

水疱性口炎病毒主要经损伤的皮肤黏膜和消化道侵入机体，可经伤口直接侵入上皮组织，病毒增殖后通过血液循环到达其他易感部位而产生病变，其中，口腔黏膜的磨损被认为是接触传播的重要方面，但上皮细胞完好的部位不能发生感染。同时，能以气溶胶的形式通过呼吸道传播，通过吸入气体而造成感染，但不引起典型的症状。通过双翅目的节肢动物作为媒介，对易感动物进行叮咬来传播病毒，该传播方式波及范围较广。该病的发生与温度和季节有明显的关系，5—10月份多流行，常呈季节性暴发，夏季温度高时最易暴发，本病呈现周期性流行。

3.15.3　临床症状

发病初期，病猪体温升高至 40～41.5 ℃，精神沉郁、食欲减退或停食。发热 2 d 后，可初步观察到病猪在鼻镜、鼻端、舌、口腔以及蹄冠部和趾间部的皮肤黏膜出现水疱性病灶。初期水疱呈现小丘疹状，慢慢形成水疱，水疱内含充蓝色的透明液体，1～2 d 水疱破裂后形成溃疡，暴露真皮，颜色鲜红溃疡面慢慢形成痂皮，痂皮下面形成新生的皮肤或黏膜而痊愈，随后体温逐渐恢复正常。如果水疱发生在蹄部，猪只会表现出跛行现象，严重时蹄壳有时会出现脱落，猪只出现行走困难。

3.15.4　病理特征

水疱性口炎的剖检变化不明显，通过组织学检查发现，棘细胞层上皮最先出现病变，细胞间桥上和细胞间隙逐渐扩张形成海绵样腔，而且液体充满腔内，随着腔的融合而形成水疱。水疱中有嗜中性粒细胞、胞浆破碎的感染细胞和红细胞。水疱裂解后，存留的基底层再生，上皮会向中心生长，最后修复。镜检发现棘细胞间出现水肿，棘细胞中层细胞出现坏死，细胞黏膜上部的水肿区域可见炎性细胞浸润。通过细胞超微结构病变观察发现：角质细胞含有较多桥粒，胞浆内出现空泡，胞浆中张力原纤维减少，胞浆皱缩，胞膜变厚，胞浆间桥粒明显，常见球形或三角形胞浆碎块以桥粒与包膜相连，在游离角化细胞周围有嗜中性粒细胞、细胞碎屑和液体围绕。

3.15.5　诊断要点

猪水疱性口炎根据临床症状和病理变化可作初步诊断，但很难与猪口蹄疫区分开来，必须进行实验室诊断加以区别进行确诊。

1. 流行病学和临床症状诊断

本病发生于夏季和初秋，呈散发性流行，动物先在舌面、鼻端发生水疱，饮食减退，口腔流涎，随后蹄冠、趾间发生水疱，发病症状与猪口蹄疫相似，只能作初步诊断。

2.实验室诊断

用直接和间接免疫荧光抗体试验,可检出病猪淋巴结冰冻切片中的感染细胞,也可检出水疱皮和肌肉中的病毒。还可通过病毒中和试验、补体结合试验、双向免疫扩散试验、放射免疫扩散试验等进行诊断。

3.动物接种实验

把病猪的水疱液取出,加5倍量的生理盐水给牛肌内注射不发病,给牛的舌面注射发病,出现水疱,诊断为水疱性口炎。给牛肌内注射和舌面注射均发病,出现水疱,诊断为口蹄疫。

3.15.6　类症鉴别

1.猪口蹄疫

相似点:猪口蹄疫与水疱性口炎病均出现潜伏期短,精神沉郁,食欲减退,体温升高,都可引起口腔、鼻部和蹄部出现水疱,水疱破裂后显露溃疡面,病猪跛行,不愿站立,饮食困难等临床症状;并且都可以感染牛、羊、猪以及人。

不同点:发病季节不同,口蹄疫一年四季均可发生,但多发生于秋、冬、春严寒季节,常呈大流行。主要发生于规模化猪场,发病率较高,成年猪的死亡率为3%,仔猪的死亡率可达60%,水疱在蹄部比口腔多,剖检可见虎斑心和急性胃肠炎。接种2日龄、7~9日龄乳鼠及乳兔均发病。而水疱性口炎则多为夏秋温暖季节发生,呈散发性,发病率为30%~95%,不致死,口腔水疱多,蹄上无或极少见水疱病变,用病料接种2日龄和7~9日龄乳鼠及乳兔均不发病。

2.猪水疱病

相同点:都可引起口鼻部、蹄部水疱。

不同点:猪水疱病多在寒冷潮湿的天气下发病,流行比较缓慢。而水疱性口炎多为夏秋温暖季节发生,发病急,病程短;猪是猪水疱病的唯一自然宿主,其他动物均不发病。而水疱性口炎的易感动物很多,除猪外,啮齿动物、马、牛、蝙蝠、火鸡、鸭、猴等都可被感染发病;猪水疱病先在蹄部发生水疱,随后仅少数病例在口、鼻、舌面罕见水疱。而水疱性口炎先在口腔发生水疱,随后蹄冠和趾相继发生水疱,水疱数较少。

3.15.7　防控

1.治疗方法

目前临床上尚无特异性的有效治疗方法,一般采取对症治疗。炎症轻微的,用2%~3%食盐水或小苏打水每天数次冲洗口腔;待水疱破后,用0.1%高锰酸钾溶液冲洗;流涎过多的,用2%明矾水或鞣酸水洗口,数日即可治愈。如口腔黏膜发生烂斑或溃疡,冲洗口腔后,再用碘甘油5%碘酊1份,甘油9份或2%龙胆紫溶液涂擦溃烂面,每天1～3次。发病期间常通过加强护理措施加速疾病的愈合,饲喂软质食物,喂食结束后用清水为其进行口腔清理。该疾病很少出现其他继发疾病,如出现严重感染时,可直接对原发病灶进行对症治疗,涂抹龙胆紫溶液或凡士林后包扎,定期换药至患处痊愈为止。

2.预防措施

猪水疱性口炎具有高度感染性和变异性,多种动物对该病毒均易感,随着我国与疫源地国家之间动物及其产品贸易往来的不断增多,该病传入我国的风险也随之加大。为了保障我国畜牧业的健康发展和公共卫生安全,预先做好对猪水疱性口炎的防治工作非常关键。在引进猪和猪产品时必须严格检疫;做好日常消毒工作,对猪舍环境、运输工具用有效消毒药进行定期消毒;在本病常发地区进行免疫预防,一旦发生,应进行隔离、消毒,以防病毒侵入。

(1)加强饲养管理 猪水疱性口炎主要通过接触传播进行传播,故在饲养猪群时,应定期进行疾病的检查,如发现病猪,立即对其进行隔离消毒;猪群分栏饲养,密度适宜,做到"全进全出"饲养模式。

(2)杀虫灭蚊和定期消毒 猪水疱性口炎一个重要的传播途径就是通过蚊虫,如白蛉、蚊子、蠓等节肢动物叮咬进行传播,因此杀灭这些媒介昆虫和防止它们的出现,对预防该病具有重要的意义。同时养殖户应定期对猪舍进行消毒,尤其注意发病疫区,对其环境及各类用具均需进行仔细消毒,消毒前应先进行彻底地清扫及反复冲洗,以保证消毒效果。

(3)环境适宜 改善猪舍条件,保证猪舍温湿度适宜,通风良好,地面平坦,无硬物,保护猪群蹄部。

(4)控制感染源 养殖场引进猪苗时,应严格把控,严禁引进感染过疾病的种猪,从有国家认证的猪场引进猪苗,以保证健康。猪苗刚引入时,应先进行隔离饲养,密切观察,确认其健康状态后方可进入猪舍,如发现病猪,应立即进行无害化处理,并对同一批猪苗进行返场处理。

3.16　猪细小病毒病的防控

猪细小病毒病是由猪细小病毒引起的母猪繁殖障碍性疾病,主要发生于初产母猪,其特征为流产、产死胎、木乃伊胎及病弱仔猪,但母猪通常不表现其他临床症状。近年来发现,猪细小病毒与猪圆环病毒2型混合感染后,可促进猪圆环病毒病症状的出现,本病呈世界性分布。

3.16.1　病原特性

二维码 3-5　猪细小
病毒病

猪细小病毒属于细小病毒科细小病毒属,通过电镜观察,直径为 25～28 nm。病毒粒子外观呈现圆形或六角形,具有非常典型的二十面等轴立体对称结构,组成结构无囊膜和脂类,32 个壳粒组成病毒衣壳。猪细小病毒有两种存在方式,其中一种是含有核酸和衣壳的完全病毒,另外一种是不含有核酸只有衣壳且衣壳呈中空的病毒。猪细小病毒核酸为单链线状DNA 病毒。猪细小病毒只有一个血清型,具有血凝活性,能够凝集多种动物的红细胞,比如猴、人、豚鼠、小鼠、大鼠、鸡、猫等,但是不能凝集反刍动物牛、绵羊和仓鼠、猪的红细胞,其中以豚鼠红细胞的凝集性最好。

猪细小病毒的细胞适应性很广泛,该病毒可以在生长分裂旺盛的猪细胞上增殖,如猪肾原代细胞、猪睾丸原代细胞等或猪肾传代细胞等。细胞感染后主要表现为细胞出现隆起、变圆、核固缩和溶解现象,最终很多脱落的细胞碎片黏附在一起使病毒感染的细胞呈现凸凹不平的外形。检测发现,病毒在细胞内可形成核内包涵体,但大多数呈现散在分布。

该病毒对外界物理、化学因素具有较强的抵抗力,能耐一定的高温,在 56 ℃ 环境下,30 min 不会影响病毒的感染能力和血凝活性,即使在 70 ℃ 环境下,2 h 其感染能力和血凝活性也不会丧失,但是在 80 ℃ 以上环境下,5 min 可使其病毒快速丧失血凝活性和感染性。此外,猪细小病毒对酸碱具有很强的耐受性,而且该病毒对氯仿、乙醚等脂溶剂以及甲醛、紫外线等有一定的抵抗力。但用 0.5% 氢氧化钠或漂白粉溶液 5 min 即可杀死该病毒。

3.16.2　流行特点

目前,猪是唯一已知的易感动物,不同品种、日龄、性别的猪都可感染,但最容易感染的是初产母猪。该病的传染源主要是病猪和带毒猪,感染猪的代谢产物,以及感染母猪所产的死胎、木乃伊胎、弱猪、胎衣、羊水及子宫内分泌物中均含有高载量病毒,可通过多种方式进行排毒,排毒时间较长,可达数月。被感染的种公猪,因精液、精索和副性腺均含有一定量的病毒,在配种时极易传染给母猪,引起猪细小病毒病的扩大传播。另外,有些具有免疫耐性的仔猪可终生带毒,可造成长期排毒,严重危害猪群。污染的猪舍是猪细小病毒的主要贮存场所。

猪细小病毒病的感染方式有多种,既可以通过交配和胎盘导致猪群垂直传播,也可以通过污染的物品等导致猪群水平传播。例如,母猪、公猪、育肥猪主要通过被病毒污染的饲料、水源、空气经由呼吸道和消化道感染。当然健康猪也会通过猪精液被感染,被感染的种公猪是猪细小病毒最危险的传染源,因为病毒可以通过配种传染给空怀母猪,导致病毒传播进行扩散。

猪细小病毒有非常强的感染性,如猪场因外界因素引起病毒传入,易感的健康猪群在3个月内几乎100%会受到感染。如果母猪在怀孕早期感染,胚胎死亡率可达80%左右。该病的发生有一定的季节性,一般情况,主要发生在春夏季节或母猪产仔和交配季节。此外,该病多呈散发或地方流行。

3.16.3　临床症状

急性感染时,患病仔猪或母猪通常不表现明显的临床症状。猪细小病毒病主要引起母猪的繁殖障碍,其临床症状表现和感染时所处的妊娠日龄密切相关。如果病毒感染发生在怀孕早期,可引起胚胎死亡,死亡率可高达80%～100%,因为胚胎很小,死亡溶化后容易被母体吸收,导致母畜动物出现不孕和返情现象。妊娠30～50 d的母猪感染后,主要出现产木乃伊胎;妊娠50～60 d的母猪感染后,主要出现产死胎;妊娠70 d左右的母猪感染后,则出现流产症状;妊娠天数多于70 d的母猪感染后,母猪多能正常生产,胎儿有自免疫能力,能够抵抗病毒感染,大多数胎儿能存活下来,但可能会长期带毒。

母猪如在妊娠中、后期感染时,胚胎死亡后会直接被母体重吸收,肉眼观察可见母猪腹围逐渐缩小,最后出现流产、死胎、木乃伊胎等现象。繁殖障碍的其他表现为母猪发情出现反常、屡配不孕、新生仔猪死亡、产弱仔等。

3.16.4　病理特征

非妊娠母猪,没有发现明显的内脏器官病变和显微镜下病变。怀孕母猪感染后,观察不到明显的眼观病变,但可见不同程度的子宫内膜炎,同时子宫内膜上皮组织和固有层出现由单核细胞形成的血管套。胎盘出现部分钙化,感染的胎儿可见水肿、出血、充血、体腔积液、脱水等病变,同时胎儿在子宫内也有被溶解吸收现象。组织学病变为固有膜深层和子宫内膜区域出现单核细胞的聚集,妊娠黄体出现萎缩现象。

如胎儿在没有获得任何免疫力前感染猪细小病毒,可出现很多肉眼可见的病理变化,主要表现为不同程度的发育障碍和生长不良,偶尔可见充血和血液渗入邻近组织内造成胎儿表面血管突起,体腔充血、水肿和出血,伴随体腔内浆液性渗出物的淤积,胎儿死亡后随着逐渐变成黑色,体液被重吸收后,呈现木乃伊化。

3.16.5　诊断要点

根据流行病学、临床表现、病理变化可以对猪细小病毒病作出初步诊断,当妊娠母猪出现流产、死胎、木乃伊胎以及胎儿发育不正常等繁殖障碍症状时,应考虑到病猪可能感染了猪细小病毒,但是还需实验室诊断才能确诊。

1. 病毒分离鉴定

取病死仔猪或流产胎儿、胎盘、羊水等病料材料,经粉碎、研磨,制成乳剂后离心取上清液接种原代或传代细胞,一直进行盲传,直至出现细胞病变,而对照组细胞生长正常,然后采集病变细胞培养物通过中和试验、血凝和血凝抑制试验等方法进一步鉴定。

2. 免疫荧光试验

采集死胎、木乃伊胎的组织、子宫内残存的胎儿组织或扁桃体的生发中心制成切片,再与标准的诊断试剂反应,很短时间即可作出诊断。

3. 血清学诊断技术

血清学试验包括血凝抑制试验(HA 和 HI)、乳胶凝集试验和酶联免疫吸附试验等。

4. 分子生物学诊断技术

分子生物学诊断技术有普通 PCR 方法、荧光定量 PCR、纳米 PCR 方法、液相芯片方法。其中常见的是 PCR 方法和荧光定量 PCR 方法。

3.16.6　类症鉴别

1. 猪伪狂犬病

相似点:猪细小病毒感染与猪伪狂犬病都出现流产、死胎、木乃伊胎等繁殖障碍症状。

不同点:猪伪狂犬病的病原为猪伪狂犬病病毒,健壮而且膘情好的初生仔猪,出生后第 2 天即表现为体温升高至 41～41.5 ℃,嗜睡,口吐白沫,两耳竖立,遇到刺激即表现出站立不稳,兴奋尖叫。断奶前后的仔猪,发病表现为呼吸困难,咳嗽,流鼻液,腹泻等临床症状。流产的胎儿大小一致,但一般情况无畸形胎。剖检可见母猪胎盘有凝固样坏死。流产胎儿的实质脏器也出现凝固性坏死,肝脾有白色坏死点。取病料接种兔,会出现奇痒症状后死亡。猪细小病毒感染发病主要见初产母猪,经产母猪无明显症状。

2. 猪流行性乙型脑炎

相似点:猪流行性乙型脑炎与猪细小病毒感染都表现死胎、木乃伊胎和不孕等繁殖障碍症状。

不同点:猪流行性乙型脑炎的病原为猪流行性乙型脑炎病毒,流行季节主要在夏季(7～9 月份),动物表现出体温较高(40～41.5 ℃),同窝胎儿大小及病变有很大差异化,多数超过预产期才分娩,也会出现整窝的木乃伊胎。出生仔猪出现高度衰弱,同时伴有抽搐、震颤、癫病等神经症状,公猪则患有睾丸炎,有热痛感,而猪细小病毒感染无神经症状出现。剖检可见脑室积液呈黄红色,于脑膜树枝状充血,脑沟回变浅,出血。

3.16.7 防控

1.治疗方法

目前,猪感染猪细小病毒后没有特效药物。一般情况,采取对症治疗。如病猪的心肌功能较差,则可适当给病猪注射一些强心药用于增加病猪心肌收缩能力来帮助引产,这样可以有效减少胎儿的死亡率,保证生产过程的顺利进行。如果病猪出现了明显的脱水症状,可通过静脉注射生理盐水及时补液。已妊娠病猪预产期注射前列腺烯醇注射液,用于催产,避免胎儿滞留子宫内。染病怀孕母猪流产后,需要使用青霉素和链霉素等抗生素药物持续治疗,预防产道感染,恢复母猪的生殖能力。

除此之外,在诊疗过程中为了防止由于病猪抵抗力下降引发继发感染,诊疗人员也应当在治疗过程中给病猪肌内注射抗生素。

2.预防措施

猪场日常饲养管理期间一定要坚持"自繁自育"和"全进全出"的管理模式,尽量减少病原微生物的入侵,净化养殖场。严格执行科学的卫生消毒制度,及时改善养殖环境,切断病毒传播途径,减少环境当中病毒数量。及时无害化处理猪舍当中的粪便和污染物,做好内外部环境的消毒,从源头上控制病源侵入。发病之后将患病猪单独隔离并做好无害化处理工作。

(1)做好检疫,严防带毒猪引入 生猪养殖场预防猪细小病毒病,必须从切断病毒传染源着手,严格排查发病猪以及携带该病毒的生猪。严格进行检疫,不从猪细小病毒感染阳性猪场引种。同时引进猪种之后,要对引进的猪种进行隔离观察,在隔离期间要对生猪多次进行检疫。

(2)加强饲养和环境卫生管理 猪群的健康成长需要良好的饲养和环境卫生条件。首先,需加强饲养管理,饲喂干净、无霉变的饲料,防止出现痢疾等不良现象;饲料营养配比要均衡、科学,满足不同阶段猪的营养需要。其次,需维持猪舍环境卫生,定期清扫圈舍地面、料槽、水槽和生产用具等,保持地面干燥;保持良好的通风条件,保障空气流通,提供足够的通风。再次,需维持适宜的温、湿度。夏季降温,减低热应激;冬季保温,提高抵抗力。最后,需坚持"自繁自养"原则,尽量不从外界引进猪种,降低从外界带入病毒的风险,切断传染源,不引进病猪和带毒猪。如果需要引进猪种的,需做好健康监测、隔离等各方面工作,确保猪种安全。另外,还需严格消毒,由于猪细小病毒具有高传播性,存续时间长,做好消毒工作是消灭病菌的关键。消毒工作要全面、细致,对进出车辆、人员、圈舍、生产用具、饲养员衣物、周边活动场地等都要严格消毒,杜绝一切病毒传播的可能。特别是在疫病流行期间,消毒更要频繁、彻底。

（3）接种疫苗　就目前而言,疫苗接种是预防猪细小病毒病以及提高母猪抵抗力和繁殖性能的最有效措施,疫苗包括灭活苗与活疫苗,其中灭活疫苗在猪场实际应用效果最好,而且安全性较好、易于保存且生猪免疫后抗体滴度维持时间长。弱毒疫苗生产成本低,但其存储条件严格,应用安全性系数相对而言会低些。规模化猪场防控猪细小病毒病,可选择猪细小病毒灭活多联疫苗。

猪场应建立完善的疫苗免疫程序并定期监测抗体水平,使得猪群始终处于免疫保护状态,降低和避免猪细小病毒病的发生。新生仔猪、种公猪、后备种猪和妊娠母猪等都要定期接种疫苗。

3.17　流行性乙型脑炎的防控

流行性乙型脑炎又称日本乙型脑炎,是由黄病毒科乙型脑炎病毒引起的经蚊媒传播的猪繁殖障碍性疾病,表现为母猪流产、产死胎、木乃伊胎,公猪出现睾丸炎。猪是乙型脑炎病毒的主要扩增宿主和传染源,人乙脑疫情的发生与猪乙脑疫情发生相关,因此,防控猪乙脑也具有重要公共卫生意义。

二维码 3-6　流行性
乙型脑炎

3.17.1　病原特性

流行性乙型脑炎病毒简称乙脑病毒。乙型脑炎病毒属于黄病毒科、黄病毒属,病毒粒子呈现球状,直径为 40～50 nm。成熟病毒粒子含有 7%～8% 的单股正链RNA,全长约为 11 kb,自 5′ 至 3′ 端依次编码结构蛋白 C、M、E 以及非结构蛋白NS1-NS5,病毒 RNA 在细胞浆内直接起 mRNA 作用,翻译出非结构蛋白和结构蛋白,在胞浆粗面内质网装配成熟,出芽释放。内有衣壳蛋白(C)与核酸构成的核心,囊膜内尚有内膜蛋白(M)参与病毒的装配。外层为含糖蛋白的纤突,纤突具有血凝活性。

乙脑病毒的囊膜糖蛋白抗原性比较稳定,能凝集雏鸡、鸽、鹅红细胞,在 pH 6.2～6.4 条件下凝集滴度高。乙脑病毒血凝素与动物红细胞结合是不可逆转的,但红细胞与乙脑病毒形成的复合物仍具有一定的感染性,加入特异性抗体可抑制这种血凝现象出现。

乙脑病毒对热比较敏感,抵抗力较弱,56 ℃ 30 min 可将其灭活,故保存毒株,应将病毒储存在−70 ℃ 条件下。乙醚和常用消毒剂均可灭活乙脑病毒。

3.17.2 流行特点

自然情况下乙脑病毒可感染猪、牛、羊、马、骡、驴、狗、猫等多种动物,幼龄动物的易感程度更高,同时人也可造成感染。动物群体中猪的易感性最高,病毒长期存在于中枢神经系统,因此猪可能是病毒最主要的贮存者,同时也是主要的增殖宿主和扩散宿主。马是流行性乙型脑炎的天然宿主与终末宿主。患病动物是该病的主要传染源。

猪感染乙脑病毒后,动物机体容易产生毒血症,其中血液中病毒含量较高,可通过血液传播使病毒不断扩散。传播途径主要通过蚊虫(库蚊、伊蚊、按蚊等)叮咬传播,其中最主要的是三带喙库蚊叮咬传播。猪感染该病也可通过胎盘导致垂直传播。此外,野禽和其他哺乳类动物及冷血动物,也可扩散传播本病。

该病的发生具有很强的季节性性,同时流行情况与气温、雨量、蚊虫的密度都有密切关系,流行高峰多在8—10月份。蚊虫叮咬传染源后病毒在蚊虫体内复制繁殖、并能经卵传代,终生带毒。因此,蚊虫既是传播媒介,又起传染源的作用。本病的发生呈散发性,有时也呈地方性流行。

3.17.3 临床症状

猪群对乙脑病毒易感程度极高,感染部分病猪会出现比较明显的临床症状,主要以神经系统、发热和生殖系统病变为特征,虽然绝大多数感染病猪在痊愈后可以获得一定的免疫力不容易复发,但一旦出现感染,容易产生毒血症,成为带毒的传染源,造成长期排毒。

临床诊疗表明,育肥猪和仔猪往往表现发病突然,病初体温升高,高达40℃以上,精神萎靡,喜卧嗜睡,吃食减少或停止,伴有浆液性或黏稠性鼻液,大便秘结,尿液发黄。继而部分猪出现神经症状,共济失调;或肢体震颤,四肢痉挛,关节肿胀;或后肢麻痹,走路跛行;或磨牙吐沫,摇头转圈,盲目冲撞。最终麻痹瘫痪而亡,病程一般为1~3 d。

妊娠母猪感染后,常伴有高热、流产、死胎、木乃伊胎、畸形胎及子宫炎等繁殖障碍性症状。公猪感染后出现睾丸炎,多为一侧性,睾丸出现肿胀、疼痛、皮表温度升高,数日后消退,少数病猪睾丸缩小、变硬,丧失种用能力。严重影响猪场的繁殖力,给养猪业造成巨大的经济损失。

3.17.4 病理特征

病理检查发现,病死猪肝、脾、肾存在坏死性病灶,全身淋巴结系统肿大出血,切面多汁外翻;流产母猪出现子宫黏膜出血充血现象;妊娠母猪常见死胎或流产胎儿脑部水肿,俗称"无脑儿""空脑儿",脑膜和脊髓充血,皮下水肿,肌肉呈现水煮样,淋巴结肿大充血,胸腹腔积液,胎盘水肿出血;部分胎儿中枢神经组织发育不全;公猪病变位置主要在睾丸,可见睾丸实质性充血、出血和明显坏死灶,睾丸硬化者体积缩小,睾丸萎缩后与阴囊粘连在一起,不能正常分离。

3.17.5 诊断要点

根据流行病学、临床表现,结合病理剖检等可以作出初步诊断。确诊须经病毒分离鉴定、血清学检查和病原分子生物学诊断。

1. 病毒分离鉴定

疑似本病流产或早产的胎儿,采集脑组织,将其制成悬液,接种于敏感细胞或乳鼠脑内,进行病毒分离培养,通过分离培养取得病毒毒株,用分子生物学等方法鉴定确诊。

2. 血清学法

一般常用的血清学方法有血凝抑制试验、免疫荧光试验、中和试验、酶联免疫吸附试验、补体结合试验和胶体金法等方法可以有效地诊断该病。

3. 病原分子生物学诊断

该诊断方法主要有 PCR-ELISA 微板杂交法、套式 PCR、半套式 PCR、RT-PCR 和基因芯片方法等。此外有研究表明,用乙型脑炎病毒单克隆抗体(McAb14)致敏的羊血球作反向间接血凝试验,检查该病毒抗原,有较高的特异性,反向间接血凝试验操作简便,可作快速诊断用。

3.17.6 类症鉴别

1. 布鲁氏菌病

相似点:猪流行性乙型脑炎与猪布鲁氏菌病均表现母猪流产、死胎、木乃伊胎等症状。

不同点:猪布鲁氏菌病是由布鲁氏菌引起的,猪、牛、羊等多种动物均可发病。母猪流产多发生于妊娠后第4～12周。流产前精神沉郁、阴唇、乳房肿胀,有时阴户流黏液性或脓性分泌物,一般产后8～10 d可以自愈。仔猪不见神经症状。与日本乙型脑炎不同的是,公猪常见双侧睾丸肿大,触摸有痛感。剖检可见子宫黏膜有许多粟粒大的黄色小结节。胎盘有大量出血点。胎膜显著变厚,因水肿而成胶冻样。

2. 伪狂犬病

相似点:猪流行性乙型脑炎与猪伪狂犬病均表现体温升高,母猪流产、死胎、木乃伊胎和精神沉郁、运动失调、痉挛等神经症状。

不同点:猪伪狂犬病的病原是伪狂犬病病毒。膘情好而健壮的初产仔猪,生后第 2 天即出现体温升高,高达 41～41.5 ℃,眼红,嗜睡,口流白沫,两耳后竖,遇到响声即兴奋尖叫,站立不稳。在 20 日龄至断奶前后,发病的仔猪表现为呼吸困难、流鼻液、咳嗽、腹泻,有的猪出现呕吐。剖检可见母猪胎盘有凝固性坏死。流产胎儿的实质脏器也出现凝固性坏死。用延脑制成无菌悬液,家兔肌内或皮下注射2～3 d 后,注射部位出现瘙痒,继而被撕咬出血,可以确诊。

3.猪细小病毒病

相似点:猪流行性乙型脑炎与猪细小病毒感染均有母猪流产死胎、木乃伊胎等症状。

不同点:猪细小病毒感染是由细小病毒引起的,流产、死胎、木乃伊胎在初产母猪多发,其他猪只无症状。不见公猪的睾丸炎和仔猪的神经症状。猪流行性乙型脑炎多发于夏季蚊子活动的季节,除母猪流产、死胎外,其他猪也有体温升高、精神萎靡以及神经症状。

3.17.7　防控

1.治疗方法

目前对乙型脑炎的治疗还没有特效药物,主要采取对症治疗,同时进行镇定安神,可适当使用抗生素(磺胺类药物)防止出现继发性感染。必要时可补液治疗,同时应做好护理工作。对病猪要早发现、早隔离,猪圈及用具须彻底进行消毒,对死胎、胎盘和阴道分泌物都必须无害化处理。

病情严重病猪可肌内注射康复猪血清 40 mL,10% 磺胺嘧啶钠注射液 20～30 mL,25% 葡萄糖注射液 40～60 mL,静脉注射,每日 2 次,连用 3 d。

对神经症状明显的病猪可配合安溴 10～20 mL 耳静脉注射,或 10% 水合氯醛20 mL,静脉注射,每日 2 次。

对发热的病猪可以用安乃近注射液 10～20 mL 肌内注射,每日 2 次,直到体温降至正常为止。

公猪睾丸炎,可进行冷敷,同时用磺胺嘧啶注射液消炎,安乃近或阿尼利定解热。

2.预防措施

目前,疫苗接种是预防控制该病最有效的方法。同时,一定要加强猪群监测,搞好环境卫生,定期消毒灭蚊,减少蚊虫叮咬;要加强饲养管理,对病死动物及流产胎儿等严格进行无害化处理。只有消灭环境中的传染源,切断猪—蚊—猪的传播途径,才能有效控制该病的发生、传播与流行危害。

（1）搞好环境卫生　蚊子是传播该病的主要媒介，蚊虫密度增高时，往往乙型脑炎流行比较严重，因此应根据其生存规律和自然条件，在蚊虫滋生和繁殖季节前后，全面采取防蚊灭蚊及消毒措施。要搞好猪舍及周围环境卫生与消毒工作，填平坑洼，疏通沟渠，排除积水，清除杂草，清扫圈舍，及时清理粪便污物，避免蚊虫滋生；要加强日常管理，猪舍通风口和门窗加钉防蚊纱，圈舍内放置多功能防蚊设备，定期喷洒绿色灭蚊药物。

（2）加强动物管理，做好隔离消毒　猪场一旦发现疑似病猪应立即隔离，确诊后最好淘汰，同时必须按照《动物防疫法》有关规定，严格采取隔离、消毒、扑杀等控制防疫措施，防止疫情扩散。对患病动物、病死猪及流产胎儿、死胎、胎盘、羊水等生殖道分泌物均须依据国家相关法规进行无害化处理；对猪舍和饲养管理用具及污染场所进行彻底严格的消毒。

（3）强化免疫接种减少疫病的流行　应根据本地及本场具体情况制定切实可行的免疫程序，定期接种乙脑疫苗。目前，常用疫苗有弱毒活疫苗和灭活疫苗两种。母猪群和种猪群的免疫，通常是在蚊子出现前的 20～30 d 接种（3—4 月份）1次，间隔 2～4 周进行二免，后备公母猪应在配种前再加强免疫接种 1 次。

3.18　猪痘的防控

猪痘病是由猪痘病毒引起的一种主要感染幼龄猪，多发生于夏季的传染病。本病可经消化道、呼吸道或通过猪血虱、蚊、蝇等传播。病猪感染后以皮肤，偶尔黏膜发生痘疹和结痂为特征。

3.18.1　病原特征

猪痘病原来自两种相似病毒。其一为猪痘病毒，属痘病毒科猪痘病毒属，仅能使猪发病。其二为痘苗病毒，能使猪和多种动物感染。

猪痘病毒只能在猪睾丸、猪肾、胎猪脑、胎猪肺细胞内增殖，并在细胞浆内产生空泡和胞浆内包涵体。痘苗病毒能使猪和多种动物感染，能在鸡胚绒毛尿囊膜以及牛、绵羊及人等胚胎细胞内增殖，在胞浆内形成包涵体。

病毒对干燥和冷有高度抵抗力，在干燥的痂皮中可存活数月，在干燥条件下可保存 1 年以上，冻干的病毒则可保存数年。但病毒很容易在空气和室温中失去毒力，在 55 ℃环境温度下 10 min，在 37 ℃环境温度下 24 h 即丧失感染力。使用常见消毒剂如 3%石炭酸、1%～20%碱溶液、0.5%福尔马林等消毒药液，经数分钟即可杀死病毒。

3.18.2 流行特点

猪是猪痘病毒的唯一自然感染宿主，4～6周哺乳猪最敏感，随日龄增大，保育猪发病率逐渐降低，至成年猪则大多数呈隐性感染。猪场一旦暴发本病，发病率可达30%～50%，但往往死亡率很低，一般不超过1%～5%，病死猪多因病程中后期应激或继发、并发其他传染病而死亡。和人一样，猪一旦患病治愈后，可获得终生免疫。

猪痘具有强传染性，病毒可随皮肤痘疹的脓疱、渗出液和脱落的痂皮而污染猪舍及周围环境。发生于任何季节，拥挤、潮湿、营养不良是本病暴发的常见诱因，临床上常常是各阶段不同日龄的猪都出现轻重不一的症状，常表现为地方流行。

一般认为，猪痘在临床上主要由猪血虱的叮咬交叉传播污染，其他昆虫如蚊、蝇等，在本病传播上也有很重要的作用。也可通过病猪与健康猪直接接触或间接接触经损伤的皮肤而感染。病毒在传播媒介猪虱体内可存活1年之久，在干燥痂皮中也可生活较长时间，故而可年年造成仔猪发病。需要注意的是，接种过痘苗病毒的人可将该病毒经吸血昆虫传染给猪，引起猪发生猪痘。

3.18.3 临床症状

猪痘病一般潜伏期为5～7 d，病初，病猪体温升高，可至41 ℃以上，出现精神萎靡，寒战，食欲减退，可能出现结膜炎，眼角分泌物，咳嗽，流鼻液等非典型症状。之后，出现大量小红斑，圆形，迅速扩大为红色样丘疹，丘疹突出于皮肤表面，中央部表面平整，边缘部呈淡灰色，随后形成水疱和脓疱，脓包破溃后，中心部位凹陷，最后形成干固的痂皮，呈暗棕色。整个病程持续10～14 d。

痘疹最易出现在无毛部位，比如眼睑、鼻镜、腹下、四肢内侧、乳房皮肤等，最终可扩散至全身，病猪在发痘过程中，皮肤患部发痒，可见病猪因奇痒无比在猪圈内寻墙壁处反复摩擦，摩擦激烈致使皮肤脓包破裂，流出脓血混合物。如果猪舍环境较差，墙壁、护栏等积尘，垫草杂乱堆放，可见伤口部血痂中有泥土、垫草等杂物的黏附，最终结成厚壳，伤愈后，皮肤形成瘢痕，致使皮肤形成皱褶。

本病大多数为良性经过，死亡较少，临床上部分病猪，尤其是日龄较大的猪，出现非典型症状，发病轻微，局部发痘，甚至没有观察到就很快痊愈。但幼龄猪，尤其是哺乳猪及断奶猪大概率出现典型症状，全身出痘，出现鼻、口腔、咽喉，甚至肺部发生水疱和溃烂，病猪虚弱、不食，肺炎伴随腹泻，出现此种典型症状的猪一般会死亡。临床上一般认为年龄较小的仔猪，死亡率较高。营养不良、卫生条件差及气候恶劣等诱因，或病程中后程继发感染是死亡率增高的重要因素。

3.18.4 病理变化

猪痘病毒引起的主要病变为体表皮肤损伤,眼观有典型的皮肤丘疹、水疱、脓疱病变外,对病变部位进行病理切片观察。如果是猪痘病毒感染,可见皮肤的表皮棘细胞变性、水肿,细胞胞浆内出现包涵体,包涵体内可观察到原生小体,呈小颗粒状,胞核内则可见大小不等的空泡化;而如果是痘苗病毒感染,则在镜下不可见空泡化。

除了主要的临床皮肤病变,对于部分病死猪进行剖解,可见鼻、口、咽、气管、支气管等呼吸道部位的黏膜有卡他性或出血性炎症。

3.18.5 诊断鉴别

本病一般根据病猪流行病学材料和典型痘疹症状即可作出现场诊断。但应注意与症状类似疾病相区别。本病相对于其他类似疾病,一般表现为发病初期集中出现仔猪发病,之后扩散。在出现症状的易感猪群中常可见患畜皮肤上有明显的痘疹病变,根据这些症状就可以确诊。

有条件的地方也可以做实验室检测确诊。取病猪患部皮,做病理切片,镜下可见表皮棘细胞出现典型胞浆内包涵体。需要确诊具体是哪种病毒致病的,可使用家兔或者鸡做皮肤感染试验,猪痘病毒不能感染,而痘苗病毒则可在接种部位产生典型的痘疹,以此加以区分。

3.18.6 防控

目前,本病在我国尚无疫苗可用,做好平时常规工作是预防本病的主要手段。应搞好猪舍的卫生,尤其注意落实猪血虱以及蚊蝇的杀灭工作。同时,要加强猪只饲养管理,做到营养平衡。从外部引入购买新猪时,需要严格把关,入场前首先仔细观察猪体表是否有疑似痘疹病变,对所有入场猪只进行隔离观察 1～2 周,以防带入传染源。

对于出现猪痘的猪场,在发现病猪的第一时间立即隔离,并介入治疗。对于已出现数量较多病猪时,难以完全隔离的,则要搞好猪场卫生管理,加强饲养管理,严防继发感染所导致的病死率上升。

本病没有特异的治疗方法,在疾病早期可尝试使用抗病毒药进行注射治疗,配合口服清热解毒类中药减轻猪只病情。病程中后期主要的治疗集中在皮肤患部,可使用 1％～2％硼酸溶液、0.1％～0.5％高锰酸钾溶液等常规消毒液进行患部消毒,条件不允许的可以自制低浓度盐水或者艾叶水加以清洗。清洗完毕后涂抹碘酊等药水,或消炎软膏、碘甘油等药膏进行涂抹,防护患部继发细菌感染。对于部分猪只皮肤疹块数量较多的,单靠患部给药不足以防止继发感染的,则需注射适量抗生素或磺胺类给药。

 思考题

1. 简述非洲猪瘟、猪瘟的鉴别诊断要点。

2. 简述猪流行性腹泻、猪传染性胃肠炎、猪轮状病毒病的鉴别诊断要点。

3. 简述猪繁殖与呼吸综合征(仔猪)、猪圆环病毒病、猪流感的鉴别诊断要点。

4. 简述猪伪狂犬病、猪脑脊髓炎的鉴别诊断要点。

5. 简述猪口蹄疫、猪水疱病的鉴别诊断要点。

6. 简述猪繁殖与呼吸综合征(母猪)、猪细小病毒病、猪乙型脑炎的鉴别诊断要点。

第4章

猪细菌性传染病的防控

【本章提要】猪的细菌性传染病较多,生产实践中常常出现混合感染,给猪场带来较大损失。本章主要介绍 12 种猪场常见的细菌性传染病。它们是以败血症为主症的猪链球菌病、猪丹毒(败血型)、猪沙门菌病(败血型),以腹泻为主症的仔猪黄痢、仔猪白痢、猪沙门菌病(肠炎型)、猪产气荚膜梭菌病、猪增生性肠炎,以呼吸困难、咳嗽为主症的猪传染性萎缩性鼻炎、猪巴氏杆菌病、副猪嗜血杆菌病、猪传染性胸膜肺炎,以皮肤病变为主症的猪葡萄球菌病、猪丹毒(疹块型)等。

4.1　猪链球菌病的防控

猪链球菌病是由多种不同群的链球菌感染引起的不同临床类型传染病的总称。特征为急性病例常表现败血症和脑膜炎。按抗原结构(C 多糖),将链球菌分为 A～V(无 I、J)20 个血清群,引起猪链球菌病的主要是 C 群、D 群、E 群和 L 群。由 C 群链球菌引起的发病率高,病死率也高,危害大。慢性病例常表现为关节炎、心内膜炎及组织化脓性炎,以 E 群链球菌引起的淋巴脓肿最为常见,流行最广。近年来,猪Ⅱ型链球菌病对我国养猪业和人民健康造成了严重危害,猪Ⅱ型链球菌已成为我国当前人畜共患病的一种不可忽视的病原菌。

二维码 4-1　猪链球菌病

4.1.1　病原特性

链球菌,呈链状排列的革兰氏阳性球菌。不形成芽孢,有的可形成荚膜,多数无鞭毛,只有 D 群某些链球菌有鞭毛。

本菌为需氧或兼性厌氧菌。多数致病菌的生长要求较高,在普通琼脂上生长不良,在加有血液及血清的培养基中生长良好。根据链球菌在血液培养基上的溶血特性,分为 α、β、γ 三型,引起猪发病的多为 β 链球菌(溶血性链球菌)。依据细菌荚膜多糖(CPS)不同将链球菌分为 35 个血清型(1/2 型和 1～34 型),其中 2 型链球菌致病性强,也是临床分离频率最高的血清型,其次为 1 型、9 型和 7 型。猪链球菌 2 型又分为致病力不同的菌株,各菌株含有的毒力因子不同,引起不同的病型,有的菌株无致病力。链球菌可产生多种毒素和酶(溶血素 O、溶血素 S、红疹毒素、链激酶、链道酶、透明质酸酶)引起致病作用。

本菌对外界环境抵抗力较强,对干燥、低温都有耐受性,青霉素等抗菌药和磺胺类药物对其有杀灭作用。对一般消毒剂敏感。

4.1.2　流行特点

1.易感性

猪的易感性较高,各种年龄的猪都可感染发病,以新生仔猪、哺乳仔猪的发病率和病死率高,多为败血症型和脑膜炎型,其次为保育猪、生长肥育猪和怀孕母猪,以化脓性淋巴结炎型多见。

2.传染源

病猪、临床康复猪和健康带菌猪均可成为传染源。

3.传播途径

本病可经呼吸道和消化道传播,病猪与健康猪接触或病猪排泄物(尿、粪、唾液等)污染饲料、饮水、用具等,引起猪只大批发病而流行。伤口是重要的传播途径,新生仔猪可通过脐带感染,阉割、注射时消毒不严格,常造成本病发生。

4.流行特征

本病流行无明显的季节性,但在空气湿度较大的季节多发。一般呈地方流行性,本病传入之后,往往在猪群中陆续出现。

4.1.3　临床症状

1.败血症型

流行初期常有最急性病例,病猪不表现任何症状即突然死亡。急性型病例,常见精神沉郁,体温 41 ℃左右,稽留,减食或不食,眼结膜潮红,流泪,有浆液性鼻液,呼吸浅表而快。少数病猪在病的后期,耳、四肢下端、腹下有紫红色或出血性红斑,有的病猪跛行。病程 2～4 d。

2.脑膜炎型

多见于仔猪,病初体温升高,不食,便秘,有浆液性或黏液性鼻液,继而出现神经症状,运动失调,转圈,空嚼,磨牙,或突然倒地,口吐白沫,四肢呈游泳状划动,甚至昏迷不醒。部分病猪表现多发性关节炎或头颈部水肿。病程 1～2 d。

3.关节炎型

由前两型转来,或者从发病起即呈关节炎症状,表现一肢或几肢关节肿胀,疼痛,跛行,甚至不能站立。病程2～3周。

4.化脓性淋巴结炎型

多见于下颌淋巴结,其次是咽部和颈部淋巴结。淋巴结肿胀、坚硬,有热痛,可影响采食、咀嚼、吞咽和呼吸。有的咳嗽,流鼻液。待脓肿成熟,肿胀中央变软,皮肤坏死,自行破溃,脓汁绿色、黏稠、无臭味。该病型呈良性经过。

此外,链球菌还可引起猪的脓肿、子宫炎、乳房炎、咽喉炎、心内膜炎及皮炎等。

4.1.4　病理特征

1.急性败血型

以出血性败血症病变和浆膜炎为主。皮肤呈弥散性潮红或紫斑,血液凝固不良,全身淋巴结不同程度地肿大、充血和出血。胸腹腔液体增多,含纤维素性渗出物。心包积液,淡黄色,有时可见纤维素性心包炎。心内膜有出血斑点,心肌呈煮肉样。脾明显肿大,呈暗红色或蓝紫色,少数病例可见脾边缘有黑红色出血性梗死区。肺充血肿胀,喉头、气管充血,内含大量泡沫。肝肿大,胆囊水肿,囊壁增厚。肾稍肿大,充血,偶有出血。脑膜有不同程度的充血,偶有出血。

2.脑膜炎型

脑膜充血、出血,脑脊髓液混浊有多量的粒细胞,脑实质有化脓性脑炎变化。其他病变类似败血型。

3.关节炎型

关节囊内有黄色胶冻样液体或纤维素性脓性物质。

4.心内膜炎型

心内膜炎病例心瓣膜增厚,表面粗糙,常在二尖瓣或三尖瓣有菜花样赘生物。

4.1.5　诊断要点

猪链球菌病具有发病急、传播快、致死率高的特性,及早诊断并治疗可有效减少经济损失。结合临床症状和病理变化可对该病作出初步诊断,但是猪链球菌病的临床症状多样,需通过病原菌的分离培养鉴定进行确诊。但是上述确诊方法耗时长,而商品化的ELISA检测试剂盒则具有高特异性和灵敏性等特点。但是猪群携带的非致病性菌株通常会影响ELISA法诊断结果,可采用更准确的检测方法进行病原分型以确诊,比如PCR法、多酶电泳法、限制性内切酶图谱分析法等。

1.微生物检测方法

取病猪肝、脾、淋巴结或关节液等样品制成涂片,用革兰氏法染色后,在显微镜上镜检,可见单个、成双或3～4个菌体串连成短链或8～10个菌体排列成长链的革兰氏阳性菌。然后无菌操作把上述病料接种到鲜血琼脂培养基上,进行分离培养:在恒温箱中 37 ℃下培养 48 h,可见灰白色的、圆形、表面微隆起、光滑湿润的小水珠状菌落,且鲜血平板上有完全溶血现象,再染色、涂片、镜检。

2.血清学诊断

血清学诊断操作比较方便,成本较低,准确率高,是养猪场自检的主要方法。常用的血清学诊断方法有免疫荧光技术、玻板凝集试验、SPA 协同凝集试验和荚膜反应。其中,SPA 协同凝集试验是应用最为广泛的检测方法。

3.聚合酶链式反应

要鉴别本病与仔猪副伤寒病、猪瘟、猪丹毒、猪李氏杆菌病等疫病最好是使用荧光定量聚合酶反应(RT-PCR)检测仪来检测病原体,效果最好。

4.1.6 类症鉴别

本病应注意与急性猪丹毒、猪瘟、猪李氏杆菌病进行类症鉴别。

1.急性猪丹毒

猪体温突然升至 42 ℃以上,寒战,减食,有时呕吐,病猪虚弱,不愿走动,行走时步态僵硬或跛行。眼结膜充血,很少有分泌物。粪便干硬附有黏液,有的后期发生腹泻。发病 1~2 d 后,皮肤上出现红色或暗红色斑,大小和形状不一,以耳后、颈、背、四肢侧较多见,开始时指压褪色,指去复原。

2.猪瘟

全身皮肤、浆膜、黏膜和内脏器官有不同程度的出血。全身淋巴结肿胀,多汁、充血、出血、外表呈现紫黑色,切面如大理石状,肾色淡,皮质有针尖至小米状的出血点,脾有梗死,以边缘多见,呈近黑色小紫块,喉头黏膜及扁桃体出血。膀胱黏膜有散在的出血点。胃、肠黏膜呈卡他性炎症。大肠的回盲瓣处形成纽扣状溃疡。

3.猪李氏杆菌病

败血型和脑膜炎型混合型多发生于哺乳仔猪,突然发病,体温升高至 41~41.5 ℃,不吮乳,呼吸困难,粪便干燥或腹泻,排尿少,皮肤发紫,后期体温下降,病程1~3 d。多数病猪表现为脑炎症状,病初意识障碍,兴奋、共济失调、肌肉震颤、无目的地走动或转圈,或不自主地后退,或以头抵地呆立;有的头颈后仰,呈观星姿势;严重的倒卧、抽搐、口吐白沫、四肢乱划动,遇刺激时则出现惊叫,病程 3~7 d。较大的猪呈现共济失调,步态强拘,有的后肢麻痹,不能起立,或拖地行走,病程可达半个月以上。

4.1.7 防控

1.治疗方法

将病猪隔离,按不同病型进行相应治疗。

淋巴结脓肿型,待脓肿成熟变软后,及时切开,排出脓汁,用3%双氧水或0.1%高锰酸钾溶液冲洗后,涂碘酊。

败血症型及脑膜炎型,早期大剂量使用抗菌药物有一定疗效,如青霉素、庆大霉素、喹诺酮类、磺胺类、氟苯尼考及四环素类药物等。重症病猪配合应用皮质激素。

2.预防措施

(1)隔离病猪,清除传染源　带菌母猪尽可能淘汰,污染的用具和环境彻底消毒。急宰或宰后发现可疑病变者,应进行高温无害化处理。

(2)防止发生创伤及创口感染　清除猪舍中的尖锐物,新生仔猪应无菌结扎脐带,并用碘酊消毒。

(3)免疫预防　使用本场分离菌株制备的链球菌灭活苗有一定的效果,非本场菌株制备的疫苗效果难以确定。

(4)药物预防　猪场发生本病后,可在饲料中添加抗菌药物进行预防,以控制本病的发生。仔猪三针保健方案(1日龄、7日龄、断奶前后分别注射长效抗菌药物)对防止仔猪发生链球菌病有很好的效果。

4.2　猪丹毒病的防控

猪丹毒俗称"打火印"或"红热病",是由猪丹毒杆菌引起猪的一种急性、热性传染病。其主要特征为败血症、皮肤疹块、慢性疣状心内膜炎、皮肤坏死及多发性非化脓性关节炎等。本病呈世界性分布,目前集约化养猪场较少发生,但部分地区仍未得到完全控制。

4.2.1　病原特性

猪丹毒杆菌,又名红斑丹毒丝菌,是一种纤细的革兰氏阳性小杆菌。本菌不运动,不产生芽孢,无荚膜。病料中的细菌常单在、成对或成丛排列;在心内膜疣状物上,多呈不分枝的长丝状。

本菌为微需氧菌,能在普通营养琼脂上生长,在血液琼脂或含血清的琼脂培养基生长更佳。在固体培养基上培养24 h长出的菌落,在45°折射光下用实体显微镜观察,有光滑型(S型)、粗糙型(R型)和介于二者之间的中间型(I型)。各型的毒力差别很大,光滑型菌落的菌株毒力极强,菌落小呈蓝绿色;粗糙型菌落的菌株毒力低,菌落较大呈土黄色;中间型菌落呈金黄色,毒力介于光滑型和粗糙型之间。明胶穿刺,细菌呈试管刷状生长,不液化明胶,此为本菌特征。经琼脂扩散试验确认本菌有25个血清型,我国主要为1a和2型。

猪丹毒杆菌的抵抗力很强,在盐腌或熏制的肉中可存活 3～4 个月,掩埋的尸体内存活 7 个多月,土壤内能存活 35 d。本菌对石炭酸抵抗力较强,对热敏感。常用消毒剂有 1% 漂白粉、1% 氢氧化钠、2% 福尔马林、3% 来苏儿等,均可很快杀死本菌。丹毒杆菌对青霉素、四环素类药物敏感,对磺胺类、氨基糖苷类不敏感。

4.2.2 流行特点

1. 易感性

不同年龄的猪均有易感性,3 个月以上的架子猪发病率最高,3 个月以下和 3 年以上的猪很少发病。牛、羊、马、家禽、鼠类、鸽子及野鸟等也有发病报道,但非常少见。人类可因创伤感染发病。

2. 传染源

主要是病猪,其次是病愈猪及健康带菌猪。丹毒杆菌主要存在于病猪的肾、脾和肝,以肾的含菌量最多,主要经粪、尿、唾液和鼻分泌物排到体外,污染土壤、饲料和饮水等。健康带菌猪体内的丹毒杆菌主要存在于扁桃体和回盲口的腺体处,也可存在于胆囊和骨髓。健康猪扁桃体的带菌率为 24.3%～70.5%。多种禽类和水生动物体内可分离出丹毒杆菌,成为不可忽视的传染源。

3. 传播途径

主要通过污染的土壤、饲料经消化道感染,其次是经皮肤创伤感染。带菌猪在不良条件下抵抗力降低时,细菌可侵入血液,引起内源性感染而发病。吸血昆虫和蜱是本病的传播媒介。

4. 流行特征

本病的流行无明显的季节性,但在北方地区,7—9 月份发病率高,秋季以后逐渐减少。环境条件的改变以及各种应激因素(如饲料突然改变、气温变化、运输等)可以诱发本病。本病常发生在闷热天气和暴风雨之后,常为散发或地方性流行,有时也会发生暴发。

4.2.3 临床症状

人工感染的潜伏期为 3～5 d,短的 1 d,长的可达 7 d。

1. 急性型(败血型)

常发生在流行初期。个别病例可能不表现任何症状而突然死亡,大多数病例有明显的症状,体温突然升至 42 ℃以上,寒战,减食,有时呕吐,病猪虚弱,不愿走动,行走时步态僵硬或跛行。眼结膜充血,很少有分泌物。粪便干硬附有黏液,有的后期发生腹泻。发病 1～2 d 后,皮肤上出现红色或暗红色斑,大小和形状不一,以耳后、颈、背、四肢侧较多见,开始时指压褪色,指去复原。病程 2～4 d,病死率

80％～90％。未死者转为亚急性型或慢性型。

哺乳仔猪和刚断奶仔猪发生猪丹毒时,往往有神经症状,抽搐。病程多不超过1 d。

2.亚急性型(疹块型)

通常取良性经过。其症状比急性型轻,特征是皮肤上出现疹块。病初食欲减退,口渴,便干,有时呕吐,体温升高至41 ℃以上。发病1～2 d后,在胸、腹、背、肩及四肢外侧出现疹块,初期疹块充血,指压褪色;后期淤血,呈紫红色,压之不褪。疹块呈方形、菱形、圆形或不规则形,稍突出于皮肤表面,少则几个,多则数十个。疹块发生后,体温逐渐恢复正常,病势减轻,几天后疹块部位的皮肤下陷,颜色减退,表面结痂,经1～2周康复。如果病猪极度虚弱,也可转为败血型而死亡。

3.慢性型

一般是由急性型或亚急性疹块型转变而来,也有原发性的。临床上表现为慢性心内膜炎、慢性关节炎、皮肤坏死三种病型。皮肤坏死一般单独发生,而关节炎和心内膜炎往往在一头病猪身上同时存在。病猪食欲无明显变化,体温正常但逐渐消瘦,全身衰弱,生长发育不良。

(1)关节炎型　常发生于腕关节和跗关节,呈多发。初期表现为受害关节肿胀,疼痛,僵硬,步态强拘,甚至发生跛行。急性炎症消失后,以关节变形为主,表现为一肢或两肢的跛行或卧地不起。病猪食欲正常但生长缓慢,体质虚弱,消瘦,病程数周至数月。

(2)心内膜炎型　病猪食欲时好时坏,消瘦,不愿活动,呼吸加快,体温正常或稍高。听诊有心内杂音,心跳加快,强迫快速行走时,可突然倒地死亡。

(3)皮肤坏死型　常发生于背、耳、肩、蹄、尾等处。皮肤肿胀、隆起、坏死干硬呈黑色,似皮革状。坏死的皮肤逐渐与其下层新生组织分离,犹如一层甲壳。坏死区有时范围很大,可以占整个背部皮肤;有时只在部分耳壳、尾巴末梢和蹄发生坏死。经2～3个月坏死皮肤脱落,遗留一片无毛色淡的瘢痕而痊愈。如继发感染,则病情复杂,病程延长。

4.2.4　病理特征

1.急性型

主要以败血症和皮肤出现红色为特征。全身淋巴结发红肿大,呈浆液性出血性炎症。肝肿大,暗红色。脾充血、肿大,呈樱桃红色。肾淤血、肿大、呈红色或暗紫红色。肺淤血、水肿。心内外膜和心冠脂肪出血,有时可见心包积液和纤维素性心包炎。胃肠道卡他性或出血性炎症,胃和十二指肠较明显。

2.亚急性(疹块)型

多呈良性经过,内脏病变与急性型相似,但程度较轻,其特征为皮肤疹块。

3.慢性型

慢性心内膜炎常发生于二尖瓣,其次是主动脉瓣、三尖瓣和肺动脉瓣。瓣膜上有溃疡性或菜花样赘生物,牢固地附着于瓣膜上,使瓣膜变形。

慢性关节炎初期为浆液纤维素性关节炎,关节囊肿大变厚,充满大量黄色或红色浆液纤维素性渗出物,后期滑膜增生肥厚,继而发生关节变形,成为死关节。

4.2.5 诊断要点

1.临床综合诊断

根据流行病学、临床症状和病理变化可作出初步诊断。

2.细菌学诊断

急性型应采取耳静脉血、肾、脾为病料,亚急性型采取疹块部的渗出液,慢性型采取心瓣膜赘生物和患病关节液作病料。涂片、革兰氏染色后镜检,仍不能确诊时再进行分离培养和动物接种试验。

3.血清学诊断

血清学诊断方法主要有凝集试验、琼脂扩散试验、荧光抗体试验等。

4.2.6 类症鉴别

本病应注意与猪瘟、链球菌病、最急性猪肺疫、急性猪副伤寒进行类症鉴别。

1.猪瘟

全身皮肤、浆膜、黏膜和内脏器官有不同程度的出血。全身淋巴结肿胀,多汁、充血、出血、外表呈现紫黑色,切面如大理石状,肾色淡,皮质有针尖至小米状的出血点,脾有梗死,以边缘多见,呈近黑色小紫块,喉头黏膜及扁桃体出血。膀胱黏膜有散在的出血点。胃、肠黏膜呈卡他性炎症。大肠的回盲瓣处形成纽扣状溃疡。

2.链球菌病

急性型猪链球菌病,皮肤呈弥漫性潮红或紫斑,血液凝固不良,全身淋巴结有不同程度的肿大、充血和出血。胸腹腔液体增多,含纤维素性渗出物。心包积液,淡黄色,有时可见纤维素性心包炎。心内膜有出血斑点,心肌呈煮肉样。脾明显肿大,呈暗红色或蓝紫色,少数病例可见脾边缘有黑红色出血性梗死区。肺充血肿胀,喉头、气管充血,内含大量泡沫。肝肿大,胆囊水肿,囊壁增厚。肾稍肿大,充血,偶有出血。脑膜有不同程度的充血,偶有出血。

3.最急性猪肺疫

呈现败血症症状,常突然死亡,病程稍长的,体温升高到 41 ℃ 以上,呼吸高度困难,食欲废绝,黏膜蓝紫色,咽喉部肿胀,有热痛,重者可延至耳根及颈部,口鼻流出泡沫,呈犬坐姿势。后期耳根、颈部及下腹处皮肤变成蓝紫色,有时见出血斑点。最后窒息死亡,病程1～2 d。各浆膜、黏膜有大量出血点。咽喉部及周围组织呈出血性浆液性炎症,皮下组织可见大量胶冻样淡黄色的水肿液。全身淋巴结肿大,切面呈一致红色。肺充血、水肿,可见红色肝变区(质硬如肝样)。

4.急性猪副伤寒

多发生于断乳前后的仔猪,常突然死亡。病程稍长者,表现体温升高(41～42 ℃),腹痛,下痢,呼吸困难,耳根、胸前和腹下皮肤有紫斑,多以死亡告终。病程1～4 d。尸体膘度正常,耳、腹、胁等部皮肤有时可见淤血或出血,并有黄疸。全身浆膜、(喉头、膀胱等)黏膜有出血斑。脾肿大,坚硬似橡皮,切面呈蓝紫色。肠系膜淋巴结索状肿大,全身其他淋巴结也不同程度肿大,切面呈大理石样。肝、肾肿大、充血和出血,胃肠黏膜卡他性炎症。

4.2.7 防控

1.治疗方法

早期治疗有显著疗效。首选药物为青霉素,多西环素、土霉素、洁霉素、泰乐霉素也有良好的疗效。

2.预防措施

平时要加强饲养管理,保持清洁,定期消毒,同时按免疫程序使用猪丹毒菌苗。

(1)疫苗种类及使用方法　常用的疫苗有 GC42 和 G4T(10)弱毒菌苗以及猪丹毒氢氧化铝甲醛疫苗,免疫期均为 6 个月。GC42 弱毒苗既可注射又可口服,7 d 后产生免疫力。G4T(10)弱毒苗只能用于注射,注射后 7 d 产生免疫力,注射后可出现食欲减退、体温升高等反应,一般经 2～3 d 可自行恢复。猪丹毒氢氧化铝甲醛疫苗注射后 14～21 d 产生免疫力。我国还生产猪瘟猪丹毒猪肺疫三联苗,肌内注射,免疫期为 6 个月。

(2)免疫程序　仔猪在 60 日龄前后进行第一次免疫接种,以后每隔 6 个月免疫 1 次。在常发地区或猪场,3 月龄时进行二免。

种猪每隔 6 个月进行一次免疫接种,一般在春秋两季进行。配种后 20 d 以内的母猪、妊娠后期母猪和哺乳母猪不能接种。

在接种弱毒疫苗前 3 d 和接种后 7 d 内严禁使用猪丹毒杆菌敏感的抗菌药物。

4.3 猪沙门菌病的防控

沙门菌病是由沙门菌属中多种细菌引起的疾病的总称。猪沙门菌病又称猪副伤寒。沙门菌中有些是人类的致病菌,有些是动物的致病菌,多数是人和动物共同的致病菌,或者对动物是致病菌而对人类是条件致病菌。在细菌性食物中毒的病原中,沙门菌所占的比例为20%~30%。本病在动物中主要引起败血症和肠炎,也可使怀孕动物发生流产,在一些地区造成的危害相当严重。因此,防控本病具有重要公共卫生意义。

4.3.1 病原特性

沙门菌属于肠杆菌科沙门菌属,革兰氏阴性,不产生芽孢,无荚膜,绝大部分沙门菌都有鞭毛,能运动。

在猪的副伤寒病例中,各国所分离的沙门菌的血清型相当复杂,其中主要有猪霍乱沙门菌、鼠伤寒沙门菌、猪伤寒沙门菌、肠炎沙门菌等。

沙门菌为需氧或兼性厌氧菌,最适宜生长温度为35~37 ℃,最适合 pH 6.8~7.8。本菌对营养要求不高,在普通琼脂培养基生长良好,形成圆形、光滑、无色半透明的中等大小菌落,在SS琼脂培养基上呈无色透明菌落并有黑色中心。

沙门菌对干燥、腐败、日光等因素具有一定抵抗力,在外界环境可存活数周至数月。60 ℃经 1 h,72 ℃经 20 min,75 ℃经 5 min 可将其杀死。对化学消毒剂的抵抗力不强,常用的消毒剂均能将其杀死。

4.3.2 流行特点

1.易感性

人、各种畜禽及其他动物对沙门菌属的许多血清型都有易感性,不分年龄大小均可感染,幼龄动物易感性最高。猪多发生于1~4月龄的仔猪。

2.传染源

病猪和带菌猪是主要的传染源,猪霍乱沙门菌感染康复猪,一部分能持续排菌。肠淋巴结带菌的健康猪,由于运输等应激因素而排菌。

3.传播途径

病菌污染饲料和饮水,经消化道感染,另外可经精液传播和子宫内感染。鼠类可以传播本病。健康畜禽的带菌现象很普遍,病菌潜伏于消化道、淋巴组织和胆囊内,当外界不良因素使机体抵抗力降低时可发生内源性感染。

4.流行特征

本病无季节性,多雨潮湿季节发病较多。一般呈散发或地方流行性。各种应激(如天气突变)、营养障碍、寄生虫、病毒感染等可导致暴发。本病多与猪瘟混合感染(并发或继发),发病率和死亡率高,病程短。

4.3.3　临床症状

1.败血症型

病猪体温升高,41~42 ℃,食欲废绝,呼吸困难,耳、四肢、腹下部等皮肤有紫斑,有时后肢麻痹,黏液血性腹泻或便秘,病死率很高,病程1~4 d。

2.小肠结肠炎型(亚急性和慢性型)

临床常见的类型,病猪体温升高,40.5~41.5 ℃,精神沉郁,食欲不振,被毛失去光泽,一般出现水样黄色恶臭,腹泻,呕吐,有时也出现呼吸道症状。眼结膜潮红、肿胀,有黏性脓性分泌物,少数发生角膜混浊,严重者发生溃疡。病猪由于腹泻、脱水而很快消瘦。在病的中、后期皮肤出现弥漫性湿疹。病程2~3周甚至更长,最后极度消瘦,衰竭死亡。有时病猪症状逐渐减轻,状似恢复,但以后生长缓慢或又复发。病死率25%~50%。

4.3.4　病理特征

1.败血症型

病猪耳、胸腹下部皮肤有蓝紫色斑点。全身浆膜与黏膜以及各内脏有不同程度的点状出血。全身淋巴结肿大、出血,尤其是肠系膜淋巴结索状肿大。脾肿大,呈蓝紫色,硬度似橡皮,被膜上可见散在的出血点。肝肿大、充血、出血有时肝实质可见针尖至小米粒大黄灰色坏死点。肾皮质可见出血斑点。心包和心内、外膜有点状出血。肺常见淤血和水肿,小叶间质增宽,气管内有白色泡沫。卡他性胃炎及肠黏膜充血和出血并有纤维素性渗出物。

2.小肠结肠炎型

亚急性和慢性型的病猪尸体极度瘦,在胸腹下部、四肢内侧等皮肤上,可见绿豆大小的痂样湿疹。特征性的病变是回肠、盲肠、结肠呈局灶性或弥散性的纤维素性坏死性炎症,黏膜表面坏死物呈糠麸样,剥开可见底部呈红色、边缘不规则的溃疡面。少数病例滤泡周围黏膜坏死,稍突出于表面,有纤维蛋白渗出物积聚,形成隐约可见的轮环状。肠系膜淋巴结肿胀,切面灰白色似脑髓样,并且常有散在的灰黄色坏死灶,有时形成大的干酪样坏死物。脾肿大,色暗带蓝,似橡皮。肝有时可见黄灰色坏死点。肺的尖叶、心叶和膈叶前下部常有卡他性肺炎病灶。

4.3.5　诊断要点

1.初步诊断

根据临床症状和病理变化可作出初步诊断,确诊需进一步作实验室诊断。

2.实验室诊断

病原检查:病原分离鉴定以预增菌和增菌培养基、选择性培养基培养,用特异抗血清进行平板凝集试验和生化试验鉴定。

血清学检查:凝集试验、酶联免疫吸附试验。

样品采集:采取病畜的脾、肝、心血或骨髓样品。

4.3.6　类症鉴别

本病应注意与猪瘟、猪痢疾、弯曲菌病进行类症鉴别。

1. 猪瘟

全身皮肤、浆膜、黏膜和内脏器官有不同程度的出血。全身淋巴结肿胀,多汁、充血、出血,外表呈现紫黑色,切面如大理石状,肾色淡,皮质有针尖至小米状的出血点,脾有梗死,以边缘多见,呈近黑色小紫块,喉头黏膜及扁桃体出血。膀胱黏膜有散在的出血点。胃、肠黏膜呈卡他性炎症。大肠的回盲瓣处形成纽扣状溃疡。

2. 猪痢疾

猪痢疾又叫猪血痢,是由猪痢疾密螺旋体引起的一种严重的肠道传染病。最常见的症状是出现程度不同的腹泻。一般是先拉软粪,渐变为黄色稀粪,内混黏液或带血。病情严重时所排粪便呈红色糊状,内有大量黏液、出血块及脓性分泌物。有的拉灰色、褐色甚至绿色糊状粪,有时带有很多小气泡,并混有黏液及纤维伪膜。病猪精神不振、厌食及喜饮水、拱背、脱水、腹部卷缩、行走摇摆、用后肢踢腹,被毛粗乱无光,迅速消瘦,后期排粪失禁,肛门周围及尾根被粪便沾污,起立无力,极度衰弱死亡。大部分病猪体温正常。慢性病猪,症状轻,粪中含较多黏液和坏死组织碎片,病期较长,进行性消瘦,生长停滞。主要病变局限于大肠(结肠、盲肠)。急性病猪常见大肠黏液性和出血性炎症,黏膜肿胀、充血和出血,肠腔充满黏液和血液。病期稍长的病例,主要为坏死性大肠炎,黏膜上有点状、片状或弥漫性坏死,坏死常限于黏膜表面,肠内混有多量黏液和坏死组织碎片,其他脏器常无明显变化。

3. 弯曲菌病

临诊症状表现不一致。有无症状的隐性带菌者,有轻型腹泻、重型腹泻及其他临诊症状。潜伏期3～5 d,主要症状为发热,肠炎,腹泻和腹痛,与细菌性痢疾相似。但病情较轻。仔猪的发病率高于成年猪,有时表现寒战,抽搐,发抖,有时有呕吐现象,大便呈水样,量多,排便次数增加,严重者病后2 d出现痢疾样大便,便中带有血液和黏液,腥臭味,全身发生脱水现象,后期表现呼吸困难。病理变化病变部位主要在空肠。有时结肠及回肠亦有变化,可见到弥漫性出血性水肿及渗出性肠炎,回肠末端及回盲瓣上有溃疡性病变。常见到增生性肠炎的病变,为一种未成熟的上皮细胞增生,引起肠壁变厚,细胞内有弯曲菌存在。试验小猪均具有不同程度的坏死性肠炎病变,或具有类似增生性出血性肠炎的变化。病理组织学检查,猪的肠黏膜上皮组织细胞有扩散性隐窝增生现象,同时细胞内有弯曲菌存在,部分细胞有浸润性炎症。

4.3.7 防控

1. 治疗

应尽早地治疗发病猪,首选药物为阿米卡星,其次是氟苯尼考、恩诺沙星、卡那霉素等。与发病猪同圈、同舍的猪群采用的饲料中添加抗菌药,对于慢性病猪应及时予以淘汰。

2. 预防

本病应从加强饲养管理,消除发病诱因,保持饲料和饮水的清洁卫生等方面着手。在本病的常发地区和猪场,应对仔猪进行疫苗接种。出生后一个月龄以上的仔猪均可使用。

4.4 仔猪黄痢的防控

仔猪黄痢又叫早发性大肠杆菌病,是初生仔猪的一种急性、致死性疾病。临床上以腹泻、排黄色或黄白色粪便为特征。大肠杆菌病是指由致病性大肠杆菌引起多种动物不同疾病或病型的统称,包括动物的局部性或全身性大肠杆菌感染、大肠杆菌性腹泻、败血症和毒血症等。各种动物大肠杆菌病的表现形式有所不同,但多发生于幼龄动物,给养殖业造成了严重的损失。

4.4.1 病原特性

大肠杆菌属于肠杆菌科埃希氏菌属,为革兰氏阴性无芽孢的短杆菌,有鞭毛,易在普通琼脂上生长,形成凸起、光滑、湿润的乳白色菌落。本菌对糖发酵强,在麦康凯琼脂上形成红色菌落,在 SS 琼脂上多数不生长,少数形成深红色菌落。大部分肠道大肠杆菌在血液培养基中都具有溶血性。大肠杆菌的抗原构造由菌体抗原(O)、鞭毛抗原(H)和荚膜抗原(K)组成。目前分离的大肠杆菌,O 抗原有 173 种,H 抗原有 64 种,K 抗原有 103 种,其互相组合可形成许多血清型。纤毛(F)抗原用于血清型鉴定。致病性大肠杆菌的许多血清型都可引起猪发病,其中常见的有 O8,O45,O47,O149,O157,O138,O139,O141 等血清型。

4.4.2 流行特点

1. 易感性

常发生于出生后 1 周以内,以 1～3 日龄最常见,随日龄增加而减少,7 日龄以上很少发生,同窝仔猪发病率 90% 以上,死亡率很高,甚至全窝死亡。

2.传染源

主要是带菌母猪。无病猪场从有病猪场引进种猪或断奶仔猪,如不注意卫生防疫工作,使猪群受感染,易引起仔猪大批发病和死亡。

3.传播途径

主要经消化道传播。带菌母猪由粪便排出病原菌,污染母猪皮肤和乳头,仔猪吮乳或舔母猪皮肤时,被感染。

4.流行特征

仔猪出生后,猪舍保温条件差而受寒,是新生仔猪发生黄痢的主要诱因。初产母猪和经产母猪相比,前者所产仔猪黄痢发病严重。

4.4.3 临床症状

仔猪出生时体况正常,12 h 后突然有 1~2 头全身衰弱,迅速消瘦脱水,很快死亡,其他仔猪相继发生腹泻,粪便呈黄色糊糊状,并迅速消瘦,脱水,昏迷而死亡。

4.4.4 病理特征

最急性型剖检常无明显病变,有的表现为败血症。一般可见尸体脱水严重,肠道膨胀,有多量黄色液状内容物和气体,肠黏膜呈急性卡他性炎症变化,以十二指肠最严重,空肠、回肠次之,肝、肾有时有小的坏死灶。

4.4.5 诊断要点

1.临床诊断

根据新生仔猪突然发病,排黄稀粪,同窝仔猪几乎全部发病,死亡率高,而母猪健康,无异常,即可初步诊断。

2.细菌学检查

主要是进行大肠杆菌的分离鉴定。

4.4.6 防控

(1)抓好母猪的饲养管理,保持产房的清洁和消毒,哺乳前要对乳房进行清洗和消毒,有乳房炎的母猪应及早治疗。

(2)搞好母猪的产前和产后保健。产前 1 周在饲料中添加抗菌药物,仔猪出生后 1 h 内进行预防性投药,注射敏感的长效抗菌药可有效减少发病和死亡。较敏感的药物有氟喹诺酮类、氨基糖苷类、多黏菌素、氟苯尼考、痢菌净和某些磺胺类药等。

(3)加强新生仔猪的护理,尤其是新生仔猪的保暖防寒措施,及早哺喂初乳,并做好补铁、补硒工作。

（4）仔猪应提早喂料，选用优质全价的代乳料，补充饮水。

（5）断奶时注射长效抗菌药对预防仔猪水肿病有很好的作用，也可通过饲料和饮水添加药物进行预防。

（6）免疫预防。随着生物工程技术的发展，相继研制成功了大肠杆菌的基因工程菌苗，目前有 3 种：K88-K99、K88-LTB、K88-K99-987P，母猪产前 40 d 和 15 d 各注射 1 次，对仔猪黄痢和白痢有一定的预防作用，能降低发病率。断奶前 15 d 给仔猪注射水肿病类毒素苗也有一定的作用。

4.5　仔猪白痢的防控

仔猪白痢是由肠产毒素性大肠杆菌感染引起的 10～30 日龄仔猪的一种急性肠道传染病。临床上以排灰白色、腥臭、浆糊状稀粪为特征。仔猪白痢的流行范围广，传播速度快，如治疗不及时或者治疗方法不当，会导致仔猪生长发育迟缓，严重的会成为僵猪，给养猪业造成巨大经济损失。

4.5.1　病原特性

仔猪白痢为猪大肠杆菌病中的一种。该病的病原为大肠杆菌，大部分大肠杆菌在正常情况下一般是不致病的，可与机体互利共生；一小部分大肠杆菌在致病因子的作用下可能会导致机体发病，即为寄生关系。大肠杆菌的一些血清型可以引起猪大肠杆菌病。其中，可引起肠道疾病的大肠杆菌有 6 种，即肠产毒素性大肠杆菌、肠致病性大肠杆菌、溶血性大肠杆菌、侵袭性大肠杆菌、弥漫性黏附大肠杆菌和肠聚集性大肠杆菌。仔猪白痢的病原即为肠产毒素性大肠杆菌（ETEC）。

肠产毒素性大肠杆菌属于肠杆菌科埃希氏菌属，为革兰氏阴性的直杆菌。菌体直径为 0.5～0.8 μm，长 1.0～3.0 μm，无芽孢，大部分菌株有动力，有菌毛（普通菌毛与性菌毛），一些菌株还有多糖类荚膜。最适生长温度约为 37 ℃，最适 pH 7.2～7.4。其在普通琼脂培养基上生长良好，易长成灰白色、半透明、表面光滑、边缘整齐、稍有隆起的圆形菌落；其在麦康凯培养基上生长良好，菌落形态为圆形隆起或扁平、表面光滑、边缘整齐，菌落颜色为鲜桃红色或微红色，其菌落中心呈深桃红色。目前已确定 ETEC 的抗原类型有 O 抗原、K 抗原及 H 抗原 3 类。其中 O 抗原一共有 173 种，K 抗原一共有 80 种，H 抗原一共有 56 种。其中 O 抗原存在于菌体胞壁中，为多糖、磷脂及蛋白质的复合物，即为菌体内毒素，主要的优势血清型则有以下几种：O8、O9、O20、O45、O60、O101、O138、O139、O147、O149 等。K 抗原系表面多糖或蛋白质抗原，存在于荚膜、被膜或者菌毛中，所存在的位置与细菌毒力有关。K 抗原按照耐热性等性质不同则分为 L、A 和 B 三类。H 抗原则为不耐热的鞭毛蛋白质,该类抗原具有良好的抗原性,H抗原能刺激机体产生高效价凝集抗体。ETEC可产生黏附素、肠毒素、水肿病毒素、内毒素、溶血素等毒力因子。其中,肠毒素和黏附素在其发病机制及免疫学机制中起着十分重要的作用。一般将肠毒素分为耐热肠毒素和热敏肠毒素,耐热肠毒素和热敏肠毒素既可单独产生,又可同时产生,并且导致腹泻,且在遗传学上两种毒素的产生均受质粒控制。

4.5.2 流行特点

仔猪白痢发生于10～30日龄仔猪,以2～3周龄较多见,1月龄以上的猪很少发病。本病呈全球流行,发达的养猪国家(如美国),发病率约为20%,死亡率约为15.5%。而我国由于养猪业发展的不平衡,发病率为29%～60%,死亡率为15%～20%。

传染源主要是带菌母猪。无病猪场从有病猪场引进种猪或断奶仔猪,如不注意卫生防疫工作,容易使猪群受感染。传播途径主要是消化道传播。带菌母猪由粪便排出病原菌,污染母猪皮肤和乳头,仔猪吮乳或舔母猪皮肤时易被感染。

本病没有明显的季节性,一年四季均可发生,但是严冬、早春和炎热的夏季等较为极端的气候更易诱发本病,冬季甚至可出现暴发性流行。

本病的发生往往与多种因素有关。母猪的品种不良、过老、过幼、体弱、产奶量不足、乳汁质量差等,都容易诱发其仔猪发病。饲养管理不当,猪舍的卫生条件太差,如未严格按照标准定期对猪舍进行清扫、消毒,造成大肠杆菌大量污染地面、垫草和母猪的乳头,会使仔猪接触到病原菌的机会大大增加。再比如未按标准对哺乳母猪进行规范化饲养或者断奶仔猪饲料营养搭配不合理;饲料及饮水不干净或受到污染;雨雪天气对仔猪的保温措施不当,或圈舍内阴冷潮湿、饲养密度太大、通风不良等因素都可能诱发仔猪白痢。

该病的发生除了与致病性大肠杆菌的侵袭和种种外界环境诱因有关外,也与仔猪自身胃肠功能发育不全、免疫力低下有关。这类仔猪更易受到肠产毒性大肠杆菌的侵袭,从而患上仔猪白痢。

4.5.3 临床症状

病猪往往突然出现腹泻症状,排出糊状或浆状稀便,呈灰白色或乳白色,偶有绿色,有时混有气泡,腥臭难闻。开始时腹泻次数较少,之后不断增加,肛门周围及臀下部被粪便污染。一般情况下,病猪体温和食欲无明显改变,有的病猪精神沉郁,食欲减退甚至废绝。病猪日渐消瘦,被毛粗糙不洁,弓背站立或扎堆而卧,畏寒,战栗,常拥挤在一起取暖;进而卧地不起,眼窝塌陷,结膜苍白,口鼻干燥,心音较弱。病程3～9 d,多数能自行康复,康复后发育迟缓。在暴发初期若未采取治疗措施时,病猪可能突然死亡。

4.5.4　病理特征

病死猪尸体外表苍白、消瘦,通常会出现眼睛脱水,小肠通常扩张或轻微水肿和充血。胃扩张并充满大量凝乳块或干饲料,胃底充血,肠系膜淋巴结肿大充血。虽然这些病理变化并不是特征性的,但也表明猪群可能被 ETEC 感染。主要病理变化包括小肠淤血和出血,肠黏膜有卡他性炎症病变,有多量黏液性分泌物,固有层中的嗜中性粒细胞和巨噬细胞等炎症细胞数量增加。

4.5.5　诊断要点

仔猪白痢的诊断一般从其流行病学、临床症状及病理变化着手,然后进一步结合细菌学检查进行确诊。

2～3 周龄哺乳仔猪成窝发病,体温变化不明显,排白色糨糊样稀粪,腥臭难闻,被感染的猪群通常情绪低落,食欲减退,被毛粗乱。

尸体剖检有助于进行初步诊断和后期的实验室确诊。最有效的诊断方法是选择未经治疗并且腹泻时间在 12～24 h 的病猪进行准确的尸体剖检以评估其病变。主要观察小肠、结肠、回盲肠瓣膜及肠系膜淋巴结的病理变化。

最好收集未开封的回肠、空肠和大肠段样品,送至实验室进行细菌学检查,以分离暴发中涉及的致病性大肠杆菌菌株,也可收集 3～5 头猪的粪便或用直肠拭子采集有效样品进行检测。确定性诊断需要进一步结合其他几项检测,包括定量细菌学检测。通常通过 PCR 鉴定毒力因子,以及组织病理学作为补充分析,以便对检测到的病原体及观察到的显微病灶进行综合分析。

4.5.6　类症鉴别

引起仔猪腹泻的病原有多种,ETEC 引起的仔猪白痢必须与引起腹泻的其他病原如梭状芽孢杆菌、产气荚膜梭菌(A 型和 C 型)、肠道冠状病毒(TGEV 和 PEDV)和轮状病毒(A 型、B 型和 C 型)区分开来。对于 7 日龄以上的仔猪,还应该考虑由等孢子虫引起的球虫病(Ghizzani,2012)。

4.5.7　防控

引起仔猪白痢发生的原因是多方面的,在防治上需要实施"预防为主,药物治疗为辅"的方针,采取综合防治措施。

1. 治疗方法

仔猪白痢引起的腹泻可导致动物脱水、液体流失。因此,应给予生理盐水和补液的对症治疗。相关研究利用口服含有葡萄糖的电解质替代溶液的液体疗法治疗大肠杆菌病导致的脱水和代谢性酸中毒。研究表明,含有 2 400～3 000 mg/kg 锌的饲料可有效减少腹泻的发生,降低死亡率并可改善仔猪的生长。很长时间以来,人们认为氧化锌具有抗菌作用,特别是对大肠杆菌。欧洲药品管理局(EMA)的兽用药委员会(CVMP)认为使用氧化锌存在耐药性和环境污染的风险,拒绝批准含有氧化锌的兽药产品的营销许可和取消现有销售许可。

仔猪白痢治疗除了使用避免感染和继发其他临床疾病的药物之外,还需要进行抗菌治疗。在不同类别的抗生素的选择中,必须选择在其肠腔内能达到治疗浓度的抗生素。例如 β-内酰胺抗生素、头孢菌素类(头孢噻呋,头孢喹肟)、氨基葡糖苷类(阿泊拉霉素、新霉素、庆大霉素)、氨基环孢菌素类(壮观霉素)、磺酰胺与甲氧苄啶类(甲氧苄啶、磺胺甲基异噁唑)、氟喹诺酮类(恩诺沙星、马可沙星和达氟沙星)、喹诺酮类药物(氟甲喹)和多黏菌素类(硫酸黏菌素)等相关抗生素(Burch,2013;Zimmerman et al. 2012b)。若发生了猪大肠杆菌病,建议开展细菌分离培养,进行药敏试验,选择有效抗生素和磺胺类药物予以治疗。

日龄较大的仔猪在发病时,身体机能发育较为成熟,有一定抵抗力,经抗菌止泻治疗,辅以改善饲养管理、改善肠道、补液等支持疗法,绝大多数发病仔猪能快速痊愈,极少会出现脱水、消瘦现象,后期的生长发育几乎不受影响。但如果治疗不及时或治疗方法不得当,栏舍环境不卫生、保温不良、环境潮湿等饲养条件没能改善,会延长病程,造成发病仔猪因长期肠胃功能紊乱而脱水消瘦,最终因衰弱而死亡。杨树花口服液和干酵母的应用,相较于单纯的敏感抗生素治疗,可以缩短病程,减少患病仔猪肠绒毛的损伤,最大限度保护肠道功能,加快肠道功能的修复,减少对后期生长发育的影响。因仔猪在哺乳阶段,肠胃功能和其他生理机能尚未发育完善,肠胃细菌群尚未完全发育成熟,长期大量使用大肠杆菌敏感抗生素药物不利于仔猪形成正常稳定的肠道细菌群,甚至可能会导致肠道菌群紊乱和出现耐药菌株,诱发其他肠道疾病。

2. 预防措施

目前仔猪白痢在我国还未得到很好的控制,在规模化养殖场中依旧时常暴发流行。预防本病必须加强猪场的管理,减少环境中致病性大肠杆菌的数量,实施严格的卫生措施以及内部和外部生物安全,保证栏舍干燥、保温,尤其是新生仔猪的保暖防寒措施。保证母猪奶水充足、严格消毒等良好的饲养条件;搞好母猪的产前及产后保健,产房定期清洁、消毒,产前 1 周在饲料中添加抗菌药物,哺乳前要对乳房进行清洗和消毒;仔猪出生后 12 h 内进行预防性投药,注射敏感的长效抗菌药如氟喹诺酮类、氨基糖苷类、多黏菌素、氟苯尼考、痢菌净、呋喃唑酮和某些磺胺类药等可有效减少发病和死亡。仔猪及早哺喂初乳,并注意补铁、补硒,提高仔猪抗病能力。此外,还有用特异性抗体进行被动免疫,在投喂教槽料时注意少喂多餐,循序渐进,避免出现消化不良现象;适当使用益生菌等微生物制剂,帮助仔猪尽快形成成熟的肠胃菌群环境,增强肠胃抵抗力;在本病痊愈后,仍需要加强预防措施,改善饲养条件。采用饮食预防措施以及用基因育种的手段培育抗 ETEC 的新品种等。

疫苗预防仍然是预防仔猪大肠杆菌病的重要措施。仔猪 ETEC 感染后主要激活机体产生体液免疫,大多数新生仔猪可以在出生初期从母乳中获得母源抗体,但是母乳中也缺乏针对 ETEC 的特异性抗体,因此,妊娠母猪在产前 40 d 和 14 d 左右用大肠杆菌基因工程苗(K88、K99、987P)进行免疫预防,提高仔猪的母源抗体显得尤为必要。另外,通过母乳免疫和母猪接种 ETEC F4(K88)、F5(K99)、F6(987P)和 F41 疫苗可以降低疾病发生的风险。

目前,以大肠杆菌的菌毛黏附素和肠毒素这两种主要致病性因子作为免疫原研制成了多种疫苗。市场上现有多种疫苗已投入使用,例如大肠杆菌双价基因工程苗 K88-K99、K88-LTB、ST1-LTB,三价基因工程 K88-K99-987P 等已进入临床使用。目前这些疫苗在预防 ETEC 中也取得良好效果,主要是在妊娠母猪中经非肠道途径进行免疫。为了更好地保护新生及断奶仔猪,激活肠黏膜免疫应答显得尤为重要。新型的灭活疫苗、口服活疫苗、口服亚单位疫苗、可食用植物疫苗、嵌合疫苗等相继被研发出来。但由于自然条件下 ETEC 具有多个抗原类型、抗原分布具有地域分布差异性及菌株在环境压力下不断进化出新型菌株,所以,目前的 ETEC 疫苗很难实现对动物的全方位广泛的保护。

目前,对于仔猪白痢比较有效的防治方法是将低于治疗剂量的抗生素加入饲料中,这在初期确实取得较好效果,良好地推动了我国养猪业的发展。但随着抗生素的大量应用,大肠杆菌不可避免地开始呈现出耐药性。调查发现,目前猪源大肠杆菌对一些常用抗生素的耐药性已高达 100%,且呈现出不同程度的多重耐药性。因此,研发出更加安全、有效的仔猪白痢药物已迫在眉睫。

4.6　猪产气荚膜梭菌病的防控

猪产气荚膜梭菌病即仔猪梭菌性肠炎,又称仔猪传染性坏死性肠炎,俗称仔猪红痢,是由 C 型和(或)A 型产气荚膜梭菌引起的 1 周龄内仔猪发生高度致死性的肠毒血症,其特征为出血性下痢、腹胀、小肠后段的弥漫性出血或坏死性变化,发病急,虽然发病率不高,但病死率极高,是一种严重危害养猪业的重要疾病。近年来,随着集约化养猪的发展,在种公猪、怀孕母猪和育肥猪群中发病率有不断上升的趋势。

1955 年,英国的 Field 和 Gibson 首次报道本病,后在美国、丹麦、匈牙利、德国、苏联和日本等国家陆续报道,我国也有本病。

4.6.1　病原特性

产气荚膜梭菌(也称魏氏梭菌)为革兰氏阳性杆菌,专性厌氧,能产生卵圆形芽孢,位于菌体中央或近端,并能形成特殊荚膜,不运动。芽孢对外界抵抗力强,80 ℃经 15～30 min 或 100 ℃经 5 min 才可被杀死。冻干保存至少 10 年内其毒力和抗原性不发生变化。该菌广泛分布于自然界,可见于土壤、尘埃、污水、饲料、人畜粪便以及胃肠道内,尤其是雨水过后形成的污泥为其大量繁殖提供了有利条件。是一种条件性致病菌,该菌至少可以产生 15 种毒素,能对人和多种动物致病。

根据产毒素能力的差异,本菌分为 A、B、C、D 和 E 5 个血清型。一般认为,C 型株是致 2 周龄内仔猪坏死性肠炎的主要病原,而 A 型菌株则与哺乳及育肥猪肠道疾病有关,导致轻度的坏死性肠炎与绒毛退化。但越来越多的证据表明,A 型菌株也是仔猪梭菌性肠炎的主要病因。

A 型菌株产生的主要致死性毒素为 α 毒素,C 型菌株产生的主要致死性毒素为 α 与 β 素。β 毒素被认为是 C 型菌株对人和动物起主要致病作用的毒素,但单独用 A 型菌株的 α 素或 C 型菌株的 β 毒素均不能复制出典型病例。

4.6.2　流行特点

猪和绵羊对本病最易感,还可感染马、牛、鸡、兔等动物。在感染动物中以猪最为常见,常呈区域性流行。本病一年四季均可发病,但在秋末冬初气候骤然变化、阴雨潮湿条件下更易流行。猪群密度过大、通风不良、气温突变、转圈合群、打架争斗等各种应激因素均可诱发本病的发生。一般仔猪和种猪发病率高于育肥猪,1～3 日龄仔猪最易受侵害,常整窝发病。本病主要经口感染,在土壤中以及人畜的粪便、肠道中都广泛存在 C 型产气荚膜梭菌。当存在于一部分母猪肠道中的细菌随粪便排出而污染猪舍、垫料及哺乳母猪的乳头时,初生仔猪吮奶或吞入污染物便会快速(通常只有几秒钟或者几小时)感染发病。

通常在母猪分娩时暴发该病,严重时甚至会导致母猪产出的所有仔猪都发病死亡。在同一猪群不同窝次仔猪的发病率不同,最高可达 100%,病死率一般为 20%～70%。以后随着日龄的增加,易感性降低。种猪和育肥猪多呈零星散发,成年猪多发于 90～180 日龄,常突然发病,病程极短,如救治不及时很快死亡,也有不出现任何先兆症状突然死亡的病例,且猪场一旦发生就不易清除,这给根除本病带来一定的困难。近年来,随着集约化养猪的发展,在怀孕母猪、育肥猪群中发病率有不断上升的趋势。

猪的饲喂量如果过多,会导致饲料在胃肠内滞留而消化道蠕动缓慢,导致肠道内的产气荚膜梭菌大量繁殖,生成过多有害气体,致使胃肠胀气,同时对内脏器官造成压迫,影响血液循环,使其脑部供血不足,最终因缺氧窒息而死。尤其是母猪在限位栏内饲养更容易感染发病,这是由于母猪运动量较少,饲喂全价料而采食较少青绿饲料,容易发生便秘引起胀气。

4.6.3 临床症状

按病程经过,本病临床症状可分为最急性型、急性型、亚急性型和慢性型。

1. 最急性型

仔猪出生后,1 d 内就可发病,临床症状多不明显,只见仔猪后躯沾满血样稀粪,极度虚弱无力,体温基本正常,很快进入濒死状态(经过 12~36 h 死亡)少数病猪尚无血痢便昏倒和死亡。临死前腹部皮肤变成黑色。

2. 急性型

急性型最常见。病猪排出含有灰色坏死组织碎片的淡红褐色液状(水样)稀粪,日渐消瘦、脱水、衰竭,病程 2 d,一般在第 3 d 死亡。

3. 亚急性型

病猪持续性腹泻,初期排出黄色软粪,以后变成液状、清水样粪便,内含灰色坏死组织碎片,食欲减退,病猪极度消瘦和严重脱水,最后由于极度衰竭而死亡,病程一般持续 5~7 d。

4. 慢性型

病程在 1 周以上(至几周不等),间歇性或持续性腹泻,粪便呈黄灰色糊状(黏液样)。并附着在肛门四周、尾巴以及后躯。病猪精神状况较好,但逐渐消瘦,生长停滞,于数周后变成僵猪或者死亡。

4.6.4 病理特征

剖检可见,病猪腹腔内存在大量的樱桃红色或黄色积液,有的病例出现胸水。眼观病理变化常见于空肠,有的可扩展到回肠,而十二指肠通常无病变。病猪最明显病变是肠腔充气,特别是小肠臌气,肠壁明显变薄,松弛,呈深红色,透明,浆膜有出血斑,空肠与回肠充满胶冻状液体,个别病例稍长的猪直肠有大量黏结的硬猪粪。最急性型病猪的空肠呈暗红色,与正常肠段界限分明,肠腔内充满大量暗红色液体,有时甚至后部肠腔(包括结肠)也存在混杂血液的液体。空肠部绒毛坏死,肠黏膜以及黏膜下层发生大面积充血,出血,坏死,溃疡,肠腔内还存在暗红色稀粪,散发恶臭味,盲肠黏膜存在出血斑点。肠系膜淋巴结出血,水肿多汁,呈大理石样变或呈鲜红色,腹股沟淋巴结肿胀,出血,呈大理石样病变。急性型病猪的肠出血不是非常明显,以坏死性炎症为主,肠壁增厚,色泽变黄,弹性降低甚至完全丧失。病变部肠黏膜覆盖黄色或灰色坏死性伪膜,容易剥离,肠腔内壁散在略带血色的坏死组织碎片。肠系膜和坏死肠段的浆膜下层存在不同数量的小气泡。胃壁薄,胃表面浆膜血管发生明显充血,胃内含有大量气体和内容物,胃黏膜发生充血,出血,脱落,有时胃壁完全变红,胃底有出血斑。病程长的脾呈黑褐色,极度肿大,甚至破裂,质地变脆,边缘有小点出血;肾呈灰白色,肿大,肾皮质部有出血点。腹水增多呈血红色,慢性型病猪也可见空肠黏膜坏死。组织病理学检查可见肠黏膜下层和肌层有炎性细胞浸润。肝发生肿大,质地变脆,容易破碎,胆囊也发生肿大,含有大量胆汁。心内外膜、心耳及心肌表面发生充血,心包积液,心肌变软变薄。肺发生充血,出血,支气管和气管、喉头内存在大量白色泡沫。脑膜出血。

4.6.5　诊断要点

根据流行病学、临床症状和病理变化特点可作出初步诊断,确诊必须进行实验室检查。查明病猪肠道是否存在 C 型或 A 型产气荚膜梭菌毒素对本病诊断有重要意义。取病猪肠内容物,加等量灭菌生理盐水,以 3 000 r/min 离心沉淀 30～60 min,上清液经细菌滤器过滤,与相应的分型抗毒素血清进行小鼠等动物体内中和试验,即可确诊。检测细菌毒素基因类型的 PCR 与多重 PCR 及毒素表型的Western blot 等方法正逐步取代体内毒素测定试验。

4.6.6　类症鉴别

本病应注意与仔猪黄痢、仔猪白痢、猪传染性胃肠炎和猪流行性腹泻等其他类似疾病相鉴别。

1. 仔猪黄痢

二者相似之处是都为传染性疾病,通常是 1 周龄以内的仔猪感染发病,尤其是1～3 日龄最容易感染,具有较高的发病率、死亡率,并引起腹泻等。区别是大肠杆菌是引起仔猪黄痢的病原,仔猪出生后陆续出现腹泻,排出黄色的浆状粪便,其中混杂凝乳小片,并散发腥臭味;剖检可见胃内含有大量的酸臭味凝乳块,局部黏膜呈红色,存在出血斑,十二指肠发生膨胀,管壁变薄,浆膜、黏膜充血、水肿、出血,肠腔内含有大量黄白色或者黄色的稀薄内容物,并散发腥臭味,有时混杂凝乳块、血液,而梭菌性肠炎不会导致胃、十二指肠发生以上病变。

2. 仔猪白痢

二者相似之处是都是传染性疾病,可导致仔猪突然发生腹泻,排出糊状或者浆状粪便。区别是引起仔猪白痢的病原是大肠杆菌,通常是 10～20 日龄仔猪易发,主要在寒冬和盛夏季节发生,病猪排出乳白色粪便,并散发特有的腥臭味;剖检可见主要是胃和小肠前部出现病变,胃黏膜发生充血、水肿、出血,存在少量的凝乳块,肠壁明显变薄,呈半透明的灰白色,肠黏膜易于剥离,肠内容物空虚,存在大量气体和少许灰白色或者乳白色酸臭味的粪便。

3. 猪传染性胃肠炎

大小猪群均会发生,10日内发病死亡率可达100%,常发生于是每年12月到第二年4月的寒冷季节,传播速度较快。临床表现为呕吐、脱水、消瘦,发病前一过性体温升高,腹泻呈淡黄白色水样或黄绿色或灰白色水样。

4. 猪流行性腹泻

一般各阶段日龄猪只均可发病,其中产房乳猪死亡率较高,严重的可达100%死亡,2周龄以上猪只感染猪流行性腹泻很少死亡。该病一年四季都有流行,但冬春季节更为严重。

4.6.7　防控

1. 治疗方法

(1)紧急对症施治　按规定隔离发病猪,严格处理病畜尸体及污物,对圈舍环境及饲槽、饮水等用具彻底消毒;并迅速采取抑制发酵产气及抗菌、强心、解毒等对症治疗措施,以缓解病情,降低死亡率。

由于该病发病急、病程持续时间短,如果在发病后进行治疗,通常疗效较差。因此,必须加大诊治力度,及早发现,尽快治疗。通常选择使用抗生素类药物或者磺胺类药物进行治疗。如使用硫酸链霉素进行治疗,每头猪肌内注射5万~10万IU,每天1次,1个疗程连续使用3 d;新霉素,每头猪肌内注射10万IU,每天1次,1个疗程连续使用2~3 d。

(2)对腹胀臌气、便秘的患猪,止酵消气　取鱼石脂3~5 g,与适量酒精混合均匀后给病猪一次性灌服;也可灌服石蜡油200~300 mL或者人工盐100~150 g;也可先使用温肥皂水冲洗直肠,将里面的大量干结粪便洗出,接着灌服硫酸镁150 g、温水300 mL,10 h之后再灌服1次。另外,配合静脉注射10%葡萄糖溶液1 000 mL、维生素C 10 mL。在饲料中加入碳酸氢钠3 g/kg混饲,连续使用1周,避免发生酸中毒,注意只适用于轻度胀气的病猪。

(3)人工放气　向病猪胃中插入胃导管,将里面的气体缓慢放出,接着灌0.1%高锰酸钾溶液2 500 mL,将其呈前低后高体位放置,加速胃内容的排出。也可采取针刺放气,即在病猪倒数第二、三肋骨间,平行于肩关节处刺入长针头进行放气。接着在该部位按每千克体重注入10%林可霉素0.1 mL或者10%丁胺卡那霉素0.1 mL,并配合静脉注射5%生理盐水200 mL、甲硝唑25 g、碳酸氢钠(注意适用于胀气严重的病猪)100 g,将魏氏梭菌等产气菌杀死,并避免发生酸中毒。如果病猪伴有明显腹痛,可注射安痛定 5 mL、硫酸阿托品 4～6 mL,用于镇静解痉。

(4)对高热、严重腹泻、脱水的仔猪,每头可用 5％葡萄糖氯化钠溶液 250 mL、维生素 C 5 mL、青霉素 80 万 IU、安乃近 3 mL 及 0.5％甲硝唑注射液 100 mL,分别静脉注射,2 次/d,连用 2～3 d。

(5)对腹胀、下痢严重不能进食的患猪,可肌内注射恩诺沙星注射液,用量为每千克体重 5 mg,1 次/d,连用 3 d。对还能少量进食的患猪,可混饲泰畅(酒石酸泰乐菌素可溶性粉)每千克体重 500 g、美安捷(主要成分蒙脱石、酵母、多种维生素及微量元素)每千克体重 100 g,连用 10 d;同时也可灌服或饮服恩诺沙星、甲硝唑溶液,2 次/d,连用 3 d。

(6)对于鼻喷泡沫者,可同时肌内注射强心利尿剂(如樟脑磺酸钠);有血便症状的同时肌内注射维生素 K_3,用量根据体重按说明书掌握,不得过量使用。

2.预防措施

(1)应急处理猪场 只要出现发病,要尽快严格封锁,对病死猪采取无害化处理,及时清除垃圾、粪便,并使用 20％的漂白粉溶液对发病猪栏舍、料槽、饮水器以及其他用具等进行全面消毒。同时,对于受威胁的母猪要紧急免疫接种猪魏氏梭菌多价苗,在 1 个月内还要再进行 1 次加强免疫,能够有效避免发病。由于本病发病迅速,病程短,用药物治疗往往疗效不佳。可对同群受威胁的初生仔猪立即口服抗生素或注射抗猪红痢血清,作为紧急预防。

(2)加强饲养管理 猪群要饲喂营养全面的饲料,禁止突然更换饲料。圈内粪便及时清除,确保栏舍干燥卫生,温度适宜,保持通风良好,定期使用百毒杀、生石灰等进行消毒,以将病原杀灭。气候寒冷的冬春季节要加强防寒保暖,避免发生各种应激。母猪转入产房前,要对猪舍地面、产床、各种器具以及周围环境等进行全面清扫、消毒。临产时要先用清水将阴户、乳房、奶头清洗干净,接着使用 0.1％高锰酸钾溶液进行消毒,能够有效减少发病和控制传播。应在猪的饲料中加入适量的维生素 D 和微量元素硒,提高机体抗病力,减少发病。

4.7 猪增生性肠炎的防控

猪增生性肠炎(PPE)又名增生性回肠炎或增生性肠病,又称猪胞内劳森氏菌病。该病是由专性胞内劳森氏菌引起的一种断奶仔猪的接触性传染病。以回肠和结肠隐窝内未成熟的肠细胞发生根瘤样增生为特征。由于病猪生长迟缓,病死率高,该病可给养猪业带来严重损失。

本病早在 1931 年就由 Biester 和 Sohwarce 报道,但其病原长期未能确定。直到 1939 年，G. H. K. Lawson 等用纯培养的细菌培养物接种猪成功复制增生性肠炎，才确定了本病的病原是胞内劳森菌。

目前，在欧洲、美国、澳大利亚及我国台湾都有猪增生性肠炎流行的报道。近年来，本病在美国猪群中有蔓延趋势，已经成为美国养猪业中重要的 8 种传染病之一，同时也是世界各国重视的猪病之一。我国大陆也已证实存在本病，但尚无系统的流行病学资料。

4.7.1 病原特性

原胞内劳森菌(LI)分类上属于劳森菌属。1995 年 S. McOrist 等建议将劳森菌归属于脱硫弧菌科。本菌主要寄生于感染上皮细胞的胞质边缘，形态学特征与弯曲菌相似，革兰染色阴性，菌体呈杆状，两端尖锐或圆钝，大小为(1.25～1.75) μm×(0.25～0.43) μm，具有抗酸染色特性。本菌严格细胞内寄生，含 8% 氧气的环境为最佳存活条件。迄今为止，用常规的细菌培养技术分离本菌未能成功。将猪肠道提取物接种于大鼠肠细胞系 IEC-18 或人胎细胞系 INT-407，加抗生素抑制杂菌生长，在微氧条件下培养，可观察到胞质内有菌体生长，但细胞未产生病变。本菌在 5 ℃离体环境下可存活 1～2 周。对季铵消毒剂和含碘消毒剂敏感。在感染动物中，细菌主要存在于肠上皮细胞的胞质内，也可见于粪便中。

4.7.2 流行特点

本病宿主范围广泛，呈全球性散发分布。主要侵害猪，仓鼠、雪貂、狐狸、大鼠、马、鸵鸟、兔等动物也可感染。各种年龄的猪均可以感染，但多发生于断乳之后的仔猪，特别是体重在 18～45 kg 的猪，育肥猪中也可见少数病例。

病猪和带菌猪为主要传染源，感染猪可持续带菌，并通过粪便持续排菌。用本菌口服接种断乳仔猪时，粪便排菌时间长达 10 周。其他感染动物也可以将体内的病原菌传染给猪，本病在猪群的传播和扩散主要通过消化道。带菌或发病动物粪便中的病原菌可造成外界环境、饲料、饮水等的污染，从而引起易感猪感染和发病。此外，某些应激因素如天气突变、长途运输、饲养密度过大等均可促进本病的发生。鸟类、鼠类在本病的传播中也起着重要的作用。

此外，本病常可并发或继发猪痢疾、沙门菌病、结肠螺旋体病、鞭虫病等，从而加剧病情。

4.7.3 临床症状

人工感染潜伏期为 14～21 d，攻毒后 21 d 达到发病高峰。自然感染潜伏期为

2～3周,按病程可分为急性型、慢性型与亚临床型三类。

1.急性型

发病年龄多为4～12周龄,严重腹泻,出现沥青样黑色粪便,后期粪便转为黄色稀粪或血样粪便,并发生突然死亡,也有突然死亡而无粪便异常的病例。

2.慢性型

多发于6～12周龄的生长猪,10%～15%的猪只出现临床症状,主要为食欲减退或废绝,病猪精神沉郁,出现间歇性腹泻,粪便变软,变稀而呈糊状或水样,颜色较深,有时能有血液或坏死组织屑片。病猪生长发育受阻,消瘦,背毛粗乱,弓背弯腰,有的站立不稳。病程长者可出现皮肤苍白,有的母猪出现发情延后现象。如无继发感染,本病病死率不超过5%～10%,但可能发展为僵猪而被淘汰。

3.亚临床型

感染猪虽有病原体存在,却无明显的临床症状。也可能发生轻微腹泻但常不易引起注意,生长速度和饲料利用率明显下降。

4.7.4　病理特征

病变主要见于小肠后部、结肠前部及盲肠,最常见于临近回盲瓣的回肠末端。肠管胀满,外径变粗,切开肠腔可见肠黏膜增厚。回肠腔内充血或出血,并充满黏液和胆汁,有时可见血凝块。肠系膜水肿,肠系膜淋巴结肿大,颜色变浅,切面多汁。组织病理学检查可见肠黏膜上皮细胞增生,其上排列不成熟的柱状上皮细胞。急性病例可见黏膜表面的上皮细胞坏死并发生溃疡,肠黏膜部分或全部脱落,伴有纤维素渗出及大量的坏死性细胞、巨噬细胞和浆细胞的渗出。隐窝和腺上皮细胞增生并充满炎性细胞,这导致一些隐窝发生脓肿。派伊小体经常发生过度生长和增生,其内或周围可见有许多弯曲杆菌样细菌生长。肠绒毛扩张并有大量的巨噬细胞和嗜中性粒细胞浸润,而黏膜的杯状细胞却呈中等程度的广泛性丢失。电镜观察可见大量的胞内菌位于感染的上皮细胞胞质末端。在恢复期,细菌聚集并随变性细胞排入肠道或被固有层的巨噬细胞吞噬。

4.7.5　诊断要点

根据流行特点、临床症状、病理特征可作出初步诊断。对病变肠段进行组织学检查,肠黏膜上不成熟的细胞明显增生有助于诊断。但由于本菌在人工培养基中不生长,常规方法不适合于活体检查;同时因与其他肠道疾病的临床症状和组织学病理变化十分相似,以上检查特异性较差,特别是镜检未见黏膜增生性变化的病例。

传统的细菌学检查是取病变黏膜做抹片,用改良的Ziehl-Neelsen法染色,或做切片镀银染色,观察肠腺细胞内是否有胞内寄生菌存在。或用特异抗体做免疫组化检测。PCR可用于本菌的鉴定。

4.7.6　类症鉴别

应特别注意将本病与猪沙门菌病、猪痢疾等其他肠道传染病进行鉴别诊断。

1. 猪沙门菌病

体温升高到41 ℃以上,腹泻,伴有腹痛,耳根、胸前、腹下等处皮肤发绀,可见败血症病理变化过程,脾肿大,大肠黏膜可见糠麸样坏死。

2. 猪痢疾

体温一般正常,粪便混有多量黏液、血液,呈胶冻样,剖检可见大肠出血性、纤维素、坏死性炎症。

4.7.7　防控

1. 治疗方法

用于治疗的药物有红霉素、青霉素、硫酸黏杆菌素、威里霉素、盐酸万尼菌素、泰妙菌素、泰乐菌素等。各猪场可根据实际发病情况,采用间歇法给药。

2. 预防措施

由于此病是集约化猪场中的常见病,感染后1～4周发病。故本病宜从饲养管理、生物安全及抗生素治疗等多方面入手,采取综合防控措施。加强饲养管理,实行全进全出。有条件的猪场可考虑实行多地饲养、早期隔离断乳(SEW)等现代饲养技术。严格加强灭鼠工作,搞好粪便管理。尤其哺乳期间应尽量减少仔猪接触母猪粪便的机会。减少应激,转栏、换料前给予适当的药物可较好地预防本病。国外已研制出猪增生性肠炎疫苗,据报道能有效控制本病。

4.8　猪传染性萎缩性鼻炎的防控

猪传染性萎缩性鼻炎(AR)是由支气管败血波氏杆菌和产毒多杀性巴氏杆菌引起的以鼻炎、鼻中隔偏曲、鼻甲骨萎缩和病猪生长迟缓为特征的慢性接触性呼吸道传染病。以2～5月龄仔猪最易感。本病分成两种临床类型,即非进行性萎缩性鼻炎和进行性萎缩性鼻炎,前者主要由支气管败血波氏杆菌或与其他因子共同所致(如多杀性巴氏杆菌),后者主要由产毒素多杀性巴氏杆菌引起。本病感染率高,死亡率低,但容易造成其他呼吸道病原的继发感染。

1830 年首先在德国发现本病,此后英国、法国、美国、加拿大、俄罗斯也有发现,日本从美国引进种猪时也发现,本病已遍布养猪发达国家。据报道,全世界猪群有 25％～50％受感染。在美国,本病的血清学阳性率达 54％,已成为重要猪传染病之一。我国于 1964 年在浙江余姚从英国进口"约克夏"种猪时发现本病,20 世纪 70 年代,我国一些省、市从欧美大批引进瘦肉型种猪,由于种猪进口检疫不严,使本病经多渠道传入我国,造成广泛流行。

除细菌感染之外,临床上萎缩性鼻炎的发生还与某些环境和饲养管理因素的作用有关。

4.8.1　病原特性

大量研究证明,支气管败血波氏杆菌(Bb)的Ⅰ相菌和产毒素多杀性巴氏杆菌(T＋Pm)是引起猪传染性萎缩性鼻炎的病原。

Bb 为革兰氏阴性球杆菌,呈两极染色,有周鞭毛,能运动,不形成芽孢。严格需氧,培养基中加入血液可助其生长。在葡萄糖中性红琼脂平板上,菌落中等大小,呈透明烟灰色。肉汤培养物有腐霉味。鲜血琼脂上产生 β 溶血。不发酵糖类,能利用柠檬酸盐和分解尿素。根据毒力、生长特性和抗原性的不同,可将 Bb 分为Ⅰ相菌、Ⅱ相菌和Ⅲ相菌。Ⅰ相菌能形成荚膜,具有不耐热的 K 抗原(荚膜抗原)和强坏死毒素(似内毒素),该毒素与 T＋Pm 所产的皮肤坏死毒素有很强的同源性,高度致病性,则毒力弱。Ⅰ相菌感染新生猪后,在鼻腔里增殖,存留的时间可长达 1 年。在被感染的动物体内,Bb 也大多以Ⅰ相菌存在。Ⅰ相菌由于抗体的作用或在不适当的条件下,可向Ⅲ相菌变异。Ⅲ相菌荚膜和毒力几乎消失。Ⅱ相菌处于过渡型。

引起本病的 T＋Pm 主要是血清 D 型,少数是血清 A 型,该类菌株可产生一种约 145 ku 的巴氏杆菌毒素,属于皮肤坏死毒素,该毒素由 toxA 基因编码,可直接引起猪鼻炎、鼻梁变形、鼻甲骨萎缩甚至消失,全身代谢障碍,生产性能下降,同时可诱发其他病原微生物感染,甚至导致死亡。Bb 和 T＋Pm 对外界环境的抵抗力不强,一般消毒剂均可使其灭活(将其杀死)。

4.8.2　流行特点

各年龄段的猪都可感染本病,但以仔猪的易感性最高。1 周龄的猪感染后可引起原发性肺炎,并可导致全窝仔猪死亡,发病率一般随年龄增长而下降。1 月龄以内的感染,常在数周后发生卡他性鼻炎和咽炎,并引起鼻甲骨萎缩。断乳后感染,一般只产生轻微病理变化,有的只有组织学变化,但也有病例发生严重病理变化。成年猪感染后,大多呈隐性带菌而不发病。品种不同的猪,易感性也有差异,国内土种猪较少发病。

病猪和带菌猪是本病的主要传染源。母猪有病时,最易将本病传染给仔猪。

其他家畜、家禽、猫、鼠、兔、狗、狐及人均可带菌,并能传播本病。传染方式主要是飞沫传播,主要经呼吸道感染。饲养管理不良,猪舍潮湿,饲料中缺乏蛋白质、无机盐和维生素时,可促进本病的发生。

本病在猪群内传播比较缓慢,多为散发性或地方流行性。各种应激因素可使发病率增加。

4.8.3　临床症状

本病的早期临床症状,多见于6~8周龄仔猪,初始病猪表现鼻炎、打喷嚏、流涕和吸气困难。鼻液为浆液、黏液、脓性渗出物,个别猪因强烈喷嚏而发生鼻出血。病猪常因鼻炎刺激黏膜而表现不安,特别是在采食时,常用力摇头,以甩掉鼻腔分泌物。有时鼻端拱地、搔抓或在硬物上摩擦直至出血。发病严重的猪群可见患猪两鼻孔出血不止,形成两条血线,圈栏、地面和墙壁上布满血迹。吸气时鼻孔开张,发出鼾声,严重的张口呼吸。由于鼻炎导致鼻泪管阻塞,泪液外流,在眼内眦下皮肤上形成弯月形的湿润区,被尘土沾污后黏结成黑色痕迹,称为"泪斑"。

继鼻炎后常出现鼻甲骨萎缩,致使鼻梁和面部变形,此为本病的特征性临床症状。如两侧鼻甲骨病理损伤相同时,外观可见鼻短缩,此时因皮肤和皮下组织正常发育,使鼻盘正后部皮肤形成较深的皱褶;若一侧鼻甲骨萎缩严重,则使鼻弯向受侵害的一侧(同侧),形成歪鼻子;鼻甲骨萎缩,额窦不能正常发育,使两眼间宽度变小和头部轮廓变形。病猪体温、精神、食欲及粪便等一般正常,但生长发育迟滞,育肥时间延长,有的成为僵猪。

鼻甲骨萎缩与猪感染时的周龄、是否发生重复感染以及其他应激因素有非常密切的关系。如周龄越小,感染后出现鼻甲骨萎缩的可能性就越大,越严重。一次感染后,若无发生新的重复或混合感染,萎缩的鼻甲骨可以再生。有的鼻炎延及筛骨板,则感染可经此而扩散至大脑,发生脑炎。此外,病猪常有肺炎发生,可能是因鼻甲骨结构和功能遭到损坏,异物或继发性细菌侵入肺部造成,也可能是主要病原(Bb 或 T+Pm)直接引发肺炎的结果。因此,鼻甲骨的萎缩促进肺炎的发生,而肺炎又反过来加重鼻甲骨萎缩。

4.8.4　病理变化

病理变化一般局限于鼻腔和邻近组织,最具特征的病理变化是鼻腔的软骨和鼻甲骨的软化和萎缩,特别是下鼻甲骨的下卷曲最为常见。有的鼻中隔偏曲,鼻腔变成一个鼻道。另外也有萎缩限于筛骨和上鼻甲骨的。严重病例鼻甲骨萎缩严重,甚至完全消失,而只留下小块黏膜皱褶附在鼻腔的外侧壁上。

鼻腔常有大量的黏液脓性甚至干酪性渗出物,随病程长短和继发性感染的性质而异。急性时(早期)渗出物含有脱落的上皮碎屑。慢性时(后期),鼻黏膜一般苍白,轻度水肿;鼻窦黏膜中度充血;有时窦内充满黏液性分泌物。病理变化转移到筛骨时,当除去筛骨前面的骨性障碍后,可见大量积聚的黏液或脓性渗出物。

4.8.5　诊断要点

依据临床特征易作出现场诊断。有条件者,可用 X 射线进行早期诊断。鼻腔镜检查也是一种辅助性诊断方法。

临诊诊断:根据病猪频繁的喷嚏,不断地在周围硬物上擦鼻,从鼻孔流血,流泪,出现泪斑,鼻、面部变形和病猪生长停滞等症状,即可作出初步诊断。

1.病理解剖学诊断

对临床症状不明显的,可通过剖检鼻腔进行诊断,是目前最实用的方法,一般在鼻黏膜、鼻甲骨等处可以发现典型的病理变化。沿头部两侧第一、二对前白齿间的连线锯成横断面,观察鼻甲的形状和变化。正常的鼻甲骨明显地分为上下两个卷曲。上卷曲呈现两个完全的弯转,而下卷曲的弯转则较少,仅有一个或 1/4 弯转,有点像钝的鱼钩,鼻中隔正直。当鼻甲骨萎缩时,卷曲变小而钝直,甚至消失。但应注意,如果横切面锯得太前,因下鼻甲骨卷曲的形状不同,可能导致误诊。也可以沿头部正中线纵锯,再用剪刀把下鼻甲骨的侧连接剪断,取下鼻甲骨,从不同的水平作横断面,依据鼻甲骨变化,进行观察和比较作出诊断。这种方法较为费时,但采集病料时不易污染。

2.微生物学诊断

必要时可进行实验室确诊,目前主要是对 T＋Pm 及 Bb 两种主要致病菌的检查,尤其是对 T＋Pm 的检测是诊断 AR 的关键。鼻腔拭子的细菌培养是常用的方法。先保定好动物,清洗鼻的外部,并用酒精进行鼻腔外消毒,后将带柄的灭菌棉拭子(长约 30 cm)插入鼻腔,轻轻旋转取样,将棉拭子取出,放入无菌的 4 ℃ 的 PBS 中,尽快地进行培养。

T＋Pm 分离培养可用血液、血清琼脂或胰蛋白大豆琼脂。出现可疑菌落,移植培养后,根据菌落形态、荧光性、菌体形态、染色与生化反应进行鉴定。可用豚鼠皮肤坏死试验和小鼠致死试验判定是否为产毒素菌株,也可用组织细胞培养病变试验、单克隆抗体 ELISA,或用 PCR 对毒素基因进行检测。

Bb 分离培养一般用改良麦康凯琼脂(加 1％葡萄糖,pH 7.2)、5％马血琼脂或胰蛋白胨琼脂等。可疑菌落可根据其形态、染色、凝集反应与生化反应进行鉴定,再用抗 K 抗原和抗 O 抗原血清进行凝集试验来确认 Ⅰ 相菌。Bb 有抵抗呋喃妥因(最小抑菌浓度大于 200 g/mL)的特性,用滤纸法(300 g 纸片)观察抑菌圈的有无,可以鉴别本菌与其他革兰阴性球杆菌。取分离培养物 0.5 mL 腹腔接种豚鼠,如为本菌可于 24～48 h 内发生腹膜炎而致死,剖检可见腹膜出血,肝、脾和部分大肠有黏性渗出物,并形成伪膜。用培养物感染 3～5 日龄健康猪,经 1 个月临床观察,再经病理学和病原学检查,结果最为可靠。

3.血清学诊断

猪感染 T＋Pm 和 Bb 后 2～4 周,血清中即出现凝集抗体,至少维持 4 个月,但一般感染仔猪须在 12 周龄后才可检出。有些国家采用试管血清凝集反应诊断本病。

此外,还可用荧光抗体技术和 PCR 技术进行诊断,已经有双重 PCR 可以同时检测 T＋Pm 和 Bb,其灵敏性和特异性比其他方法更高。

4.8.6　类症鉴别

应注意本病与传染性坏死性鼻炎和骨软病的区别。

1.传染性坏死性鼻炎

病原为坏死杆菌,主要发生于外伤后感染,引起软组织及骨组织坏死、腐臭,并形成溃疡或瘘管。

2.软骨病和佝偻病

软骨病表现为头部肿大变形,但无喷嚏和流泪等表现,有骨质疏松变化,鼻甲骨不萎缩。佝偻病虽有鼻部肿大、变形,但无鼻炎、鼻甲骨萎缩等表现。

4.8.7　防控

1.免疫接种

免疫接种是预防本病最有效的方法,通过免疫接种母猪使仔猪获得被动保护,从而有效预防仔猪的早期感染;仔猪在哺乳期免疫接种可预防母源抗体消失后的感染。疫苗现有 3 种:Bb(I 相菌)灭活油剂苗,Bb-T＋Pm 灭活油剂二联苗,Bb-T＋Pm 毒素灭活油剂苗。可于母猪产前 2 个月及 1 个月分别接种,以提高母源抗体滴度,保护初生仔猪几周内不感染。也可给 1～2 周龄仔猪进行免疫,间隔 2 周后进行二免。

通过基因工程方法制备的无毒重组毒素疫苗,其保护效果明显,显示了很好的应用前景。和天然毒素相比,这种重组毒素产量高,不用灭活,更适合生产的需要,这可能是传染性萎缩性鼻炎新型疫苗的发展方向。

在常发地区可用猪萎缩性鼻炎灭活菌苗,于母猪分娩前 40 d 左右注射菌苗 2 次,间隔 2 周,以保护初生后几周内的仔猪不受感染,待仔猪长至 1～2 周龄时,再给仔猪注射菌苗 2 次,间隔 1 周。

2.药物防控

为了控制母仔链传染,应在母猪妊娠最后 1 个月内给予预防性药物。常用磺胺嘧啶(每吨饲料 100 g)和土霉素(每吨饲料 400 g)。仔猪在出生 3 周内,最好选用敏感的抗生素注射或鼻内喷雾,每周 1～2 次,每鼻孔 0.5 mL,直到断乳为止。育成猪也可用磺胺或抗生素预防,连用 4～5 周,育肥猪宰前应停药。

3. 改善饲养管理

采用全进全出饲养模式;适当提高生育母猪群年龄,避免引进大量青年母猪;降低猪群饲养密度,严格执行卫生防疫制度,猪舍应严格消毒,减少空气中的病原体、尘埃与有害气体,改善通风条件;保持猪舍清洁、干燥,注意保暖,减少各种应激。新购入猪,必须隔离检疫。

加强口岸检疫,对存在本病的猪场,实行严格检疫,彻底淘汰,及时消灭疫源。不从病猪场引进种猪。凡运入成年母猪或哺乳母猪,应隔离饲养 2～4 d,在上述期间内不出现鼻炎症状时,可以将母猪合群,相反则应屠宰或隔离育肥。

有明显和可疑临床症状的猪应淘汰。凡曾与病猪及可疑病猪有接触的猪应隔离饲养,观察 3～6 个月;完全没有可疑临床症状者认为健康;如仍有病猪出现则视为不安全,禁止出售种猪和苗猪。良种母猪感染后,临产时消毒产房,分娩后仔猪送健康母猪带乳,培育健康猪群。在检疫、隔离和处理病猪过程中要严格消毒。

发病时应对猪场进行消毒封锁,停止外调,淘汰病猪,更新种猪群。猪场经全部彻底消毒后,再从健康猪群中引进种猪。如不能做到,只有对全群实行药物治疗和预防,连续喂药 5 周以上,以促进康复。

4. 净化与根除

快速检出 T＋Pm,淘汰阳性带菌猪,建立健康猪群是根除净化 AR 的关键。许多国家已启动了 AR 的根除计划。例如,在荷兰如果连续 2 年、每年 3 次未检测到 T＋Pm 的存在,则给猪场颁发无 AR 的净化证书。

5. 治疗

支气管败血波氏杆菌对抗生素和磺胺类药物敏感。具体使用方法:磺胺二甲氧嘧啶 100～450 g,加入 1 吨饲料内拌匀,连喂 4～5 周;为防止产生抗药性,可用磺胺二甲嘧啶、金霉素各 100 g,青霉素 50 g,拌入 1 吨饲料中,连喂 3～4 周;在疫区为减少本病发生,可于仔猪出生后的第 3、6、12 天各注射四环素 1 次,或注射氯霉素和磺胺类药物。鼻腔可用 25％硫酸卡那霉素、0.1％高锰酸钾喷雾。

4.9　猪巴氏杆菌病的防控

猪巴氏杆菌病又称猪肺疫,是由多杀性巴氏杆菌引起的急性流行性或散发性和继发性传染病。特征上分为最急性型、急性型和慢性型。急性型病例以出血性败血症、咽喉肿胀及呼吸极度困难等为典型症状;慢性型病例常表现为慢性肺炎,持续咳嗽,猪群中呈散发性发病。该病广泛分布于世界各地,是猪的一种常见传染病,发病率达40%,死亡率达5%左右,给养猪业造成巨大的经济损失。该病与气候变化、饲养管理不当等应激因素紧密相关。

4.9.1 病原特性

猪巴氏杆菌病病原为猪多杀性巴氏杆菌,属于猪呼吸道内的一种常见条件性致病菌,根据其荚膜抗原可以分为5种血清型,即A型、B型、D型、E型和F型。目前国内猪群中主要流行的是A型和D型,因其能产生毒素,又被称为产毒性多杀性巴氏杆菌。该菌是两端钝圆、中央微凸的短杆菌,革兰氏染色阴性。取病理组织涂片、亚甲蓝染色于显微镜下观察,可以看见两端钝圆的短杆菌,或变形为短长杆菌。本菌存于病猪全身各种组织、体液、分泌物及排泄物里,对物理化学因素抵抗力较弱,普通消毒药物常用浓度对其具有良好的杀灭作用。

4.9.2 流行特点

猪巴氏杆菌的传播机制主要是通过直接接触或环境污染进行水平传播,通常从口腔或鼻腔侵入机体而后在肺病灶定居,活猪肺带菌率变化较大,表现亚临床症状。带菌猪可成为传染源,母猪经呼吸道可将病原传给哺乳仔猪。另外,病猪经分泌物、排泄物等排菌。该病也可通过污染物传播,受污染的饮水、饲料、用具及外界环境,可经消化道而传染给健康猪。也可由咳嗽、喷嚏排出病原,通过飞沫经呼吸道传染。

多杀性巴氏杆菌对多种动物和人均有致病性,其中以猪和牛多发。一般认为猪在发病前已经接触到多杀性巴氏杆菌病源,该病没有明显的季节性,当饲养管理较差,如气候寒冷、舍内潮湿、天气闷热、拥挤、通风不良、阴雨连绵、营养不良、饲料突变、过度疲劳、长途运输等因素,易造成该病流行发生。

4.9.3 临床症状

本病潜伏期为1~5 d,临床上分为最急性、急性和慢性3种类型。最急性型和急性型表现为败血症和胸膜肺炎,慢性型表现为慢性肺炎。

1. 最急性型

最急性型俗称"锁喉风",猪突然发病,迅速死亡。猪往往吃料正常,半天后突然死亡,看不到症状表现。病程稍长者,则表现为体温升高、食欲废绝、全身衰弱、卧地不起、呼吸困难、四肢划动、口鼻流出泡沫,随后病情迅速恶化,很快死亡,往往来不及医治。死亡率达90%以上,未见自然康复病例。

2. 急性型

急性型是本病主要的最常见的病型,除具有败血症的一般症状外,还表现为急性胸膜肺炎,体温升高(40～41 ℃)。初发痉挛性干咳,呼吸困难,鼻流黏液;后变为湿咳,咳时感痛,触诊胸部有剧烈疼痛;随着病情的发展,病猪呼吸困难、犬坐、张口吐舌、可视黏膜蓝紫色,初便秘后腹泻。末期心衰弱、心跳加快,皮肤淤血,下肢、耳部及下腹部有蓝色斑。最后卧地不起,多因呼吸困难而死。病程5～8 d,未死者转为慢性型。

3.慢性型

慢性型表现慢性肺炎和慢性胃肠炎症状。低热、咳嗽、呼吸加快、食欲不振,常见腹泻、营养不良、消瘦,如不及时治疗,多经过2周以上衰竭而死,死亡率60%～70%。

4.9.4　病理变化

猪巴氏杆菌病的病变仅局限在胸腔,典型病变为肺膈叶前部和气管上部出现实质病变,在肺的病变组织和健康组织间存在明显的分界线,肺病变区的颜色从红色到浅灰色到绿色不同,病变颜色取决于疾病的发展程度。严重的病例表现不同程度的胸膜炎,并伴发脓肿,严重病例中,胸膜干燥,呈半透明状,常与胸腔壁发生粘连。

最急性型主要病变为全身黏膜、浆膜和皮下组织大量出血,咽喉部周围结缔组织发生出血性浸润,气管、肺管内充满泡沫和淡黄色液体。

急性型除了全身浆膜和皮下出血,特征性病变为纤维素性肺炎,肺切面呈大理石样变,胸膜常有纤维素性渗出。

慢性型病猪消瘦、贫血,肺发生肝变,并有坏死灶,外面有结缔组织包裹,内含干酪样物质,全身淋巴结肿胀、出血。

4.9.5　诊断要点

最急性型巴氏杆菌病,根据发病急、咽部红肿热痛、呼吸困难、口鼻流出泡沫、病程短、死亡快的特征,可作初步诊断。取血涂片或组织涂片染色镜检,发现两端钝圆小杆菌,可以确诊该病。

急性型巴氏杆菌病,根据呼吸困难、犬坐、可视黏膜蓝紫色、耳后及下肢皮肤有蓝紫色斑块的特征性症状,结合组织涂片发现两端钝圆蓝色杆菌,可以确诊该病。

慢性型巴氏杆菌病,以低热、咳嗽、食欲不振为特征,但是这些症状与其他许多疫病症状相似,在类别诊断过程中要注意与猪传染性胸膜肺炎、猪繁殖与呼吸障碍综合征、猪流感、气喘病、猪瘟等相鉴别。

猪巴氏杆菌病实验室诊断:

涂片检查:在无菌条件下,取病死猪的肺、肝、脾以及淋巴结等病料进行涂片,革兰氏染色后进行镜检。可见形态一致、数量不等的革兰氏阴性球杆菌,大多为单个或成双排列,个别的为 3 个排列的短链。

细菌培养:取带菌病料接种于血琼脂上,37 ℃条件下培养 24 h。在血琼脂上的猪巴氏杆菌则生长良好,长成水滴样小菌落,无溶血现象。

4.9.6　防控

1. 药物治疗

80 万～160 万 IU 青霉素,链霉素 0.5～1.0 g,根据病猪体重选择用药剂量,每千克体重青霉素 2 万～3 万 IU,链霉素 20 mg,将两种药物混合肌内注射,每天注射 2 次,直至病猪体温下降至正常为止。若猪场或当地猪巴氏杆菌病疫情流行率高,易反复,则需要进行药敏试验,以确保选择的治疗药物对巴氏杆菌高敏、高效。

2. 疫苗免疫

根据本病传播的特点,猪群定期进行预防免疫接种,这是预防猪巴氏杆菌病的重要措施。根据猪场及当地疫病流行史,选定接种时间,1 年 2 次,半年免疫 1 次。我国目前使用 2 种菌苗:一是猪肺疫氢氧化铝菌苗,免疫期为 6 个月;二是口服猪肺疫弱毒冻干菌苗,免疫期 6 个月。如能够同时注射抗猪肺疫高免血清,效果更佳。

3. 生产管理

(1)实行全进全出生产模式,禁止混群,对发病猪只要及时隔离,并对病死猪进行无害化处理。

(2)加强消毒,每批次猪群转移后充分消毒并空栏 7 d 以上。

(3)加大空气流通,降低猪舍内氨气含量,改善栏舍空气质量。

(4)由于多杀性巴氏杆菌可寄生于鼠和其他啮齿动物,为病原菌的存在和繁殖提供了条件,所以要加强灭鼠工作,减少猪感染发病的机会。

(5)根据疫病史,可提前在饲料中添加预防性的中药(清热凉血和解毒利咽类的药材)如金银花、黄芩、连翘、麦冬以及山豆根等。

(6)降低猪群的混养和分类次数,混养增加猪巴氏杆菌的传播概率,多次分类易对猪群造成应激。

(7)降低生猪饲养密度,单体重 110 kg 的猪只占面积以 1～1.3 m² 为宜,可以有效降低肺炎发生的概率。

(8)降低圈舍或围栏的面积,尽可能地不进行大栏、大圈饲养,以 8～10 头为一栏为宜。

4. 其他注意事项

要加强饲养管理,消除各种能降低猪体抵抗力的因素。引进生猪时,要注射疫苗并隔离观察 20 d 以上;圈舍要定期消毒。有感染巴氏杆菌危险时,可于猪的饮水中添加阿莫西林或氟苯尼考,有较好的预防作用,但要注意阿莫西林兑水后要在2 h内饮用完。

疫病发生时立即对发病猪进行隔离治疗,并且淘汰没有治疗价值的猪,严格执行生物安全措施,将病死猪进行无害化处理。用常规消毒剂,如1‰的氢氧化钠或2‰的来苏儿对猪舍的墙壁、地面、围栏、饮食用具进行彻底的消毒。

预防该病的最好措施就是接种疫苗,对于猪巴氏杆菌病多发地区,选择当地适合的血清型制备的疫苗进行免疫接种,以确保预防效果。

需加强综合防控,不当的饲养管理是其发生的一个重要因素,故猪场应加强饲养管理,猪舍内要合理通风换气,尽量减少造成抵抗力下降的应激因素,如饲养密度大、过冷、过热等。做好卫生清洁工作,定期消毒,为猪提供一个舒适的环境,增强猪体的抵抗能力。

4.10 副猪嗜血杆菌病的防控

副猪嗜血杆菌病又被称为"革拉泽氏病"。在临床上被认为是由副猪嗜血杆菌引起的机会性传染病。其特征性病症为纤维素性胸(腹)膜炎、关节炎、心包炎、脑膜炎等。

4.10.1 病原

副猪嗜血杆菌属斯德菌科嗜血杆菌属。曾称之为猪嗜血杆菌,在北京、山东、湖南、湖北等多省已广泛分布。该菌通过血清学方法结合琼脂糖凝胶沉淀试验(AGPT)可分为至少15个血清型,以及部分约占15%的菌株无法分型(称为未分型株)。目前,猪场暴发病例经分离培养后发现多为4型及5型(中等毒力)。

副猪嗜血杆菌对外界的抵抗力不强,在60 ℃下5~20 min内即被杀死,4 ℃环境下则可存活7 d左右,同时,对消毒剂抵抗力也不强,常见消毒剂可将其杀死。

4.10.2 流行特点

副猪嗜血杆菌为猪专属病,成年带菌猪,尤其是母猪是该病重要的传染源。易感群体主要为2周龄至4月龄猪,其中5~8周龄断奶前后仔猪及保育阶段仔猪最多发,发病率与死亡率与出生后仔猪母源抗体水平滴度下降呈关联性,一般认为该病发病率为10%~15%,但严重时整窝猪可同时发病,死亡率高达50%。

副猪嗜血杆菌是条件性致病菌,一般认为在健康猪只体内可以分离到此菌,当猪免疫水平下降时,即可暴发此病。临床上多见于外源性诱因或者应激素等导致的猪混合感染。常见诱因如气候的突变、空气粉尘增多、湿冷、长途运输、疲劳、不同日龄的猪群混养、饲养密度过大、饲料突然改变等，而常见的混合感染多出现猪气喘、猪繁殖与呼吸综合征（蓝耳病）、猪伪狂犬病、猪圆环病毒病等疾病。

4.10.3 临床症状

副猪嗜血杆菌病可侵害全年龄段猪，但最为严重的为哺乳猪及保育猪，临床上此病的流行多与猪场环境变化存因果关系，主要表现为关节炎及浆膜炎。

1. 哺乳仔猪

临床上可分急性感染和慢性感染，以慢性病例多见。

急性感染病例表现为精神不振，体温突然升高，出现厌食，迅速消瘦。其后出现呼吸困难、咳嗽等呼吸道症状。全身皮肤发红，眼睑水肿，行走困难，不愿意站立，最后可能出现跛行。

有极小概率出现最急性病例，仔猪发出尖叫声，突然死亡。死亡前可能观察到可视黏膜发绀、关节肿胀、跛行。

慢性病例病程拉长，仔猪全身皮肤苍白，被毛粗乱，出现鼻炎、咳嗽、呼吸困难，后期表现为腹式呼吸，由于呼吸疾病消耗，猪进行性消瘦，生长迟滞。

2. 断奶仔猪

断奶仔猪处于饲料转换期，极易应激，一般病猪发病初期表现为体温迅速升高，可达 40～41 ℃，食欲不振，不愿站立，反应迟钝，抽搐，侧卧呈四肢划水状，后期可能出现后肢瘫痪。眼睑充血浮肿，口鼻可见泡沫，气喘，鼻部、耳背、颌下、四肢末端以及胸部皮肤出现紫癜。

3. 生长猪

慢性病例一般表现为呼吸困难、咳嗽等常规的呼吸道症状，生长变缓慢；急性病例则表现为突然死亡，病程稍长者，出现急性败血症、浆膜炎。

4. 繁殖母猪

一般呈隐性感染，唯一的临床症状是可能导致流产。

5. 后备母猪

一般表现为跛行，僵直关节。

6. 公猪

抵抗性较长，一般呈慢性病例，表现为跛行。

4.10.4 病理变化

副猪嗜血杆菌病在临床上病理是十分明显的，以浆膜炎为特征，出现胸膜、腹膜的纤维素性病变，心包、关节等部位出现严重的胶冻样渗出物。并伴随全身淋巴结肿大及淤血瘀斑。

1.胸膜炎

胸膜出现纤维素性渗出,打开胸膜可发现腔内出现大量淡黄色(积水)或淡红色液体(渗血),并在肺表面及胸膜处发现白色絮状纤维素性浮膜,胸膜与肺、心包发生粘连。

2.腹腔炎

本质与胸膜炎一致,变现为纤维素性炎症,大量腹腔积水及内脏粘连性病理变化。严重时,纤维素性假膜将肠道和腹腔内其他脏器粘成一体。

3.心包炎

心包积水,心外膜表面附着一层灰白色纤维素性衍生物,表面形似绒毛,称为绒毛心。

4.关节炎

主要侵害腕关节、肘关节。表现为关节腔内出现浆液性炎性渗出物(图 4-1),其四周也浸润呈胶冻样。

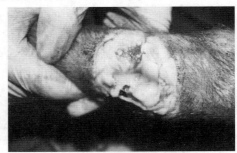

图 4-1　关节腔浆液性渗出物

5.淋巴结肿大

浅表淋巴结肿大,尤其是腹股沟淋巴结肿大。

4.10.5　鉴别诊断

此病临床几乎没有单纯感染病例,多并发或续发。需要查明是否具有其他病原。临床常见的与本病有类似症状及病变的传染病有猪巴氏杆菌感染(肺疫)、猪圆环病毒病、猪蓝耳病、猪瘟、猪链球菌病、猪传染性胸膜肺炎等。

猪巴氏杆菌病一般呈散发;猪圆环病毒病为病毒性感染,表现为多器官衰竭,有积水,抗生素治疗无效;猪蓝耳发病率高,不同阶段猪症状完全不一致,破坏性远大于副猪嗜血杆菌病;猪瘟目前疫苗普及,在临床上多表现为慢性及非典型性病程,仍然为病毒性感染,抗生素治疗无效;常规的猪链球菌病在临床上表现为多发性关节炎,无典型的呼吸道症状;猪传染性胸膜肺炎与副猪嗜血杆菌病在临床较为相似,一般认为猪传染性胸膜肺炎只出现胸膜积水,而无腹膜积水。以此可以区分,以上均为临床初诊,确诊需实验室诊断。

4.10.6　防控

疫苗接种是目前预防副猪嗜血杆菌病最好的方法,目前常见的疫苗为副猪嗜血杆菌多价灭活苗,颈部肌内注射。免疫程序:初次接种疫苗的母猪及后备母猪,产前 7 周进行首免,3 周后进行二免。已接种过的经产母猪,每次产前 4 周注射

1次,全年需接种3次。仔猪2～3周龄肌内注射1次,约2mL。

另外,可采用仔猪三针保健法(美国辉瑞公司提出),在仔猪出生后第3、7、21日龄注射合适的抗生素,猪断奶前抵抗各种细菌性疫病,减少发病概率。抗生素类型的选用一般根据猪场实际情况。可采用中西医结合的方法,比如黄芪多糖加一种常见抗生素的方法进行保健。

对于已发病的猪,需要进行药物治疗。根据临床数据,大部分副猪嗜血杆菌对头孢类药物、氟苯尼考等较为敏感。

注射给药:上午使用清开灵注射液+盐酸林可霉素注射液+强效阿莫西林,混合一侧肌内注射。另一侧肌内注射2%黄多糖,配合地塞米松和复合维生素B注射。下午肌内注射复方磺胺嘧啶,每千克体重0.2mL,连用3d同时配合全群用抗生素药物拌料给药。

4.11 猪传染性胸膜肺炎的防控

猪传染性胸膜肺炎是由胸膜肺炎放线杆菌引起的一种高度接触性呼吸道传染病。急性型呈现高度呼吸困难而急性死亡,耐过或慢性型表现生长缓慢、饲料报酬降低。病理特征是胸膜炎和出血性坏死性肺炎。病原产生的毒素能杀死巨噬细胞和中性粒细胞,从而降低机体抵抗力。本病是影响规模化养猪的主要呼吸道传染病之一。

4.11.1 病原特性

病原体为胸膜肺炎放线菌(原名胸膜肺炎嗜血杆菌,亦称副溶血嗜血杆菌),为小到中等大小的球杆状到杆状,具有显著的多形性。菌体有荚膜,不运动,革兰氏阴性。为兼性厌氧菌,其生长需要血中的生长因子,特别是V因子,但不能在鲜血琼脂培养基上生长,可在葡萄球菌周围形成卫星菌落,因此,初次分离本菌时,一定要在血琼脂培养基上划一条葡萄球菌划线,37℃培养24h后,在葡萄球菌菌落附近的菌落大小为0.5～1mm并呈β溶血。在巧克力琼脂(鲜血琼脂加热80～90℃5～15min而制成)上生长良好,37℃培养24～48h后,长成圆形、隆起、表面光滑、边缘整齐的灰白半透明小菌落。在普通琼脂上不生长。根据细菌荚膜多糖及细菌脂多糖(LPS)进行血清定型,本菌已鉴定的有15个血清型,其中5型又分为2个亚型,不同的血清型对猪的毒力不同。本菌对外界的抵抗力不强,干燥情况下易于死亡,对常用的消毒剂敏感,一般60℃5～20min内死亡,4℃下通常存活7～10d。

猪胸膜肺炎放线杆菌为革兰氏染色阴性的小球杆状菌或纤细的小杆菌,有的呈丝状,并可表现为多形态性和两极着色性。有荚膜,无芽孢,无运动性,有的菌株具有周身性纤细的菌毛。本菌包括两个生物型,生物Ⅰ型为NAD依赖型,生物Ⅱ

型为 NAD 非依赖型。生物Ⅰ型菌株(包括 1～12 型和 15 型)毒力强,危害大。生物Ⅱ型(包括 13 型、14 型)可引起慢性坏死性胸膜肺炎,从猪体内分离到的常为生物Ⅱ型。生物Ⅱ型菌体形态为杆状,比生物Ⅰ型菌株大。根据细菌荚膜多糖和细菌脂多糖对血清的反应,生物Ⅰ型分为 14 个血清型,其中血清 5 型进一步分为 5A 和 5B 两个亚型。但有些血清型有相似的细胞结构或相同的 LPSO 链,这可能是造成有些血清型间出现交叉反应的原因,如血清 8 型与血清 3 型和 6 型,血清 1 型与 9 型间存在有血清学交叉反应。不同血清型间的毒力有明显的差异。我国流行的主要以血清 1 型、3 型、7 型为主,其次为血清 2 型、4 型、5 型、10 型。

本菌对外界抵抗力不强,对常用消毒剂和温度敏感,一般消毒药即可杀灭,在 60 ℃下 5～20 min 内可被杀死,4 ℃下通常存活 7～10 d。不耐干燥,排出到环境中的病原菌生存能力非常弱,而在黏液和有机物中的病原菌可存活数天。对结晶紫、杆菌肽、林肯霉素、壮观霉素有一定抵抗力。对土霉素等四环素族抗生素、青霉素、泰乐菌素、磺胺嘧啶、头孢类等药物较敏感。

4.11.2 流行特点

猪群中该病可以是原发性细菌病,但主要为继发性细菌病,常继发于猪蓝耳病或猪圆环病毒病。病猪和带菌猪是本病的传染源。种公猪和慢性感染猪在传播本病中起重要作用。各年龄猪都易感,6 周龄至 6 月龄猪只多发,3 月龄仔猪最易感。该病主要通过空气飞沫传播,也可通过被病菌污染的车辆、器具以及饲养人员的衣物等间接接触传播,小啮齿动物和鸟也可机械传播本病。

4.11.3 临床症状

1. 最急性型

病猪突然发病,呼吸急促,体温升高至 41～42 ℃,眼睛、耳朵、鼻吻和后躯臀部呈现紫斑,严重者发绀。到发病后期出现严重呼吸困难、咳嗽、喘气等临床表现。部分严重病猪口腔、鼻腔流出泡沫样血性分泌物。发病至死亡时间持续低于 3 h,死亡率高达 80%。

2. 急性型

病猪咳嗽、喘气,呼吸困难,体温升高至 40.5～41 ℃。严重猪只躺卧、腹式呼吸、采食量降低、喜饮水。个别猪鼻吻部、耳尖、四肢及后躯臀部呈现红色发绀症状。病程可达 2 d。发病期间,潜伏期猪群不断出现新的感染病例。

3. 亚急性型和慢性型

病猪轻度发热,体温在 39.5～40 ℃。病猪出现咳嗽、喘气,节奏缓慢。采食量降低,精神不振,生长速度缓慢或停滞。在寒冷或应激下,呼吸道症状加重。病程一般达 7～10 d。严重猪只与病毒、细菌混合感染造成死亡。未死亡病猪最终表现为共济失调、腹式呼吸,类似僵猪症状表现。

4.11.4　病理特征

主要病变存在于肺和呼吸道内,肺呈紫红色,肺炎多是双侧性的,并多在肺的心叶、尖叶和膈叶出现病灶,其与正常组织界线分明。最急性死亡的病猪气管、支气管中充满泡沫状、血性黏液及黏膜渗出物,无纤维素性胸膜炎出现。发病24 h以上的病猪,肺炎区出现纤维素性物质附于表面,肺出血、间质增宽、有肝变。喉头充满血性液体,肺门淋巴结显著肿大。随着病程的发展,纤维素性胸膜炎蔓延至整个肺,使肺和胸膜粘连。常伴发心包炎,肝、脾肿大,色变暗。病程较长的慢性病例,可见硬实肺炎区,病灶硬化或坏死。发病的后期,病猪的鼻、耳、眼及后躯皮肤出现发绀,呈紫斑。

1.最急性型

病死猪剖检可见气管和支气管内充满泡沫状带血的分泌物。肺充血、出血和血管内有纤维素性血栓形成。肺泡与间质水肿。肺的前下部有炎症出现。

2.急性型

急性期死亡的猪可见到明显的剖检病变。喉头充满血样液体,双侧性肺炎,常在心叶、尖叶和膈叶出现病灶,病灶区呈紫红色,坚实,轮廓清晰,肺间质积留血色胶样液体。随着病程的发展,纤维素性胸膜肺炎蔓延至整个肺。

3.亚急性型

肺可能出现大的干酪样病灶或空洞,空洞内可见坏死碎屑。如继发细菌感染,则肺炎病灶转变为脓肿,致使肺与胸膜发生纤维素性粘连。

4.慢性型

肺上可见大小不等的结节(结节常发生于膈叶),结节周围包裹有较厚的结缔组织,结节有的在肺内部,有的突出于肺表面,并在其上有纤维素附着而与胸壁或心包粘连,或与肺之间粘连。心包内可见到出血点。

在发病早期可见肺坏死、出血,中性粒细胞浸润,巨噬细胞和血小板激活,血管内有血栓形成等组织病理学变化。肺大面积水肿并有纤维素性渗出物。急性期后则主要以巨噬细胞浸润、坏死灶周围有大量纤维素性渗出物及纤维素性胸膜炎为特征。

4.11.5　诊断要点

(1)张口喘息呈犬卧姿势,因呼吸困难致全身暗红色。

(2)口、鼻流泡沫样带血分泌物。

(3)肺有不规则的界限清晰的出血性实变区或坏死灶。

(4)胸腔积血色混浊液,胸膜和肺炎灶附着纤维素性物。

4.11.6　类症鉴别

本病应注意与猪肺疫、猪气喘病进行鉴别诊断。猪肺疫:猪传染性胸膜肺炎与猪肺疫的症状和肺部病变都相似,较难区别,但急性猪肺疫常见咽喉部肿胀,皮肤、皮下组织、浆膜及淋巴结有出血点,而猪传染性胸膜肺炎的病变往往局限于肺和胸腔。猪肺疫的病原体为两极着色的巴氏杆菌,而猪传染性胸膜肺炎的病原体为小球杆状的放线杆菌。猪喘气病:症状有相似,但猪气喘病体温不高,病程长,肺部病变对称,呈胰样或肉样病变,病灶周围无结缔组织包裹。

4.11.7　防控

1.治疗方法

虽然报道许多抗生素有效,但由于细菌的耐药性,本病临床治疗效果不明显。实践中选用氟甲砜霉素肌内注射或胸腔注射,连用 3 d 以上;在饲料中拌支原净、多西环素、氟甲砜霉素或北里霉素,连续用药 5～7 d,有较好的疗效。有条件的最好做药敏试验,选择敏感药物进行治疗。抗生素的治疗尽管在临床上取得一定成功,但并不能在猪群中消灭感染。

猪群发病时,应以解除呼吸困难和抗菌为原则进行治疗,并要使用足够剂量的抗生素和保持足够长的疗程。本病早期治疗可收到较好的效果,但应结合药敏试验结果而选择抗菌药物。

2.预防措施

预防本病主要是要搞好猪舍的日常环境卫生。加强检疫,防止将病猪和带菌猪引进猪场。发生本病后,应以补体结合反应等血清学方法对猪群普遍进行检疫,淘汰阳性猪。猪传染性胸膜肺炎灭活菌苗可用来预防本病。鉴于母猪自然感染本病后,其母源抗体可延续 4～12 周,因此,一般在 6 周龄才开始免疫。

为防止猪在免疫前感染本病,接种菌苗前应使用药物预防,即在饲料中混以盐酸多西环素、氟苯尼考各 100 g,拌料 100 kg,连喂 3～5 d。但遇有抗药性菌株时,应更换药物。

灭活菌苗的免疫程序为:仔猪于 6～8 周龄首免,2 周后加强免疫 1 次。种猪 6 月龄或引进前首免,3 周后加强免疫 1 次。每头猪肌内注射 2 mL。屠宰前 21 d 的猪不得进行菌苗接种。

早期治疗疗效较高,用药剂量要适当增大。比较有效的治疗药物有氟苯尼考、青霉素、喹诺酮类药物、增效新诺明、红霉素、庆大霉素、四环素、链霉素等。氟苯尼考肌内注射或静脉注射,剂量为每千克体重每次 10～30 mg,每日 2～4 次。增效新诺明的剂量为每千克体重每次 20～25 mg,1 日 2 次。

4.12　猪葡萄球菌病的防控

猪葡萄球菌病又称猪渗出性皮炎、溢脂性皮炎、猪油皮病等,是一种以急性全身渗出性皮炎为主要特征,具有高度接触性传染的疾病。该病多由金黄色葡萄球菌所致,主要危害哺乳仔猪及刚断奶的仔猪。仔猪一旦感染,可出现全身性皮炎,最终导致脱水和全身衰竭而死亡。

4.12.1　病原特性

1.形态特征

葡萄球菌属于葡萄球菌科葡萄球菌属成员,该菌为革兰氏阳性球菌,无鞭毛、不运动,常因排列成葡萄状而得名。可在血平板和普通营养琼脂等培养基上生长,24 h可形成直径3～4 mm的隆起、湿润、边缘整齐、不溶血的圆形白色菌落。在液体培养物或脓汁中,有些可能排列成短链或双球状。一般不形成荚膜和芽孢,不还原硝酸盐,不产生靛基质,触酶阳性,色素氧化酶阴性。

2.培养特性

该菌为需氧兼性厌氧菌,在普通培养基上生长良好,最适生长温度为37 ℃,最适pH为7.4。在血液琼脂上培养24 h,形成光滑、闪光的圆形菌落,直径1～4 mm,多数致病性菌株能产生β型溶血,具有分解甘露醇的能力,非致病性菌株则无。在固体培养基上菌落呈橙黄色、柠檬色或白色圆形隆起。污染严重的病料,可以选择培养基(如甘露醇盐琼脂等)进行分离培养。

3.抵抗力

葡萄球菌对环境的抵抗力较强。在血液、干燥的脓汁和尘埃中能存活数月;较耐热,70 ℃ 1 h、80 ℃ 0.5 h才能杀死,对低温也有耐受性,反复冷冻30次仍能存活;对化学消毒剂敏感,3%～5%石炭酸、0.1%升汞10～15 s即可杀灭,在70%酒精中几分钟即可杀灭,酚类、次氯酸溶液等消毒药,能很快杀灭,0.3%过氧乙酸也有较好的消毒效果。

4.12.2　流行特点

该病可发生于任何年龄阶段的猪,但以侵害2周龄内的哺乳仔猪为主,其次为断奶仔猪,大猪偶有发生。主要诱因是猪的抵抗力降低,饲养管理混乱,环境条件差及寄生虫感染严重等。猪群一旦感染该病,常常在以后的猪群中连续感染并反复发生。病猪是本病重要传染源,主要传播途径为接触传播。

葡萄球菌广泛分布于自然界中,可存在于空气、污水及土壤中,同时,也是猪体表的常在菌。该病在一年四季均可发生,但多发生于温暖潮湿的夏秋季节。当存在一些诱因的情况下,例如皮肤受伤,抵抗力降低时,病原体经受损部位侵入皮肤而发病。

4.12.3　临床症状

仔猪在患病初期,肛门、眼睛周围、耳廓和腹部等无毛处皮肤上出现红斑,形成3~4 mm 大小的微黄色水疱;之后水疱迅速破裂,渗出清亮浆液或黏污,与皮屑、皮脂和污垢混合,干燥后形成微棕色鳞片状结痂;若痂皮脱落,则露出鲜红色创面。一般在 24~48 h 可蔓延至全身表皮。患病仔猪食欲减退,饮欲增加并迅速消瘦;通常经 30~40 d 可康复,但仍影响发育;严重病例于发病后 4~6 d 死亡,并见病理变化。本病也可在较大仔猪、育成猪或母猪乳房上发生,但病变轻微,无全身症状。

4.12.4　病理特征

1. 直接镜检

局部病变时,采取渗出液、脓汁和病灶组织,出现败血症时采取血液,制成涂片,染色,镜检。根据细菌形态、排列特征和染色特性,可判定葡萄球菌。

2. 分离培养

取上述病料,接种 7.5%氯化钠肉汤培养基和 5%绵羊血液琼脂培养基;污染严重的病料,可同时接种于高盐-甘露醇(7.5% NaCl))或乙基乙醇琼脂培养基。置 37 ℃培养 24 h,挑取金黄色溶血或甘露醇阳性菌落,革兰染色、镜检。常用对葡萄球菌有较强选择性的 Buitrd Parker(B-P)培养基,经 37 ℃培养 24~48 h,形成圆形、凸起、中部黑色、边缘灰白色、围以混浊环、外层有一透明带和直径 1~2 mm 的典型菌落。

3. 鉴定

对分离物的鉴定主要是致病性的鉴定,致病的金黄色葡萄球菌其凝固酶试验和甘露醇发酵试验均呈阳性,而非致病的均为阴性。其次是致病性葡萄球菌菌落具有色素和溶血性,而非致病性葡萄球菌皆无。凝固酶试验常用两种方法,一种为玻片法,即挑取新鲜分离培养物与兔血浆混合,立即观察,若血浆中有明显颗粒出现为凝固酶阳性;另一种为试管法,检查游离凝固酶比较准确,方法是挑取细菌菌落,混悬于 1∶4 稀释的兔血浆 0.5 mL 中,制成混悬液,置 37 ℃培养 24 h,凝固者做动物接种试验,用分离的葡萄球菌培养物经肌肉接种于 40~50 日龄健康鸡大胸肌,经 20 h 可见注射部位出现炎性肿胀,破溃后流出大量渗出液,24 h 开始死亡,症状与病理变化大体与自然病例相似,可作出诊断。

4. 分子生物学检测

随机扩增 DNA 多态性(RAPD)方法,可用于金黄色葡萄球菌的鉴定。

5.血清学检查

在抗菌药物广泛使用后,细菌培养易出现阴性结果,因此,检查葡萄球菌抗体或抗原,可作出早期诊断。

(1)抗体检查主要检查血清中磷壁酸抗体,可用 ELISA 和对流免疫电泳(CIE)。ELISA 1:10 000 以上和 CIE 滴度≥1:4,可判为阳性。

(2)抗原检查取脑脊液和胸腔液,用 CIE 法检查抗原,有利于早期诊断。

4.12.5　诊断要点

一般依据典型临床症状作出初诊,主要依据包括:发病日龄主要集中在 60 日龄内的仔猪,明显的油性、渗出性皮炎,病变部位形成局部的黏性结痂,有特殊腐臭味。进一步地确诊则需要采集病料,借助实验室检测来确定,如发现典型的葡萄球菌体、菌落,则可确定为葡萄球菌感染。

4.12.6　类证鉴别

表 4-1　类证鉴别

	猪大肠杆菌病	猪产气荚膜梭菌病	猪链球菌病	猪葡萄球菌病	猪沙门菌病
病原	致病性大肠埃希菌	产气荚膜梭菌	猪链球菌	金黄色葡萄球菌	沙门菌
临床表现	主要引起仔猪黄痢和白痢。黄痢病猪粪便为黄色稀粪,并伴有胃黏膜出血,肠容物为黄色;白痢病猪粪便呈白色、灰白色或黄色,水样,伴有气泡并有腥臭味,肠黏膜充血、出血,肠内容物为白色或黄色,临床症状为全身性水肿、肠道出血等。	引起猪出血性肠炎,大多表现为红痢。由于肠黏膜发生炎症和坏死,导致病猪的粪便大多呈红色或红褐色,并带有坏死组织碎片等。仔猪在出生 2 天内,出现非出血性腹泻,粪便呈黏糊状或水样,剖检可见小肠松弛,伴有充气。	可引起脑膜炎和链球菌中毒性休克样综合征。猪链球菌一旦侵入上皮组织,经血流到达内脏,即可造成严重的炎症反应。由其引起的炎症包括肺炎、心内膜炎、关节炎等,严重时可造成流产和败血症,甚至猝死。	感染可导致脓血症和仔猪渗出性皮炎。此外还会导致感染性心内膜炎和肺脓肿等。	通常引起猪的局部感染,如坏死性肠炎和肺炎等。

4.12.7 防控

1.治疗方法

该病在发病初期治疗效果较好。可按照每千克体重 15 mg 肌内注射阿莫西林,配合注射 3 mL 复合维生素 B 注射液,每天 2 次,连续使用 3～5 d。

2.预防措施

病原广泛存在于自然环境中,属于条件性致病菌,尽量以控制病原感染为主,主要从以下几个方面着手:加强饲养管理,防止栏位表面过于粗糙而擦伤猪体,避免尖锐物品伤及猪体;控制舍内环境,包括栏位猪只密度、空气温度、湿度及流速;定期消毒,最好全进全出,保持消毒、清洗、干燥和熏蒸,保持环境整洁。部分地区可采用疫苗控制的办法,对母猪注射疫苗,通过提高初乳抗体含量,达到预防、保护新生仔猪的目的。

 思考题

1.简述猪链球菌病、猪丹毒(败血症)、猪沙门菌病(败血症)的鉴别诊断要点。

2.简述仔猪黄痢、仔猪白痢、猪沙门菌病(肠炎型)、猪产气荚膜梭菌病、猪胞内劳森氏菌病的鉴别诊断要点。

3.简述猪传染性萎缩性鼻炎、猪巴氏杆菌病、副猪嗜血杆菌病、猪胸膜肺炎放线杆菌病的鉴别诊断要点。

4.简述猪葡萄球菌病、猪丹毒(疹块型)的鉴别诊断要点。

第5章

猪其他传染性疾病的防控

【本章提要】近年来,生猪行情好,猪的流动性大,使病原体传播广,造成猪的传染病逐渐增多。猪病中,以传染病对养猪生产威胁最大,传染病除猪的病毒性传染病和猪的细菌性传染病还存在一些其他传染病。如属于猪寄生虫传染病的猪弓形虫病和猪球虫病,属于猪螺旋体传染病的猪痢疾与猪钩端螺旋体病,属于猪真菌感染的猪皮肤霉菌病,属于支原体感染的猪附红细胞体病、猪支原体肺炎,属于猪衣原体感染的猪衣原体病等。本章将对以上 8 种传染病进行详细介绍,以期提升养殖场的管理防控水平,减少经济损失。

5.1 猪附红细胞体病的防控

猪附红细胞体病简称附红体病,是以贫血、黄疸和发热为主要特征的一种人畜共患传染病,可导致人、畜生产力下降,动物乳肉产量减少,严重者甚至死亡。

5.1.1 病原特性

本病病原为嗜血支原体,旧称为附红细胞体,属于支原体科支原体属,是一种多形态微生物,随其寄生的宿主及生长阶段不同,其形体差异极为显著,常见的有环形、球形、卵圆形、分枝杆状等。寄生于红细胞表面时,使红细胞变形为齿轮状、星芒状或不规则形(图 5-1)。吉

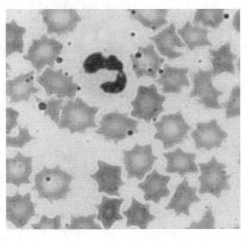

图 5-1　红细胞形态异常,边缘呈齿轮状

姆萨染色时,呈紫红色,瑞氏染色时,呈浅蓝色。

与所有支原体一样,嗜血支原体对干燥和化学消毒剂较敏感,抵抗力较弱,一般消毒剂几分钟即可将其杀死;对低温抵抗力极强,在添加15%甘油的血液中−80℃感染力可保持80 d,于4℃的抗凝血中可存活1个月,不受红细胞溶解的影响;在液氮中可存活数年。

5.1.2　流行特点

各品种、性别、年龄的猪均易感染本病,但以仔猪和母猪多见。病猪和隐性感染猪是主要的传染源。病猪病愈后可长期携带病原,成为传染源。本病可通过接触、血源、交配及媒介昆虫叮咬等多种途径传播,还可垂直传播。

本病一年四季均可发生,但多发于夏、秋或多雨、吸血昆虫活动频繁的季节,呈散发或地方流行。气候恶劣、饲养管理不善等应激因素可诱发或加重疫情。

5.1.3　临床症状

因品种和个体体况不同,临床症状差别较大,但主要以高热、贫血、黄疸为特征。病猪体温升高达40～42℃,精神沉郁,不愿走动,喜卧地,食欲下降或废绝,呼吸急促,皮肤发红(图5-2),心音亢进;两耳肿胀发绀,耳尖变干;鼻镜干燥,可视黏膜苍白或黄染,有轻度结膜炎症状;便秘,粪球被覆有黏膜或黏液,严重时带血;后期尿液呈棕红色。初生仔猪急性发作,表现为高热,可视黏膜苍白,耳尖乃至全身发绀,出生后1 h左右开始死亡,1～3 d整窝死亡。30日龄左右的仔猪发病多呈亚急性经过,可视黏膜苍白,耳尖或全身出现紫色斑,手压不褪色。耐过的仔猪因生长受阻而变为僵猪。成年猪多呈慢性耐过。母猪发生急性附红细胞体病时,厌食,发烧(体重42℃),产后泌乳量少;慢性发作时,母猪表现为受胎率低,不发情,流产,产死胎、弱仔。贫血母猪产出的仔猪往往苍白贫血,有时不足标准体重,易于发病。

图 5-2　皮肤发红

种公猪急性发生时,体温升高到40.5～42℃,精神沉郁,少吃到不吃,黏膜苍白、慢性食欲下降、渐瘦,性欲减弱,精子活力下降。

5.1.4　病理特征

死亡猪剖检可见内脏黏膜、浆膜、皮下脂肪黄染(图5-3),血液稀薄、色淡、不易凝固,胸腔、腹腔及心包积液,淋巴结肿大,肝稍肿大,表面有区域性灰白色坏死灶,脾肿大，胆囊肿大，胆汁黏稠；心肌呈熟肉样，心脏冠状沟脂肪轻度黄染；肺水肿、小叶间隔增宽；肾混浊肿胀呈暗红色，质地脆；胃肠黏膜出现不同程度的炎性病变。

5.1.5 诊断要点

根据流行病学、症状、病变可初诊。确诊必须结合实验室检查，查找病原，分析血液学指标的变化。

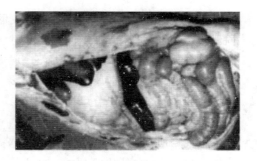

图 5-3 病猪内脏浆膜黄染

（1）血涂片染色镜检 病猪耳静脉采血（不用酒精棉球擦拭，以防红细胞变形），滴到载玻片上，制成血涂片，用瑞氏染色法染色镜检，可看到红细胞呈星芒状或齿轮状，表面有 1～3 个蓝黑色颗粒，多者可有 3～5 个或 10 个，在血浆内也可见到病原，即可确诊。以吉姆萨染色镜检，可见红细胞边缘不整齐，呈菜花状、星状，红细胞表面有许多圆形、椭圆形紫红虫体，轻轻旋动显微镜微调，可见附红体折光性很强。

（2）血清学试验 主要有补体结合试验，荧光抗体试验，间接血凝试验，酶联免疫吸附试验（ELISA）。这些检测方法主要作为定性依据，作为猪是否感染猪附红细胞体的血清学依据，但存在血清学阴性的猪可能是病原携带者的可能，并且其在进行血液接触时可将病原传播给其他猪。

（3）PCR 技术 猪感染后 24 h 就可出现 PCR 阳性，普通 PCR 技术检测嗜血支原体特异性 DNA，具有快速、简便、特异的优点，敏感性高于病原分离技术。用套式 PCR 检测可显著提高其敏感性，在嗜血支原体早期诊断中具有参考价值。

5.1.6 类症鉴别

1.猪肺疫

症状相似处：体温高（41～42 ℃），耳、胸前、腹下、股内侧皮肤紫红，气喘，呼吸困难，呈"犬坐"姿势等。症状不同处：咽喉型咽颈肿胀，口流鼻液；猪肺疫喉部及其周围结缔组织出血性浆液浸润，胸膜有纤维性肺炎，切面呈大理石纹，抗生素药物及时治疗有效。

2.猪气喘病

症状相似处：有传染性气喘，呼吸困难，体温高（40 ℃以上）等。症状不同处：猪气喘病咳嗽呈痉挛性，体表皮肤有少量出血性紫斑。

3.猪弓形体病

症状相似处：体温高（40～42 ℃），食欲减退或废绝，精神委顿，粪初干、后干稀交替,呼吸浅快、困难,耳、下肢、下腹皮肤可见紫红色斑等。症状不同处:猪弓形体病病猪有流水样鼻液,虫体侵害脑部时有癫痫样痉挛,后躯麻痹。剖检可见肺淡红或橙黄膨大,有光泽,表面有出血点,肠系膜淋巴结髓样肿胀,如粗绳索样,切面有粒大出血点,回盲瓣有点状浅表性溃疡,盲肠、结肠可见到散在的小指大和中心凹陷的溃疡,磺胺类药物治疗有效。

4. 猪蓝耳病

症状相似处:初生仔猪类似猪流感症状,母猪有的生死胎或"木乃伊"胎,妊娠母猪百天左右,突然出现厌食,体温高或低,鼻流清涕,鼻端耳尖发凉,喜卧嗜睡。症状不同处:蓝耳病病猪耳尖、耳边缘呈现蓝紫色,个别猪鼻端瘙痒,鼻盘擦地,极度不安,临产母猪多数死亡,或超过预产期,阴门流出褐白色黏稠性分泌物。屡配不孕,孕者个别流产,能产出弱仔猪,但不到 24 h 后死亡。个别仔猪呼吸困难,耳、鼻盘呈蓝紫色,多数死亡。断奶后 50～60 d 的仔猪,也有少数蓝耳现象,两天后消退。

5. 猪传染性胸膜肺炎

症状相似处:体温高(40.2～42.7 ℃),呼吸困难,呈"犬坐"姿势,耳、鼻、四肢皮肤紫蓝色,剖检可见肺泡与间质水肿等。症状不同处:猪传染性胸膜肺炎多发生于 4—5 月份和 9—11 月份,以 6 周至 6 月龄猪多发,从口鼻流出泡沫样血色分泌物。剖检可见胸膜和肺表面有纤维性渗出物附着,抗生素药物及时治疗有效。

5.1.7 防控

由于无法进行嗜血支原体的体外培养,所以至今尚无附红细胞体病的疫苗用于预防,因此对该病的防控一般是将支持疗法和预防性措施相结合。

1. 预防

平时应加强饲养管理,保持猪舍、饲养用具卫生,减少不良应激,提高机体抵抗力。夏秋季节要经常喷洒杀虫药物,防止昆虫叮咬猪群,切断传染源。在实施诸如预防注射、断尾、打耳号、阉割等饲养管理程序时,均应更换器械、严格消毒。购入猪只应进行血液检查,防止引入病猪或隐性感染猪。严格执行各项生物安全措施,实施全进全出饲养模式;适当使用免疫增强剂,进行科学的预防性用药。比如在本病流行季节,可按每千克体重添加土霉素 10 mg,给分娩前母猪肌内注射,可预防母猪发病;按每千克体重 50 mg,给 1 日龄仔猪注射。

2. 治疗

由于本病病原为嗜血支原体,因此在治疗本病时应首选大环内酯类抗生素如红霉素、罗红霉素和阿奇霉素等,支原净及氟喹诺酮类如左氧氟沙星和莫西沙星也有一定的治疗效果。另外,四环素类抗生素对本病的治疗效果较好,而对青霉素、先锋霉素及磺胺类药物不敏感。

可选用土霉素对感染猪进行治疗，经注射途径给药，剂量为每千克体重 20～30 mg；常给猪注射强力毒素每天每千克体重 10 mg，连用 4 d；或使用长效土霉素制剂，对于猪群，可在每吨饲料中添加 800 g 土霉素（按每千克体重加 130 mg/kg 的阿散酸，以使猪皮肤变红），饲喂 4 周，4 周后再喂 1 个疗程；同时采取支持疗法，口服加补液盐的饮水，必要时进行葡萄糖输液，加 NaHCO₃。针对贫血症状，可肌内注射维生素 B₁₂ 或内服硫酸亚铁，以促进机体造血机能的恢复；用维生素 C、维生素 K₃、酚磺乙胺等止血；用大黄等健胃，这些均可促进病猪早日康复。

应特别强调的是，目前国内兽医临床在诊治本病时存在严重误区：由于起初认为其病原是血液原虫，而且基层兽医很难对其进行确诊，因此，长期以来当遇到病情类似的复杂病例常沿袭治疗原虫病的观念，主要应用三氮脒、复方长效土霉素、咪唑苯脲、氯苯胍等药物，这些药物之所以有一定疗效，是因为它们对其他继发感染或混合感染的细菌和原虫有一定的作用，而并非对嗜血支原体有疗效。

5.2　猪弓形虫病的防控

猪弓形虫病是由龚地弓形虫寄生在细胞内引起的一种寄生虫病，以高热、呼吸困难、神经症状和妊娠母猪流产、产死胎、弱胎、畸形胎为临床特征（图 5-4），或成为无症状的病原携带者。

图 5-4　产出发育不全的仔猪或死胎

龚地弓形虫还可感染人和多种温血脊椎动物，曾被认为是"猪无名高热"的病原，呈世界性分布。感染人可引起生殖障碍、脑炎和眼炎。

5.2.1　病原特性

龚地弓形虫隶属于真球虫目，艾美耳亚目，弓形虫科，弓形虫属；只有一个种、一个血清型,有不同的虫株。

1.形态特征

(1)滋养体 又称速殖子(图 5-5),呈弓形、月牙形或香蕉形,一端偏尖,另一端偏钝圆,平均大小为 (4~7) μm×(2~4) μm。在急性病例的腹水、病理渗出物中,可见到游离的(细胞外的)单个滋养体;在有核细胞(单核细胞、内皮细胞、淋巴细胞等)内可见到正在进行双芽增殖的滋养体;有的在宿主细胞的胞浆内可见到"假囊(许多滋养体聚集在一个囊内)"。

1   2   3

图 5-5 弓形虫速殖子

1.游离于体液 2.在分裂中 3.寄生于细胞内

(引自:魏冬霞,张宏伟《动物寄生虫病》第 3 版)

(2)包囊 或称组织囊,呈卵圆形或椭圆形,囊壁有弹性、坚韧,囊中可见数十个至数千个的缓殖子,形态与速殖子相似。包囊的直径为 50~60 μm,可在宿主体内长期存在,体积逐渐增大,直径可达到 100 μm;主要见于慢性病例的脑组织、骨骼肌、心肌和视网膜等处,脑组织中包囊的数量可占包囊总数的 57.8%~86.4%。包囊破裂时,慢殖子逸出后可进入新的细胞内繁殖,形成新的包囊。

(3)卵囊 呈椭圆形或圆形,大小为(11~14) μm×(7~11) μm。见于猫及其他猫科动物等终末宿主的粪便中。新鲜卵囊未孢子化,而已孢子化的卵囊内含有 2 个孢子囊,每个孢子囊内有 4 个新月形的子孢子。子孢子一端尖,一端钝圆,胞浆内有蓝色的核,靠近钝圆的一端。

(4)裂殖子 游离的裂殖子大小为(7~10) μm×(2.5~3.5) μm,一端尖,一端钝圆,核呈卵圆形,常在靠近钝圆的一端,见于终末宿主的上皮细胞内。裂殖子经数代增殖后形成配子体,大配子体形成一个大配子,小配子体形成多个小配子。大小配子结合形成合子,合子最后发育为卵囊。

(5)裂殖体 成熟的裂殖体呈圆形,直径为 12~15 μm,见于终末宿主的上皮细胞内。裂殖体内含有 4~20 个裂殖子。

2.生活史

出生后的动物(终末宿主:猫及猫科动物;中间宿主:猪、人和其他 200 多种动物),经口食入或饮入被粪地弓形虫卵囊污染的饲料或饮水而被感染,或食入含有包囊的肉而被感染。

进入猫及猫科动物体内的卵囊(含有子孢子)或慢殖子,进入肠道,子孢子或慢殖子快速增殖形成滋养体。滋养体在肠道的固有层中增殖,通过裂殖生殖产生大量的裂殖子,部分裂殖子经过数代后,大配子和小配子形成合子,最后形成卵囊,随粪便排出体外,在外界适宜的条件下,经 2～4 d 发育为感染性卵囊;还有一部分滋养体,进入淋巴液、血液循环,可侵入有核细胞,以内出芽或二分法进行增殖,之后繁殖速度减慢。进入有核细胞的滋养体,有的被机体消灭,有的则在脑、骨骼肌等组织中形成包囊,可存活数年,甚至伴随宿主的一生。

由猪、人和其他动物等中间宿主,食入或饮入含有子孢子的卵囊,和通过口腔、鼻腔、咽、呼吸道黏膜、眼结膜和皮肤侵入中间宿主体内的滋养体,均通过淋巴液、血液循环进入动物的有核细胞中繁殖,动物可表现为急性发作、慢性感染或无症状隐性感染者,有的还会形成包囊。

猪弓形虫生活史参见图 5-6。

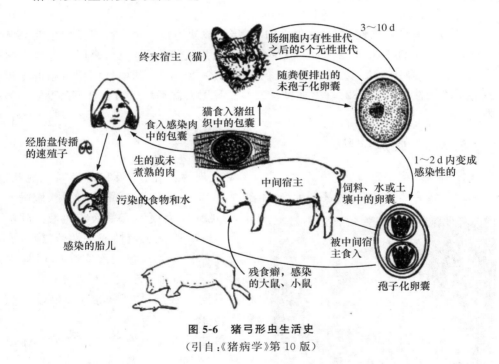

图 5-6　猪弓形虫生活史
(引自:《猪病学》第 10 版)

5.2.2　流行特点

1. 感染来源

卵囊:猫及猫科动物是唯一的终末宿主,是感染后唯一能通过粪便排出卵囊的动物。

包囊:主要见于被感染动物的可食组织中(脑组织、骨骼肌、心肌和视网膜等)。

滋养体：在急性病例的腹水、病理渗出物中。

猫摄入中间宿主体内的包囊是弓形虫最佳的发育途径。

2. 感染途径

可经消化道、呼吸道、损伤的皮肤和黏膜及眼睛感染；经胎盘感染未出生的胎儿。

3. 繁殖力

被感染的猫，每天可排出 1 000 万个卵囊，可持续 10～20 d。

4. 抵抗力

卵囊在常温条件下，可保持 1～1.5 年的感染力，一般的消毒剂无效，在土壤和尘埃中可长期保持感染力。

滋养体和裂殖子抵抗力较差，在生理盐水中，几个小时后即丧失感染力，常用消毒剂均可使其丧失感染力。

5. 流行现状

弓形虫病呈世界性分布，在很多国家，猪肉被认为是人感染弓形虫的主要来源（Dubey，2009；Dubey 等，2005）。我国猪弓形虫病流行十分广泛，全国各地均有报道，发病率可高达 60％以上；2017 年 3 月至 2019 年 10 月，湖南省汨罗市猪群弓形虫病平均阳性率为 15.82％（廖拥民，2020）。我国人群平均血清抗体阳性率为 6％左右。

5.2.3　临床症状

仔猪感染症状较重，常呈急性经过，主要表现为消化、呼吸和神经系统症状。被感染仔猪突然食欲降低，甚至废绝，体温可达 40 ℃以上，呈稽留热；便秘、腹泻不

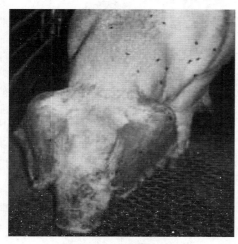

定，有的病例粪便混有黏液或血液。呼吸急促、咳嗽，眼流浆液性或脓性分泌物，有浆液性鼻液。体表淋巴结肿大，耳、唇部和腹下有瘀血斑或较大面积发绀（图5-7）。病程后期出现后肢麻痹等神经症状。病程常为 2～8 d，常突然死亡。

耐过仔猪转为慢性，病程较长，体温下降，食欲减退，消瘦、贫血。后期，病猪后肢麻痹，多数可耐过，成为隐性感染。

妊娠母猪感染表现为流产、产死胎，弱胎和畸形胎。

图 5-7　耳、唇等皮肤发绀

5.2.4 病理特征

1.急性型

多见于仔猪,呈现全身性病理变化,腹腔内有多量渗出液。肠系膜淋巴结呈索状肿胀,切缘外翻。淋巴结、肝、肺和心等器官肿胀,可见多量出血点和坏死灶(图5-8)。淋巴结呈灰白色,切面出血;肝质地硬实,表面有出血点;肺呈暗红色,间质增宽,肺水肿明显,切面流出大量泡沫样液体;肠黏膜充血,肠腔内液体增多,可见坏死灶。脑组织轻度水肿,有出血点。

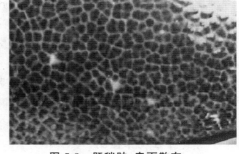

图 5-8　肝稍肿,表面散在
粟粒大、灰白色或黄色坏死点

2.慢性型

呈现内脏器官水肿,可见散在的坏死灶。

3.隐性感染

主要在中枢神经系统内见有包囊,有的病例呈现神经胶质增生性肉芽肿性脑炎。

5.2.5 诊断要点

5.2.5.1 临床诊断

根据发热,便秘或腹泻,呼吸急促等临床症状、腹腔积液,内脏器官肿大、有出血点和坏死灶等病理特征,以及饲养场所有终末宿主猫出现的病史,可对急性病例作出初步诊断,经实验室检查出病原体或特异性抗体即可确诊。

5.2.5.2 实验室检查

采集急性病例的腹水或血液,离心后,用沉淀物涂片,或将病猪的肺、肝、淋巴结等组织涂片,经吉姆萨或瑞氏染色,检查有无滋养体。慢性或隐性感染患畜应采集脑神经组织。

1.病原体分离鉴定

(1)病料处理　无菌采集病猪的脑组织、心、肝、肺、肾、骨骼肌各 2 g,以及 3 mL 腹腔液,分别放入玻璃组织研钵中,加入无菌砂子和 0.8% 的无菌盐水,研磨成组织糜,用 0.8% 的盐水配制成 10%～20% 的组织悬浮液。肺组织和肌肉组织悬浮液加入蛋白酶消化。腹腔液不用处理可直接接种。

(2)接种　选取 27 只健康试验用小白鼠,分为 9 组,每组 3 只。空白对照组

（1组），不作任何处理；生理盐水接种组（1组），每只小鼠腹腔接种生理盐水 1 mL；病料接种组（共7组），每只小鼠分别腹腔接种制备的待检样品 1 mL。

（3）检查与判定　小鼠接种待检样品后，如在2～14 d内发生死亡，则应抽取腹腔渗出液涂片镜检。同时，另采集脑、肝、肺、脾涂片，涂片进行吉姆萨染色后用显微镜镜检。若小鼠未发生死亡，则应在接种后的6～8周对小鼠进行捕杀，并按上述方法取样镜检。若在小鼠腹腔液中查出滋养体或所取的组织样品中查出包囊或慢殖子，则可将待检样品判为阳性。没有查出则判为阴性。

当空白对照组和生理盐水接种组没有查出弓形虫时，可进行结果判定，否则应重检。当所检样品中，有一个为阳性，即说明被检动物已被弓形虫感染，将其判为阳性；当所检样品全部为阴性时，将被检动物判为阴性。

2.特异性抗体检测

（1）酶联免疫吸附试验（ELISA）　该方法是当前诊断弓形虫感染应用较为广泛的免疫学诊断方法之一，具有早期诊断价值。

（2）间接血凝试验　优点是简单、快速、敏感、特异，适合大规模流行病学调查；缺点是对急性感染早期缺乏敏感性。

其他的血清学诊断方法还有染色试验、间接荧光抗体试验、直接凝集试验、补体结合试验、中和试验等。

分子生物学诊断最常用的是通过 PCR 方法扩增特异性基因片段进行，具有灵敏、特异、早期诊断的优点。

5.2.6　类症鉴别

急性猪弓形虫病与急性非洲猪瘟、急性猪瘟、败血型链球菌病、败血型猪副伤寒、败血型猪肺疫等进行鉴别诊断。

5.2.7　防控

1.治疗方法

目前，尚无特效治疗药物。

早期的急性病例使用磺胺类药物有一定疗效，与抗菌增效剂联合应用效果会更好。使用磺胺类药物首次剂量加倍，一般需要连用3～4 d。如果发病后期用药，即使病猪的临床症状消失，虫体也会进入组织内形成包囊，称为隐性感染者。

磺胺类药物：磺胺间甲氧嘧啶（磺胺-6-甲氧嘧啶、制菌磺）、磺胺嘧啶、磺胺对甲氧嘧啶（磺胺-5-甲氧嘧啶、消炎磺）、磺胺氯吡嗪、磺胺二甲嘧啶等。

抗菌增效剂：甲氧苄啶、二甲氧苄啶。

2.预防措施

（1）加强生产场所的环境卫生工作，及时发现猫及其他野生动物出入的可能性。

禁止猫自由出入猪生产有关的场所,防止猫粪污染饲料和饮水,做好灭鼠工作。

（2）使用全价配合饲料饲喂猪群。

（3）对种猪场、重点疫区的猪群进行定期流行病学监测,阳性猪只及时隔离治疗或有计划地淘汰,以消除感染来源。

（4）密切接触猪群或其他家畜的人群以及兽医工作者应注意个人防护,并定期作血清学检测,提高人的自我防护意识,避免感染弓形虫。

（5）强化畜禽屠宰加工中对弓形虫的检验,发现病畜或其胴体和副产品必须予以销毁。肉类要充分加工以杀灭包囊,拒绝生食或半生食肉类。

5.3　猪球虫病的防控

猪球虫病是由艾美耳属和等孢属的一种或多种球虫寄生于猪肠上皮细胞引起的一种寄生虫病,以仔猪食欲减退、下痢、增重减慢、消瘦为主要临床特征。成年猪感染后不表现临床症状,多数成为隐性感染者,即带虫者。

5.3.1　病原特性

1. 形态特征

感染家猪的主要有艾美耳属和等孢属的 8 种球虫:粗糙艾美耳球虫、蠕孢艾美耳球虫、蒂氏艾美耳球虫、猪艾美耳球虫、有刺艾美耳球虫、极细艾美耳球虫、豚艾美耳球虫、猪等孢球虫。其中,以猪等孢球虫的致病力最强,卵囊呈卵圆形或椭圆形或亚球形。

2. 生活史

随着粪便排出体外的卵囊,在适宜的氧气、温度和湿度下,发育为感染性孢子化卵囊,猪只经口食入后释放出子孢子,在肠腔内钻入猪肠上皮细胞,经裂殖生殖后,裂殖子进入肠腔,再侵入其他肠细胞,再经配子生殖,大、小配子结合形成合子,发育成卵囊,卵囊成熟后,宿主细胞发生崩解,进入肠腔,未孢子化的卵囊随粪便排出体外,再进行孢子生殖。

5.3.2　流行特点

1. 易感动物

仔猪出生后即可感染,5～10 日龄的仔猪最为易感发病,感染球虫的种类和感染虫卵的数量直接影响感染后的发病经过和转归;成年猪常发生混合感染,并成为隐性感染者(带虫猪)。

2. 感染来源

卵囊随病猪或带虫猪的粪便排出体外,经孢子化发育为具有感染性的孢子化卵囊。

3.感染途径

仔猪经口食入孢子化卵囊后,发生感染。

4.抵抗力

卵囊能耐受冰冻 26 d,高压蒸汽可杀死卵囊。

5.季节动态

温暖、潮湿的夏秋为高发季节,寒冷的季节少见。在我国南方,一年四季均可发病;在北方 4—9 月份为流行季节,其中以 7—8 月份最为严重。

6.流行现状

2017 年 9 月至 2018 年 8 月,对华北地区(北京、天津、河北、山西、内蒙古)18 个市(区)县 145 个猪场 909 头哺乳仔猪进行等孢球虫检查,发现等孢球虫的猪场阳性率为 62.76%,阳性猪场样品检出率为 56.50%,总样品检出率为 34.43%。

5.3.3　临床症状

发病猪,初期排黄色黏稠粪便,1～2 d 后排水样稀便,有的病例粪便呈白色,有的因含有血液而呈棕色,腹泻可持续 4～8 d。发病过程中,发病猪明显脱水,体重减轻。低温、缺乳可使病情加重。如有继发猪传染性胃肠炎病毒、大肠杆菌和轮状病毒等感染可增加病猪的死亡率,死亡率可达 10%～50%。

仔猪球虫病取良性经过的,逐渐康复;耐过的,生长发育受阻;成年猪一般不表现临床症状,成为隐性感染者(带虫猪)。

5.3.4　病理特征

主要引起空肠和回肠的急性炎症,炎症程度较轻。严重感染病例,其肠黏膜上常覆盖黄色纤维素坏死性假膜,肠上皮细胞坏死、脱落。

组织学检查可见肠绒毛萎缩、变短(约为正常的一半)和脱落,还可见到不同发育阶段的虫体。

5.3.5　诊断要点

5.3.5.1　临床诊断

根据以腹泻为主的临床症状,空肠和回肠黏膜上常覆盖黄色纤维素坏死性假膜的病理特征,以及哺乳仔猪,尤其是 15 日龄以内的仔猪发病的病史,可作出初步诊断,经实验室检查出虫体或虫卵即可确诊。

5.3.5.2 实验室检查

1.虫体检查

通过对空肠、回肠黏膜直接涂片,经瑞氏、吉姆萨等方法进行染色,见到裂殖子(新月形,蓝紫色)、配子体和卵囊即可确诊。

2.卵囊检查

采集新鲜的粪便,经饱和盐水漂浮法,检出大量虫卵即可确诊。

5.3.6 类症鉴别

猪球虫病需要与轮状病毒感染、猪传染性胃肠炎、仔猪黄痢、仔猪白痢、仔猪红痢、蓝氏类圆线虫病等进行鉴别诊断。

5.3.7 防控

1.治疗方法

百球清可有效地降低发病率,还可使用氨丙啉或磺胺类药物进行试治。

参考药物制剂、用法与用量:百球清(成分为妥曲珠利)口服,一次量,每千克体重 20～30 mg。

2.预防措施

做好环境卫生是有效减少仔猪球虫病的最好方法。

加强产房卫生消毒,产前彻底清除粪便,定期对产房进行空舍消毒;保持仔猪饲槽、饮水器及环境的卫生,防止粪便污染,加强饲养人员的防控意识,防止人为带入虫卵污染环境。

5.4 猪痢疾的防控

猪痢疾曾称为猪血痢、黏液出血性腹泻或弧菌性痢疾,是由致病性猪痢疾短螺旋体引起的猪的一种肠道传染病,其特征为黏液性或黏液性出血性腹泻,大肠黏膜发生卡他性出血性炎症,有的发展为纤维性坏死性炎症。目前本病已遍及全世界主要的养猪国家。

Whiting(1921)首次报道本病,1971 年才确定其病原体为猪痢疾短螺旋体。本病于 1978 年由美国进口种猪传入,该病一旦传入,不易根除。该病可导致发病猪死亡,生长缓慢,饲料消耗和药物防治费用增加,给养猪业带来巨大的经济损失。由于采取综合防控措施,本病得到了有效控制,但仍有散在发生。

5.4.1 病原特性

本病的病原体为猪痢疾短螺旋体,曾称为猪痢疾密螺旋体、猪痢疾蛇形螺旋体,主要存在于猪的病变肠段黏膜、肠内容物及粪便中,短螺旋体有 4~6 个弯曲,两端尖锐,呈缓慢旋转的螺丝线状(图 5-9、图 5-10)。在暗视野显微镜下可见到活泼的蛇行运动或以长轴为中心的旋转运动;在透射电子显微镜下,可见细胞壁与外膜之间有 7~9 条轴丝。革兰氏染色呈阴性反应,用苯胺染料或吉姆萨染色时着色良好,组织切片用镀银染色后效果更好。

猪痢疾短螺旋体严格厌氧,对培养基的要求十分严格,分离培养较为困难,一般常选择胰酶大豆琼脂或者含有 5%~10%脱纤血(通常为绵羊血或牛血)的胰酶大豆琼脂培养基进行培养。猪痢疾短螺旋体在结肠、盲肠的致病性不依赖于其他微生物,但肠内固有厌氧微生物可协助本菌定居和导致严重的病理变化。

猪痢疾短螺旋体对外界环境有较强的抵抗力,在 25 ℃粪便内能存活 7 d,5 ℃粪便中能存活 61 d,在土囊中 4 ℃能存活 102 d,−80 ℃能存活 10 年以上。阳光照射、加热可将其杀灭。对消毒剂的抵抗力不强,一般消毒药如过氧乙酸、来苏儿和氢氧化钠溶液均能迅速将其杀死。

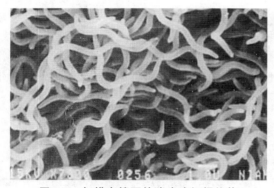

图 5-9 扫描电镜下的猪痢疾短螺旋体

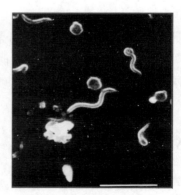

图 5-10 猪痢疾短螺旋体

5.4.2 流行特点

在自然情况下,只有猪发病,各种年龄、品种的猪都可感染,但主要侵害的是 2~3 月龄的仔猪,哺乳仔猪发病较少。小猪的发病率和病死率比大猪高。一般发病率约为 75%,病死率 5%~25%,其中断奶仔猪的发病率可达 90%左右。

病猪及带菌者是主要的传染源,康复猪带菌可长达数月,常通过粪便中排出大量病菌,污染周围环境、饲料、饮水和用具等,主要经消化道传染,犬、鸟、苍蝇和小鼠可成为传播媒介。运输、拥挤、寒冷、过热或环境卫生差等均可诱发本病。

本病的发生无明显季节性,流行经过比较缓慢,持续时间较长,并且可反复发病。在较大猪群流行时,如治疗不及时,常常发病可长达几个月,而且很难根除。康复猪可产生免疫力,很少会再度感染此病。

5.4.3 临床症状

该病具有1~2周的潜伏期,长时能够达到2~3个月。根据病程持续时间的长短不同,通常可分成最急性型、急性型和慢性型3种类型。

1. 最急性型

流行初期,少数病猪没有表现出任何症状就突然发生死亡,大多数病猪会发生剧烈腹泻,食欲完全废绝,早期排出质地较软的灰黄色粪便,接着发生水泻,排出混杂黏液、血块,甚至是混杂脱落黏膜或者纤维素渗出物碎片的粪便,并散发腥臭味,最终肛门明显松弛,精神萎靡,眼球下陷,明显寒战,往往在抽搐后发生死亡,病程一般只能够持续12~24 h。

2. 急性型

急性型是比较常见的类型,初期精神稍差,食欲减少,排出质地较软的粪便,表面附有条状黏液,之后迅速腹泻,粪便黄色柔软或水样。重病例在1~2 d粪便充满血液和黏液,故有血痢之称。在出现腹泻的同时伴有腹痛,体温稍高,维持数天,死前体温降至常温以下。随着病程的发展,精神沉郁,渴欲增加,粪便恶臭带有血液、黏液和坏死上皮组织碎片(图5-11),体重减轻,迅速消瘦,弓腰缩腹,起立无力,极度衰弱,最后死亡,病程一般持续1周左右。

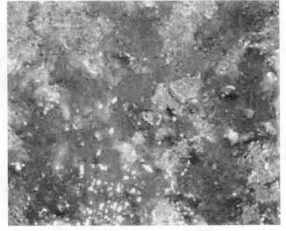

图5-11　粪便中混有血液黏液和坏死上皮组织碎片

3. 慢性型

通常在流行中后期出现,病猪食欲不振或者基本正常,贫血,进行性消瘦,生长迟滞,下痢时排出混杂黑红色黏液及血液的粪便,呈现里急后重,病程较长,一般能够持续1个月以上。不少病例能自然康复,但间隔一定时间,部分病例在康复后出现复发甚至死亡,形成不容易根除的顽固性疾病。

5.4.4　病理特征

剖检病变主要在大肠,可见盲肠、结肠和直肠等黏膜充血、出血,呈渗出性卡他性炎症变化。

1.急性型

病猪表现为大肠黏液性、出血性炎症,大肠壁明显增厚,肠系膜淋巴结肿胀,黏膜高度充血和出血,肠腔内有大量红色的黏液或血液(图5-12)。

2.慢性型

初期结肠有轻微的卡他性病变(图5-13),后期可见大肠黏膜表面纤维蛋白渗出物增加,肠内有大量黏液和坏死组织碎片,黏膜表面上有点状坏死灶和灰黄色伪膜,一般结肠祥顶部病变较其他部分明显,揭开伪膜后露出浅表溃疡灶,肠系膜淋巴结肿大,胃黏膜充血。其他脏器无明显病理变化。

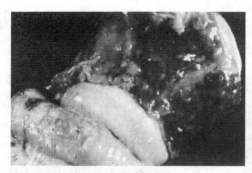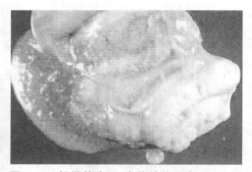

图5-12　结肠部位溃疡性坏死和出血(Gauger)　　图5-13　轻微的腹泻,卡他性结肠炎(Gauger)

5.4.5　诊断要点

根据本病的流行特点、症状和病变,可作出初诊。进一步确诊需要进行细菌学检查(采集粪便病料直接镜检和暗视野检查、细菌分离和鉴定)、血清学诊断(琼脂免疫扩散试验、微量凝集试验和间接荧光抗体法)、PCR检测。

1.显微镜检查

采急性病猪大肠黏膜或粪便抹片染色或暗视野检查,如发现多量猪痢疾短螺旋体(≥3~5条/视野),可定性诊断。但本法对急性后期、慢性、隐性及用药后的病例,检出率低。

2.病原体分离和鉴定

此法是目前诊断本病较为可靠的方法。常以直肠拭子采集大肠黏液或粪便样品,加入适量pH 7.2的PBS溶液,采用酪蛋白胰酶消化大豆琼脂(TSA),可在其内加入5%~10%马血或牛血及壮观霉素400 μg/mL或多黏菌素200 μg/mL,采用直接划线或稀释接种法。放入以钯作催化剂的厌氧容器内,抽去其中空气,灌入一个大气压的 80% H_2 和 20% CO_2 混合气体,置 38～42 ℃ 培养。当培养基上出现无菌落的 β 溶血区时,表示可能有猪痢疾短螺旋体生长,再经继代分离培养,一般经 2～4 代后即可纯化。进一步鉴定可做肠致病性试验。

3.肠致病性试验

结肠结扎试验,选用 10～12 周龄猪 2 头,停食 48 h。每隔 5～10 cm 将肠作一道双重结扎,每一段肠内可注入一种待检菌悬液 5 mL(内含 5 亿个菌体),经 48～72 h 扑杀,检查各肠段反应,如见肠段内渗出液增多,内含黏液、纤维素和血液,肠黏膜肿胀、充血、出血,抹片镜检有多量短螺旋体,则可确定为致病性菌株。也可用 PCR 快速鉴定病原体。

4.血清学诊断

主要有凝集试验、间接荧光抗体技术、琼脂扩散试验和 ELISA 等,比较实用的是凝集试验和 ELISA,主要用于猪群检疫。

5.4.6　类症鉴别

本病应注意与下列几种病进行鉴别。

1.猪沙门菌病(猪副伤寒)

为败血症变化,在实质器官和淋巴结有出血或坏死,小肠内可发现黏膜病理变化,肠道糠麸样溃疡。确诊应根据大肠内有无猪痢疾短螺旋体,或从小肠或其他实质器官中分离出沙门菌来确定。

2.猪增生性肠炎

病理变化主要见于小肠,确诊在于增生性肠炎病理变化特点和肠上皮细胞有胞内劳森菌的存在。

3.结肠炎

由结肠菌毛样短螺旋体引起,临床症状与温和型猪痢疾相似,但剖检病理变化局限于结肠,确诊依靠结肠菌毛样短螺旋体的分离鉴定。

4.猪流行性腹泻

多发于冬季(12 月至次年 2 月),断奶仔猪多发。育成猪病症状轻,腹泻可持续 4～7 d,成年猪反复发生呕吐,厌食。哺乳仔猪发病和死亡率均高。剖检小肠膨胀,充满淡黄色液体,肠壁变薄,小肠绒毛变短,重症者绒毛显著萎缩。

另外,还应注意与猪瘟、猪传染性胃肠炎及其他胃肠出血症的鉴别。

5.4.7　防控

本病至今尚无有效疫苗可以推广应用,因此控制本病应加强饲养管理,采取综合防控措施。

1. 预防

加强饲养管理,及时清扫栏舍,并将粪便堆放到指定的区域进行消毒和发酵处理;定期对猪场过道、门房、饲养工具进行清洗和消毒,消毒液可选用4%氢氧化钠溶液、20%石灰乳、3%来苏儿等;在饮水中定期添加含氯的消毒剂进行处理;带猪喷雾消毒可选用3%来苏儿、0.1%次氯酸钠或0.3%过氧乙酸等;保持圈舍干燥,注意保温和通风,做好防鼠、灭鼠工作。

猪场尽量建立自己的种猪群,实行全进全出制度,防止交叉感染。必须从疫区引进种猪时,要严格隔离检疫1个月。在无本病的地区或猪场,一旦发现本病,最好全群淘汰,对猪场彻底清扫和消毒,并空圈2~3个月,经严格检疫后再引进健康猪,这样重建的猪群可能根除本病。另外还须选用多种药物进行预防。

2. 治疗

常用的抗菌药物有截短侧耳素类的泰妙菌素、沃尼妙林,大环内酯类的泰乐菌素,林可胺类的林可霉素,氟喹诺酮类的环丙沙星、恩诺沙星,其他如杆菌肽、多黏菌素、螺旋霉素、庆大霉素、二甲硝咪唑、痢菌净、喹乙醇等已被广泛应用,常用饮水给药或饲料给药,并配合使用口服补液盐饮水。

5.5　猪钩端螺旋体病的防控

钩端螺旋体病俗称"打谷黄""稻瘟病",是由不同血清型的致病性钩端螺旋体引起的一种人畜共患的自然疫源性传染病。本病在人和动物中广泛流行,动物宿主多,地理分布广,菌型复杂,致病性不同,对人和动物危害性大。临床特征为发热、黄疸、血红蛋白尿、出血性素质、流产、皮肤和黏膜坏死、水肿等。

本病自1886年由Weil于德国首次确定,在世界各地流行,热带、亚热带地区多发。我国于1937年由杨泽光在广东首次发现本病,目前许多省、自治区、直辖市都有本病的发生和流行,并以盛产水稻的中南、西南、华东等地区发病最多。在我国,钩端螺旋体病属于农业农村部规定的二类动物传染病。

5.5.1　病原特性

病原为钩端螺旋体、钩端螺旋体属的成员,属于人畜共患病病原。钩端螺旋体属共有6个种、25个血清群、260个血清型,其中似问号钩端螺旋体对人和动物有致病性。我国至今分离的致病性钩端螺旋体共有19个血清群、161型。引起猪钩端螺旋体病的血清群(型)有波摩那群、致热群、秋季热群、黄疸出血群,其中波摩那群最为常见。

钩端螺旋体(图 5-14)形态呈纤细的圆柱形,身体的中央有一根轴丝,螺旋丝从一端盘旋到另一端(12～18 个螺旋),细密而整齐。暗视野显微镜下观察,呈细小的珠链状,呈 S、C、O 形。革兰氏染色为阴性,但常不易着色,常用的染色方法是吉姆萨染色和镀银染色,镀银染色效果较好。钩端螺旋体难以培养,严格需氧,最好通过在液体培养基中继代培养,常选用柯索夫培养基和 EMJH 培养基,培养效果

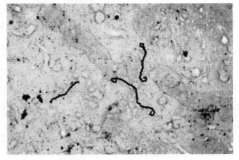

图 5-14　钩端螺旋体

较好。在 EMJH 培养基中,pH 7.2～7.4,28 ℃下生长良好,也可用幼龄豚鼠和金黄地鼠腹腔接种分离。

钩端螺旋体对外界环境有较强的抵抗力,在冷湿及弱碱环境中可长期生存,在河沟及水田等潮湿环境中能存活数日至月余,在低温下能存活较长时间。对干燥、高温、酸、碱和消毒剂较敏感,日光直射 2 h 或 60 ℃经 1 min 或一般常用消毒浓度的消毒剂均能将其杀死。在 0.5%漂白粉水中经 1～3 min 死亡。

5.5.2　流行特点

各种年龄的猪均可感染,但仔猪发病较多,特别是哺乳仔猪和断奶仔猪发病最严重,中、大猪一般病情较轻,母猪不发病。

传染源主要是发病猪和带菌猪。病猪的排菌量大,排菌期也较长。钩端螺旋体主要通过发病猪和带菌猪的尿液排出体外,对环境造成污染。此外,鼠类和蛙类也是主要的传染源,它们是钩端螺旋体的自然宿主,可以终生带菌。吸血昆虫叮咬、人工授精以及交配等均可传播本病。其他动物如犬、牛、马、羊也可作为传染源。

各种带菌动物主要通过尿液排菌,污染水、土壤、植物、食物及用具等,特别是水的污染更为重要。猪主要通过皮肤、黏膜感染,破损皮肤的感染率高,也可经消化道或交配(如鼠类)而感染。

本病常呈散发或地方性流行。一年四季均可发生,但夏、秋多雨季节为流行高峰期。

5.5.3　临床症状

在临诊上,猪钩端螺旋体病可分为急性型、亚急性型和慢性型。急性型、亚急性型和慢性型这几种类型的临床症状可同时出现于一个猪场,但多数不同时存在。

急性感染时病猪表现体温升高,厌食,皮肤干燥有痒感,有时可见病猪用力在墙壁和棚栏上摩擦蹭痒,甚至蹭破皮肤出血;1～2 d 内全身皮肤和黏膜黄染,排浓茶样尿液或血尿;几天或发病数小时突然惊厥而死。病死率较高。

亚急性型和慢性型多发生于断乳前后至 30 kg 以下的小猪,病初体温升高,食欲减退;数日后,眼结膜出现潮红浮肿、黄染(图 5-15),有的上下颌、头部、颈部甚至全身水肿,指压凹陷,俗称"大头瘟";后期尿液变黄、茶尿、血红蛋白尿甚至血尿,粪便干燥有时带血(图 5-16)。病程从数天至数十天不等,病死率高达 50%～90%,恢复的猪往往因生长迟缓成为"僵猪"。妊娠母猪感染钩端螺旋体后可能发生流产,流产率可达 20%～70%。

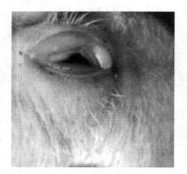

图 5-15　眼结膜黄染

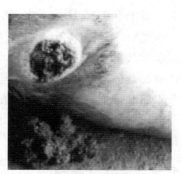

图 5-16　带血粪便

5.5.4　病理变化

急性型表现为全身性黄疸,各器官、组织广泛性出血以及肝细胞、肾小管弥漫性坏死。尸体鼻部、乳房部皮肤发生溃疡、坏死。可视黏膜、皮肤、皮下脂肪、浆膜、肝、肾以及膀胱等组织黄染和出血。胸腔、心包腔积有少量黄色、透明或稍混浊的液体。脾肿大、淤血,偶有出血性梗死。肝肿大,呈土黄色或棕黄色,被膜下可见粟粒大到黄豆大小的坏死灶(图 5-17)。肾肿大、淤血,肾周围脂肪、肾盂和肾实质出血。膀胱黏膜上有散在的出血点。结肠前段的黏膜糜烂,有时可见出血性浸润。肝、肾淋巴结肿大,充血、出血。

亚急性与慢性型身体各部组织水肿,以头颈部、腹壁、胸壁、四肢最明显。肾、肺、肝、心外膜出血,肾皮质与肾盂周围出血明显。浆膜腔内有过量的草黄色液体与纤维蛋白。肝、脾、肾肿大,有时在肝边缘出现 2～5 mm 的棕褐色坏死灶,肾黄染、出血(图 5-18)。

成年猪的慢性钩体病,肾的病变最明显,肾皮质出现大小为 1～3 mm 的散在性灰白色病灶,病灶周围可见明显的红晕,有的病灶稍突出于肾表面,有的则稍凹陷,切面上的病灶多集中于肾皮质,有时蔓延至肾髓质区。病程稍长时,肾固缩硬化,表面凹凸不平或呈结节状,被膜粘连,不易剥离。组织学检查为典型的间质性肾炎。

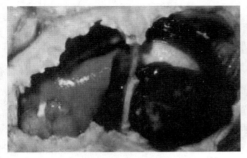

图 5-17 肝坏死

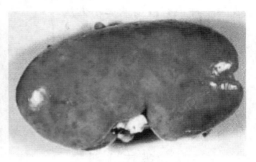

图 5-18 肾黄染、出血

5.5.5 诊断要点

本病单靠临床症状和病理剖检难于确诊,只有结合微生物学和血清学诊断进行综合分析才能确诊。但是,由于国内兽医对本病的研究,特别是诊断方法研究相对较少,还没有商品化的诊断试剂,因此必要时可以借鉴人医方面的诊断技术。目前市场上有检测抗体的 ELISA 试剂盒和间接血凝试验(IHA)试剂盒可供选择。

1. 微生物学检查

在急性病例的高热期,血液及所有的脏器中都有数量不等的菌体存在,当患病动物机体产生一定数量的抗体时,大多数菌体被破坏,只有在抗体难以到达的地方如肾小管中才可以存活下来。因此,体液材料菌体数量常常很少,检出机会不多,要注意浓缩集菌。生前检查早期用血液,中、后期用脊髓液和尿液;死后检查在 1 h 内进行,最迟不得超过 3 h,否则组织中的菌体大多数发生溶解。一般采取肝、肾、脾、脑等组织。病料采集后应立即处理,并进行暗视野直接镜检或用荧光抗体技术检查,病理组织中的菌体应用吉姆萨染色或镀银染色后检查。有条件时可进行分离培养和动物接种。

2. 凝集溶解试验

目前显微凝集试验(MAT)被认为是金标准。钩端螺旋体可与相应的抗体产生凝集溶解反应。抗体浓度高时发生溶菌现象(在暗视野检查时见不到菌体),抗体浓度低时发生凝集现象(菌体凝集成菊花样)。一般先以被检血清做低倍稀释与各个血清群的标准菌株抗原做初筛试验(或称定性试验),查明被检血清是否有抗体存在及其群别。若有反应,再做进一步稀释与已查出的群别各型抗原做定量试验,测定其型别的凝溶效价,以判定属于何种血清型的抗体。反之,用已知抗血清测定从患病动物中分离的菌株属何种血清型,其方法也是一样的。

3. 酶联免疫吸附试验(ELISA)

国内已用此法检查钩端螺旋体病患者抗体,证明本法特异性及敏感性高,具有早期诊断意义。有人曾用本法与显微凝集试验做比较,发现本法检出率较高,因此成为一种很有前途的诊断方法。

4.间接血凝试验

本试验具有属特异性,比凝集溶解试验更敏感,能检出血清中微量抗体,可作为本病的早期诊断法。

5.聚合酶链式反应(PCR)

此法能检出一条到数条钩端螺旋体,远较血清学方法敏感,且在 3 h 内即可获得结果,是检测钩端螺旋体最敏感、特异和快速的检测方法。

5.5.6　类症鉴别

钩端螺旋体病应注意与布鲁菌病、伪狂犬病、细小病毒病及衣原体病等流产性疾病相鉴别;与附红细胞体病、败血症、流行性出血热、急性溶血性黄疸等溶血性疾病相鉴别;与流行性乙型脑炎及结核性脑膜炎等神经症状性疾病相鉴别。

猪的钩端螺旋体病与新生仔猪溶血性贫血鉴别:

两者均表现黄疸、血红蛋白尿症状。不同点是:仔猪溶血病发病快,死亡率高,多发生于仔猪,剖检可见皮下组织黄染,肝肿大,颜色发黄,血液稀薄不易凝固(表5-1)。

表 5-1　钩端螺旋体病与新生仔猪溶血性贫血鉴别

病名	新生仔猪溶血性贫血	猪钩端螺旋体病
相同点	两者均表现黄疸、血红蛋白尿症状	
不同点	仔猪溶血病发病快,死亡率高,多发生于仔猪,剖检可见皮下组织黄染,肝肿大,颜色发黄,血液稀薄不易凝固。	以败血症、全身性黄疸和各器官、组织广泛性出血以及坏死为主要特征。皮肤、皮下组织、浆膜和可视黏膜、肝、肾以及膀胱等组织黄染和不同程度的出血。皮肤干燥和坏死。胸腔及心包内有混浊的黄色积液。脾肿大、淤血,有时可见出血性梗死。肝肿大,呈土黄色或棕色,质脆,胆囊充盈、淤血,被膜下可见出血灶。

5.5.7　防控

平时防控本病的措施应包括 3 个部分,即消除带菌排菌的各种动物(传染源);消除和清理被污染的水源、污水、淤泥、牧地、饲料、场舍、用具等,以防止传染和散播;实行预防接种和加强饲养管理,提高动物的特异性和非特异性抵抗力。

1.免疫接种

免疫接种是控制钩端螺旋体流行的措施,但目前国内只有人和犬用的商品化灭活疫苗。对有条件的养猪场,可用钩端螺旋体病多价菌苗(人用的 5 价或 3 价菌苗均可)进行紧急接种。通常猪免疫接种该疫苗后,可在 2 周以内控制住疫情。一般采用肌内注射,每年接种两次,间隔 7 d,免疫期为 1 年。

2. 环境管理

立即将病猪进行隔离治疗,彻底清扫猪圈垃圾和粪便,并集中焚烧处理;对猪舍及周围环境、饲槽、饮水槽等器具等可用生石灰、1%～2% 氢氧化钠溶液、0.2%～0.3% 过氧乙酸等进行全面消毒。场内应严禁饲养狗和猫等动物,做好防鼠灭鼠工作;对病死猪、流产胎儿及其他排泄物要进行无害化处理。

3. 药物预防

在平时的饲养过程中,可采用添加药物预防本病,如青霉素、多西环素等。

4. 治疗

对患病猪可采取抗菌治疗与对症治疗相结合的综合性治疗方法进行治疗,可选用多西环素、泰乐菌素、土霉素等,同时配合静脉注射葡萄糖溶液、维生素 C、维生素 K 和强心剂等进行对症治疗。

5.6　猪皮肤霉菌病的防控

猪皮肤霉菌病是由多种皮肤霉菌引起的毛发、羽毛、皮肤、指甲、爪、蹄等角质化组织的损害,形成癣斑,表现为脱毛、脱屑、渗出、痂块及痒感等临床特征。猪皮肤霉菌病又称皮肤真菌病、表面真菌病、小孢子菌病等,俗称钱癣、脱毛癣、秃毛癣等。病猪往往不分品种、年龄、性别,也无季节性,但以秋、冬季多见,阴冷潮湿且卫生不良的环境更有利于本病的发生和传播。

5.6.1　病原特性

该病的病原为多种霉菌(皮肤真菌、表面霉菌),在适宜的环境条件综合作用下可引起人和动物感染发病。该病原菌的靶心病灶部位在体表浅表层(含被毛、皮肤、角化组织),可引起皮肤脱毛、炎性渗出、结痂、局部溃烂和痒痛感等。病原为半知菌亚门发癣菌属和小孢霉菌属内的霉菌,发癣菌是主要病原,侵害皮肤、毛发和角质,其孢子沿毛干长轴有规则排列在毛干外缘称毛外型,排列在毛内称毛内型,排列在毛内外称混合型。小孢霉菌侵害皮肤和毛发,不侵害角质,孢子及菌丝体主要分布在毛根和毛干周围,孢子不侵入毛干内,其小分生孢子沿毛发镶嵌成原鞘,而菌丝体可侵入毛内,将毛囊附近的毛干充满。两属皮肤霉菌的孢子抵抗力很强,对一般消毒药剂耐受性强,2%～5% 苛性钠或 3% 的福尔马林、5% 戊二醛可用于猪舍和污染环境的消毒。对一般抗生素和磺胺类药物均不敏感。制霉菌素、两性霉素 B 对该菌有抑制作用。该菌可在沙堡氏培养基上生长,多数为需氧或兼性厌氧,喜温暖潮湿,适宜生长温度为 20～30 ℃;常以出芽产生孢子及菌丝分枝、断裂等方式进行无性繁殖。

5.6.2　流行特点

本病主要经直接传播,病猪为本病的主要传染源,猪较易感,该病一年四季均可发生,多发生于冬春季。多呈现散发性,温暖、潮湿、污秽、阴暗的环境有利于本病的传播,拥挤和卫生状况不良可使感染发生率增加。营养不良、皮肤不洁可诱发本病。

在自然条件下,各种年龄、品种的猪都可感染,无性别差异,仔猪和营养不良、皮毛不洁的成年猪较为易感。皮肤霉菌根据自然居住地不同,可分为以下 3 类。

(1)亲土壤性皮肤霉菌　在土壤中生活,猪接触有传染性的土壤而感染,呈散发性,在猪之间不易相互传染。

(2)亲动物性皮肤霉菌　特异地寄生于猪的皮肤上,能在猪之间、有些能在猪与人之间相互传染。

(3)亲人类性霉菌　主要是人的易感性强,也可在人和猪之间传染,但从人传给猪的很少见。

5.6.3　临床症状

发病猪体表早期出现皮肤潮红、丘疹、水疱和皮屑,继而引起严重的毛囊炎和毛囊周围炎,严重者被毛逐渐脱落,产生炎性渗出液,并与脱落的表皮细胞混合形成痂皮(图 5-19)。由于痒痛感逐渐增强,病猪经常在舍内墙壁和墙柱等处摩擦患部止痒,继而引起皮肤创伤感染及化脓性皮炎,久之可导致皮肤角质化和角质层显

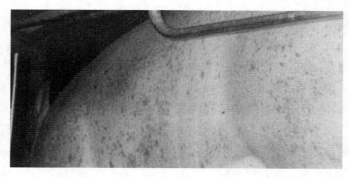

图 5-19　皮肤潮红、丘疹

著增厚3～5倍。该病极少死亡,但是能够导致猪生长发育受阻和饲料报酬降低,个别病猪伴有腹泻,极严重病猪瘦弱而死。

5.6.4　病理特征

该病菌只寄生在猪的皮肤表面,通常不侵入真皮层,主要在表皮角质、皮囊、毛根鞘及其他细胞中繁殖。其代谢产物的外毒素可引起真皮充血和水肿、发炎,使皮肤出现丘疹、水疱和皮屑,有毛区发生脱毛、毛囊炎或毛囊周围炎。有黏性分泌物和脱落的上皮细胞形成痂皮。猪的主要病变在头部的眼眶、口角、颜面部、颈部和肩部,形成手掌大小的癣斑,背部、腹部和四肢也可能受到损害。中等程度瘙痒,很少见有脱毛现象,病初患部中度潮红,皮肤中嵌有小水疱,几天后结痂,在痂块之间产生棕灰色至微黑色连成一片的皮屑性覆盖物,皮肤龟裂变硬,病猪表现出不安、摩擦患部、减食、消瘦和贫血等症状。组织学检查显示,感染过程主要发生在毛囊和毛发之间,菌丝体在毛囊中长到角质生成带。

5.6.5　诊断要点

根据该病的流行特点和临床症状可作出初步诊断,但是确诊需要采取实验室检测。

1.高倍镜检

采集病变部位的皮屑、癣痂、被毛或渗出物少许置于载玻片上,滴加少许10%KOH溶液,盖上盖玻片置高倍油镜下观察,发现分枝状菌丝体及孢子。

2.分离培养

将新鲜采集的病料用70%酒精或2%石炭酸浸渍5～10 min,再用无菌生理盐水冲洗干净并接种于沙堡氏琼脂上,置25 ℃恒温箱培养2～3周,其间观察菌落的生长速度、形态结构及色泽,染色镜检可见真菌菌丝和孢子的形态结构。

3.动物接种试验

常用豚鼠或家兔,将制作好的病料混悬液(提取液)作皮肤擦伤接种,若为阳性反应,7～8 d接种部出现明显的炎症。

综合上述实验室鉴定结果即可确诊。

5.6.6　类症鉴别

该病在临床上的相似症较多,注意与猪螨虫病、疥癣病、湿疹和过敏性皮炎相区别。疥癣为寄生虫病,能找到疥癣虫,病灶为界限不规则的大面积无毛区;有湿性渗出物,剧烈瘙痒,但分离不到病原体;过敏性皮炎为皮肤的变态反应,可追查到过敏原,可以鉴别。

5.6.7 防控

1.治疗

发病部位剪毛,用温肥皂水洗净痂皮,用 10％水杨酸酒精溶液涂擦发病部位,1 次/d,直至病猪痊愈为止,给病猪投服维生素 A。整群投喂敏感抗菌素(制霉菌素、两性霉素 B)控制继发感染,连喂 3～5 d。重症病例治疗前,须揭去干固结痂皮,用 1％双氧水清洁患部,之后直接涂抹抑(杀)菌剂,可供选用的外敷药物包括 10％水杨酸酒精(乳油剂)、10％硫酸铜液、5％碘甘油、1％克霉唑软膏和硫黄软膏等,一般每天清洗保洁、涂抹敏感剂 1 剂,连用 5～7 d 可见效。内服治疗推荐使用制霉菌素、两性霉素 B 或灰黄霉素,1～2 剂/d,连用 3～7 d。注射治疗可选用制霉菌素肌内注射,1 剂/d,连用 3 d。一般情况下,轻症病例一个疗程可痊愈,重症病例酌情增加一个疗程。病猪痊愈后,还要对猪舍进行全面的清洗消毒。

2.预防措施

由于皮肤霉菌病是由真菌引起的,所以最佳的预防措施就是做好猪舍卫生。下面的 3 点必须做到。

(1)加强饲养管理,必须做好猪舍卫生消毒工作,对原病猪舍、病厩用 2％热氢氧化钠或 0.5％过氧乙酸消毒。

(2)保持适宜密度,猪舍要保持干燥、通风良好。

(3)发现疑似病猪,立即进行全群检查,隔离病猪,防止传染。

5.7 猪支原体肺炎的防控

猪支原体肺炎(MPS)又称猪气喘病、猪地方流行性肺炎,是一种慢性接触性呼吸道疾病,在世界范围内流行,我国 99％以上猪场都能检测到猪肺炎支原体,给我国养猪业造成了严重的经济损失。

5.7.1 病原特性

猪肺炎支原体(Mhp)(图 5-20)是引起猪支原体肺炎的主要病原体,属于柔膜体纲(Mollicutes)、支原体目(Mycoplasmatales)、支原体属(*Mycoplasma*),能体外进行自我复制,大多呈球状颗粒,大小约为 0.4 μm,介于病毒与细菌之间。它的细胞结构比较简单,由细胞膜、细胞核和核糖体组成,无细胞壁,细胞膜上含有 1/3 的脂类及 2/3 的蛋白质,电镜下可观察到暗-亮-暗的 3 层结构。Mhp 基因组(图 5-21)较小,仅有 580～1 350 kb,其中 G 和 C 含量较低(30％左右),将 Mhp 全基因组对比分析,发现部分区域跟 Mhp 的致病性有关。有研究表明 Mhp 菌株 232 和

7448 中存在可移动的 DNA 因子 ICE,ICE 是接合因子,与基因重组和致病性有密切关系。刘茂军等证明了不同世代的 Mhp 菌株毒力存在差异,但具有相同的 R1 和 R2 区域,Mhp 的毒力与 R1 和 R2 区域重复单元的数量无必然的关系。Mhp 菌体形态多样,通过涂片或瑞式染色,可镜检观察到具有球状、丝状、点状、环状和杆状等多种形态。现阶段,除泰妙菌素外,大部分药物抗生素对支原体无抑制生长作用,常通过紫外线、阳光直射等物理方法使其迅速失活。有研究表明,Mhp 在 4 ℃ 条件下可存活 30 d,在 −20 ℃ 温度下可维持 1 年,在超低温条件下维持时间可达 10 年以上。

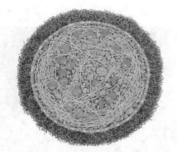

图 5-20　Mhp 结构图

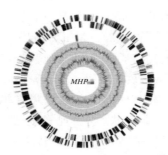

图 5-21　Mhp 毒株全基因组

5.7.2　流行特点

MPS 没有明显的季节性,多发于冬季和春季,不同品种、不同阶段的猪只均能感染,但感染症状有所差异。育肥阶段猪发病率较低,成年猪多表现出慢性、低死亡率的特点;我国地方种猪如姜曲海猪、沙乌头猪、二花猪及梅山猪等易感性也较高,野猪也能感染,但感染后无临床症状。Mhp 主要感染猪的呼吸道及肺部组织,表现出咳嗽、气喘、腹式呼吸等流行症状;通过鼻对鼻接触传播,或者接触感染猪的呼吸道分泌物进行传播。有研究表明,Mhp 也可以通过气溶胶传播,且传播距离可以达到 9.2 km。目前,在猪场生产中主要通过生物安全防控、免疫疫苗和抗生素保健等方式降低该病的发病率和死亡率。

5.7.3　临床症状

MPS 潜伏期 11～16 d,短者 3～5 d,长的可延续到 1 个月以上。病猪的肺出现不同程度的实质病灶和气肿,肺心叶、尖叶存在典型的对称虾肉样或虾肉样实变。根据临床表现不同,可以分为急性型、慢性型和隐性型,该病的主要临床症状为咳嗽、气喘、精神沉郁、生长发育慢和饲料转化率低等。

急性型主要发生在母猪妊娠阶段,部分断奶仔猪也会表现急性感染。猪只感染后体温升高、采食量下降、躺卧不起。病猪出现明显的腹式呼吸,呼吸频率加快,声音嘶哑并伴有痉挛性咳嗽(图 5-22)。该病的发生率和死亡率与气候和外部环境有密切的关系,寒冷的春冬季节,温度的突然改变会加重本病的临床症状。猪场的环境卫生和生物防控措施也会影响该病,外部环境良好的猪场,病猪抵抗力较强,病程较短,症状较轻,死亡率较低;饲养条件不良的猪场会降低猪群的免疫力,常出现继发或混合感染副猪、巴氏杆菌、链球菌和传染性胸膜肺炎等多种疾病,导致死亡率较高。

慢性型也表现出咳嗽,但症状较轻,感染猪只卧地不起,精神沉郁,采食量无明显变化,但在冷空气刺激下会出现咳嗽加剧,呼吸困难,严重时出现痉挛性咳嗽、腹式呼吸(图 5-22)。Mhp 引起的炎症反应容易激发巴氏杆菌等其他病原微生物的继发感染,最终导致急性支原体肺炎。

隐性型一般由急性或慢性型转变而来,无明显症状,或表现轻度咳嗽。隐性感染猪只是 Mhp 的重要传染源,呼吸道分泌物中含有大量病原。因此该病一旦发生,必须做好生物防控措施,避免复发感染。

图 5-22　痉挛性咳嗽、腹式呼吸

5.7.4　病理特征

1. 剖检病变

猪支原体肺炎的主要病变在肺、肺淋巴结、肺门淋巴结和纵隔淋巴结。支原体肺炎急性病例的病变包括肺尖叶或肺弥漫性实变、肺塌陷及明显的肺水肿。最为常见的慢性支原体肺炎病变包括在肺尖叶可见有紫红色至灰白色的呈橡皮样的实变结节。病变首先发生在肺心叶,粟粒大至绿豆大,然后逐渐扩展到尖叶、中间叶及隔叶前下缘,形成融合性支气管肺炎,两侧病变大致对称,病变部肿大,淡红色或灰红色半透明状,界限明显,像鲜嫩的肌肉样病变,俗称"肉变"。随着病程延长或病情加重,病变部的颜色变深,呈紫红、灰红或灰白色,半透明状态程度减轻,坚韧度增加,质地变得坚硬,肺部的病变区和健康区通常具有明显的分界,俗称"胰变"或"虾肉样变"(图 5-23)。肺门和纵隔淋巴结均显著肿大,呈灰白色,切面外翻湿润,有时边缘轻度充血,淋巴组织显著增生。无并发症的感染,病变范围仅累及小部分的肺,而且从肺切面上看,肺实质颜色相对均一,同时气管内可见有卡他性渗出液。若为继发细菌感染,则常见胸膜炎和心包炎,肺严重肝样变化和充血,以及有坏死性支气管炎(图 5-24)。慢性恢复期的病变为肺尖叶小叶间白色致密结缔组织增厚,气管及支气管淋巴结通常表现为坚实、湿润及体积变大。

图 5-23 猪支原体肺炎肺心叶、
间叶对称性"肉变"

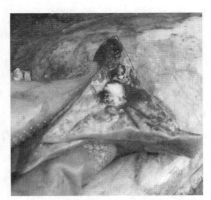

图 5-24 继发巴氏杆菌感染

2.组织病理变化

在显微镜下可见,病变以亚急性至慢性肺炎为特征。淋巴细胞和少数巨噬细胞在细支气管及小血管周围形成"套袖"结构,且邻近的血管和淋巴细胞导致支气管固有层及黏膜下层扩张。支气管上皮细胞和一些散在的肺泡上皮细胞可能发生增生。肺泡腔和支气管管腔内含有大量浆液性液体及混杂有巨噬细胞及少量中性粒细胞、淋巴细胞和浆细胞的液体,有的泡腔几乎被渗出的细胞所填满。在较多的慢性型病变中,淋巴细胞形成的"套袖"结构更加明显,且可形成淋巴小结。支气管杯状细胞数量增多,黏膜下腺异常增生。肺泡腔和支气管腔内的渗出物较多,主要是中性粒细胞,同时可能包含继发感染菌的聚集物。在病变的恢复期,支气管周围可见肺泡塌陷或肺气肿、淋巴小结以及纤维化结构(图 5-25)。

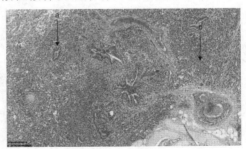

图 5-25 猪支原体肺炎病理切片(HE 染色)
肺支气管和血管周围有大量淋巴
细胞浸润,形成"套袖"结构

5.7.5 诊断要点

根据流行病学、临床症状和病理变化特征可作出初步诊断,必要时可通过实验室检测来确诊。实验室检测诊断方法主要有病原学、影像学、分子生物学、血清学诊断等。

1.病原学诊断

病原学诊断主要是通过将猪肺炎支原体经过分离培养和染色镜检用于本病的诊断。染色镜检通常采用复红染色法,其优点是配方比较简单,染色后菌落的形态清晰可见。然而,支原体的培养非常困难,其生长到测定水平需要 4～8 周,因而培养分离支原体通常不用于常规诊断。

2.影像学诊断

影像学诊断常用方法主要是 X 线检测。X 线检测对本病的诊断有重要价值,尤其是对早期病猪、隐性感染和可疑感染猪的临床诊断。检查时,猪只以直立背胸位为主,侧位或斜位为辅。病猪肺野的内侧区和心隔角区呈现不规则的云絮状渗出阴影。

3.分子生物学诊断

分子生物学诊断方法主要有普通 PCR、实时荧光定量 PCR、套式 PCR、LAMP 核酸检测、RAA 核酸检测和核酸探针技术,最常用的是聚合酶链式反应即 PCR 技术。本方法具有较高的特异性和敏感性,能够从病猪的体内监测到微量的猪肺炎支原体。2018 年 2 月 6 日国家质量监督检验检疫总局和中国国家标准化管理委员会发布了《猪肺炎支原体 PCR 检测方法》(GB/T 35909—2018)。

4.血清学诊断

血清学诊断常用的方法有补体结合试验、间接血凝试验以及酶联免疫吸附试验等,这些方法在临床诊断过程中均有较高的特异性。其中酶联免疫吸附试验是目前猪场最常用的检测方法,目前市场上有商品化的检测试剂盒销售,方便猪场使用。

5.7.6　类症鉴别

几种猪病类症鉴别见表 5-2。

表 5-2　常见类症鉴别

病原	典型临床症状	肺部病理特征
猪肺炎支原体	1.潜伏期:仔猪 2～3 周龄开始带菌,母猪感染仔猪,育肥阶段发病,发病慢,死亡率低 2.体温:一般体温正常 3.咳喘:早晚及运动时干咳、似拉风样腹式呼吸 4.慢性消瘦	肺部对称性虾肉样变,先从尖叶开始,正常区与病变区界限明显
猪胸膜肺炎放线杆菌	1.急性亚急性发病急、死亡率高,常见口鼻流血或鼻腔流出黏液 2.体温:升高至 40 ℃以上 3.慢性病表现为湿咳和喘气、渐进性消瘦	肺部呈大叶性肺炎、肺出血,慢性病例胸腔积液或粘连

续表 5-2

病原	典型临床症状	肺部病理特征
猪多杀性巴氏杆菌	1. 发病急、高热,并发肺水肿时呈犬坐姿势、张口呼吸 2. 颈部肿大,解剖有水肿液流出 3. 鼻腔常流出铁锈色分泌物	肺部出现纤维素性大叶性肺炎、肺水肿、肺小叶间质增宽,气管支气管充满分泌物,心冠状沟有黄色果冻样水肿液
猪蓝耳病引起的呼吸综合征	1. 高毒力蓝耳病皮肤发绀、前期干咳、发热扎堆 2. 低毒力蓝耳病仔猪呈现衰竭综合征 3. 保育猪副猪嗜血杆菌、链球菌病表现明显 4. 育肥猪顽固性咳喘、眼结膜炎	肺部病变为肺泡间质性肺炎,病变均一,呈花斑样,不塌陷,正常区与病变区界限不太明显

5.7.7　猪支原体肺炎防控措施

1. 优化饲养管理流程和改善畜舍条件

优化饲养管理流程和改善畜舍条件是防控猪支原体肺炎的基本要求,通过提高管理水平和改善环境条件,降低猪肺炎支原体的传播和感染以及其他因素或病原体造成的肺损伤,可显著提高猪支原体肺炎的防控效果。

全进全出和批次化生产结合的生产方式是防控猪支原体肺炎的最重要的措施,猪场根据规模大小、栏舍条件、管理水平实行一周批、三周批或四周批等,同一批次的猪进入同一栋猪舍,所有猪只转出后将栏舍彻底地清洗消毒并空栏一段时间后再转入下一批猪,这样的生产方式可以有效阻断病原体从大日龄猪扩散到小日龄猪,各个群体是一个免疫水平均匀的群体,可减少疾病的传播和发生。

早期断奶(3 周龄内)可以减少猪肺炎支原体从母猪传播给仔猪。因一胎母猪的免疫水平较低,其及其后代更容易感染猪肺炎支原体,所以分胎次饲养,如一些大型养殖公司的后备母猪生产线/一胎母猪生产线,在母猪进入第二胎前,一胎母猪及其后代都要与多胎次母猪及其后代分开饲养,如此可有效防控包括猪支原体肺炎在内的很多疾病。

此外,做好猪场生物安全措施、猪场的引种和隔离驯化、合适的群体大小和饲养密度、改善栏舍的环境(包括温度、空气质量、湿度等)可以有效地防控猪支原体肺炎的发生。

2. 免疫接种

疫苗免疫是有效防控猪支原体肺炎的最佳手段,在许多国家,猪肺炎支原体疫苗的接种率超过 70%。疫苗免疫可有效地减少临床症状,减少肺部损伤,降低猪肺炎支原体的感染,提高猪的生产性能,包括提高日增重、降低料肉比和缩短肥猪出栏天数,减少猪场的生产损失,大量研究也证实使用支原体疫苗接种可带来良好的经济效益。因目前还没有发现准确的引起免疫应答的抗原表位,对肺炎支原体的完全保护力需要细胞免疫和体液免疫,所以高效的有佐剂的全细胞苗是最好的。

3. 治疗方案

使用抗生素之前,需要通过一系列诊断分析确定猪群的发病是否与猪肺炎支原体有关,原发还是继发,是否有继发其他的疾病如链球菌、副猪嗜血杆菌病或胸膜肺炎,以此确定我们是否需要联合用药,以及做一些必要的流行病学分析,包括可能什么阶段感染的。是否因为母猪感染后传播给仔猪。如果是,我们则需要同时在母猪上使用抗生素以减少排菌传播给仔猪,以及在仔猪断奶早期使用抗生素。使用抗生素的前提是生产管理和畜舍条件的改善。

四环素类、大环内酯类和双萜烯类(支原净)是控制和治疗猪支原体肺炎的最常用的药物。临床上可以进行策略性地使用抗生素对猪支原体肺炎进行预防和控制,在临床症状出现前至少1周开始使用抗生素,并连续使用1～3周,可有效减轻临床症状的严重程度以及感染压力。如果猪场感染压力大,停药后疾病的症状可能再次出现。

5.8 猪衣原体病的防控

猪衣原体病是一种由衣原体引起的传染病。临床上以流产及引发肺炎、肠炎、结膜炎、多发性关节炎、睾丸炎和附睾炎、脑炎和脑脊髓炎等为特征。

5.8.1 病原特性

衣原体是一类具有滤过性、严格细胞内寄生,介于细菌和病毒之间的微生物,呈球状或椭圆形,大小为 $0.2～1.5\ \mu m$,革兰氏染色呈现阴性。衣原体核酸有 DNA 和 RNA 两种。衣原体作为专性细胞内寄生生物,是因为衣原体结构含有一定代谢活动的酶系统,但不能合成带高能键的化合物,其代谢过程中必须利用宿主细胞的三磷酸盐和中间代谢产物作为能量来源。因此,衣原体只能依赖于宿主细胞进行代谢,可在部分单层细胞、鸡胚及兔和小鼠等试验动物中生长繁殖。

衣原体在宿主细胞内生长繁殖时,个体形态分为小、大两种。其中大的称为始体,形态较大,呈现椭圆形或圆形,直径为 $0.7～1.5\ \mu m$,不感染细胞,在宿主细胞内以二分裂方式进行繁殖形成子代原体,而成熟的子代原体从感染细胞中释放,再感染新的细胞,开始新的发育周期。吉姆萨染色呈紫色,马基维洛染色呈红色。小的称为原体,直径为 $0.2～0.4\ \mu m$,呈椭圆形、球形或梨形,与细菌芽孢类似,可存活于外环境,具有较强的抵抗力,对动物和人都具有高度传染性,但无繁殖能力。

较重要的衣原体有 4 种,即鹦鹉热衣原体、沙眼衣原体、肺炎衣原体和牛羊衣原体。其中,鹦鹉热衣原体在兽医临床上有非常重要的意义,可引起多种动物机体发病,如畜禽肺炎、关节炎、动物流产等。肺炎支原体是比较重要的呼吸道病原体之一,其主要是引起人的非典型性肺炎。牛羊衣原体能引起动物牛和绵羊的脑脊髓炎、多发性关节炎和腹泻。沙眼衣原体主要寄生于人类眼部,引起沙眼和性病淋巴肉芽肿,而且无动物储存宿主。

衣原体具有较强的外界抵抗能力,在干燥粪便中能够生存几个月。同时衣原体对温度的抵抗力较强,在 100 ℃ 15 s、70 ℃ 5 min、56 ℃ 25 min、37 ℃ 7 d、室温下 10 d 可以失活。紫外线对衣原体有非常强的灭杀作用,75% 酒精、2% 的苛性钠、0.1% 的福尔马林、1% 盐酸都可用于衣原体消毒,短时间内即可将其杀死。衣原体对多西环素、四环素、红霉素、泰乐菌素等非常敏感,但对链霉素、庆大霉素、新霉素、卡那霉素等氨基糖苷类抗生素不敏感。

5.8.2　流行特点

任何生长阶段和品种的猪都能感染患病,但以幼龄仔猪和妊娠母猪最容易感染。病猪和隐性带菌猪及其代谢产物是该病的主要传染源。几乎所有的鸟粪中都可能存在衣原体,而且携带病原的反刍动物(如牛和绵羊)、啮齿动物也可能导致猪感染发病。

本病感染途径较多,可通过尿液、粪便、流产胎儿、乳汁、胎衣、羊水排出等污染饲料和水源,并通过消化道造成感染;也可经过污染病原的尘埃和飞沫通过呼吸系统感染,还可通过病猪与健康猪交配,或使用患病公猪精液,通过人工授精导致生殖道感染,造成垂直传播。另外,节肢动物蜱、蝇等是该病的传播媒介。该病的发生没有明显的季节性,一年四季都可发病,但往往呈现出地方性流行。运输过程当中,可因引入未检疫病猪后导致暴发本病,康复猪可长期携带病原体。饲养密度过高、通风效果不好、营养状况不良、饲养卫生条件差等应激因素可诱发该病。

5.8.3　临床症状

猪衣原体病的潜伏期有长有短,一般情况下,短则只有几天,长则可达数周甚至数月。多数猪感染后不出现明显的临床症状,呈现隐性经过。怀孕母猪感染后出现繁殖障碍疾病,可引起不孕症、流产、死胎、胎衣不下及产下弱仔或木乃伊胎。初产母猪发病率很高,可达 40%～90%,早产一般发生在临产前几周。妊娠中期的母猪也可发生流产。母猪生产前一般无任何表现,自身条件相对较好,体温、采食以及行走都非常正常,但是产出的仔猪出现部分或全部死亡现象,活仔表现出体弱、拱奶无力,多数在出生后数小时,或 1～2 d 死亡。

公猪相对而言具有一定的抵抗力,感染衣原体后表现精神不振,采食减少,排尿和排粪稀少,且精液量较少,同时可出现睾丸炎、附睾炎、龟头炎、龟头包皮炎、尿道炎等生殖道疾病,有时还伴有慢性肺炎等症状。

断奶仔猪感染后可出现肠炎、多发性关节炎、结膜炎等症状。断奶前后常患胸膜炎、支气管炎和心包炎,临床表现为精神沉郁、体温升高、食欲废绝、腹泻、咳嗽、喘气、跛行、关节肿大等症状,有的可出现神经症状,四处乱冲乱撞,或者做转圈运动。

5.8.4 病理特征

1.流产型

母猪表现出子宫内膜水肿和出血,同时伴有 1.5 cm 左右的坏死灶,流产胎衣出现出血、水肿,死亡的新生仔猪和流产胎的胸部、头部及肩胛等部位皮下结缔组织出现水肿现象,有的出现凝胶样浸润现象。同时,死亡仔猪背、颈、四肢、皮下出现瘀血、出血等症状,腹腔内含有大量红色液体,内脏器官肝、脾出现瘀血、肿胀。心、肺浆膜下出现点状出血现象,肺部常有卡他性炎症。而患病公猪睾丸颜色和硬度发生明显变化,腹股沟淋巴结肿大 1.5 倍左右,输精管有出血性炎症,尿道上皮出现皮肤脱落、坏死现象。

2.肠炎型

主要见于新生仔猪和流产胎儿,胃肠道出现急性局灶性卡他性炎症及回肠的出血性变化现象。胃肠壁黏膜发炎而且出现潮红,肠系膜淋巴结出血肿胀。脾轻度肿大而且有出血点现象。肝质地较脆,表面出现灰白色斑点。

3.支气管肺炎型

肺部表现为水肿现象,表面有大量出血斑和小出血点,肺门周围分散有小黑红色斑点,尖叶和心叶呈灰色,坚实僵硬,肺泡膨胀不全,并含有很多渗出液,中性粒细胞淋漫性浸润。纵隔淋巴结和细支气管淋巴结都出现水肿现象,细支气管有大量出血点,有时有坏死灶。

4.关节炎型

关节肿大,关节周围出现水肿和充血,关节腔内充满纤维素性渗出液,用针刺时流出肉眼可见的灰黄色混浊液体,并且混杂有灰黄色絮片。

5.8.5 诊断要点

临床诊断时,必须考虑到引起支气管炎、肺炎、多发性关节炎、肠炎、怀孕前、后期出现流产、死胎或木乃伊胎,以及公猪睾丸炎、附睾炎的可能病因。根据该病的流行病学特点、临床症状表现和病理变化等可作出初步诊断,但确诊须进行实验室检测。

1.细菌学诊断

可采集患病死亡动物的肝、肺、脾、分泌物、关节液、或流产胎儿、羊水、胎盘组织等病变组织涂片,采用荧光抗体或吉姆萨染色,能见到肝、脾、肺上有稀疏的衣原体。胎盘和膀胱涂片有时可见到衣原体及包涵体。病料经无菌处理后可接种鸡胚或小鼠,剖检可观察到特征性的病理变化。

2.血清学试验

血清学试验有补体结合反应、毛细血管凝集试验、血凝抑制试验、间接血凝试验、琼脂凝胶沉淀试验、衣原体单克隆抗体、免疫荧光及免疫酶试验、免疫酶联染色法等。

3.鉴别诊断

动物机体出现流产及肺炎时应与引起繁殖障碍或呼吸道的疫病如猪繁殖与呼吸综合征、猪瘟、流行性乙型脑炎、猪细小病毒感染、猪圆环病毒感染、猪伪狂犬病、猪布鲁氏菌病、钩端螺旋体病、附红细胞体病等病进行鉴别诊断;还应注意与因营养缺乏和饲养管理不当引起的非传染性繁殖障碍疾病进行鉴别;发生肠炎时应与大肠杆菌病、流行性腹泻、传染性胃肠炎、轮状病毒等腹泻疾病进行鉴别;发生关节炎时,应与猪链球菌、猪丹毒杆菌、副猪嗜血杆菌等病进行鉴别。

5.8.6　类症鉴别

1.猪细小病毒病

相似点:怀孕母猪感染后出现繁殖障碍疾病,可引起流产、死胎、胎衣不下、不孕症及产下弱仔或木乃伊胎等。

不同点:猪细小病毒病,母猪后躯运动失灵或瘫痪。剖检胎盘部分钙化,胎儿在子宫内有溶解和吸收。

2.猪繁殖与呼吸障碍综合征

相似点:妊娠母猪均出现流产,产死胎、弱仔等症状。

不同点:猪繁殖与呼吸障碍综合征,妊娠母猪厌食,体温升高,呼吸困难。流产多发生于预产期的前一周或后一周,一般多产出死胎,剖检腹腔有淡黄色积液。

3.猪伪狂犬病

相似点:妊娠母猪均出现流产,产死胎、弱仔等症状。

不同点:患猪伪狂犬的母猪发病时多呈一过性,很少出现死亡,新生仔猪发病突然昏迷,口吐白沫,四肢呈游泳状运动,呼吸困难,最后死亡。流产胎儿肝、脾、肾上腺、脏器淋巴结出现凝固性坏死。

4.猪乙型脑炎

相似点:均有传染性,流产前无症状,妊娠母猪流产、死胎和木乃伊胎;公猪出现睾丸炎。

不同点:猪乙型脑炎,体温突然升高,嗜睡,视力减弱,乱冲乱撞,最后后肢麻痹而死。剖检可见脑室内有大量黄红色积液,脑膜充血,脑回明显肿胀,脑沟变浅、出血。

5.8.7 防控

1.治疗方法

(1)紧急处理方法　动物发病初期,当出现典型症状时立即将病患动物进行隔离,单独饲养,并且彻底清除舍内流产胎儿、胎盘、羊水等病料组织,进行无害化处理。清洁完毕,可立即使用石炭酸、2%的苛性钠进行消毒处理,彻底杀灭病原体。

(2)药物治疗　治疗衣原体的首选药物为四环素,也可用土霉素、金霉素、红霉素、氨基糖苷类抗生素等。新生仔猪感染,可使用浓度为1%的土霉素,按每千克体重1 mL的剂量进行肌内注射,1次/d,连用5 d,疗效显著。断奶仔猪感染,可使用浓度为5%的葡萄糖溶液,混合3%~5%的土霉素溶液,按每千克体重1 mL的剂量进行肌内注射,5天为一个疗程,治愈效果较好。

(3)饲料拌药治疗　饲料中加入金霉素,可有效预控继发性疾病的产生。同时也有在公母猪配种前,按照0.02%左右比例预混四环素抗生素治疗,一般安排在配种前1~2周或者是产前2~3周,可明显提升母猪怀孕率,减少病死率,提升活仔率。

2.预防措施

(1)引种必须进行严格检验检疫,以实验室检测结果为依据,绝不引进阳性猪。

(2)已发病猪要及时进行隔离饲养,防止健康猪群出现感染。未发病的猪群应用猪衣原体灭活苗紧急免疫接种。

(3)对流产死胎、胎衣及其他可能携带病原体的病料严格进行无害化处理。

(4)及时做好消毒和灭鼠、灭虫工作。大门通道、猪舍、产房、场区内外等易携带病原体的环境消毒前应先进行彻底清洁,再用2%苛性钠等有效消毒剂进行严格消毒,每天1次,连续消毒5~7 d,可以有效控制发生衣原体接触传染。

(5)阳性猪场要给能繁母猪在配种前注射猪衣原体流产灭活苗以防感染,对确诊感染了衣原体的种公猪和母猪及时进行淘汰,而且其所产仔猪不能作为种猪使用。

思考题

1. 简述猪附红细胞体病的临床症状与诊断要点。
2. 简述猪弓形虫病的临床症状与防控措施。
3. 简述猪球虫病的诊断要点。
4. 简述猪痢疾的诊断要点与防控措施。
5. 简述猪钩端螺旋体病的病原特点、诊断要点以及防控措施。
6. 简述猪皮肤霉菌病的诊断与防控措施。
7. 简述猪支原体肺炎的诊断要点与防控措施。
8. 简述猪衣原体病的临床症状、诊断要点与防控措施。

第6章

实践技能训练指导

【**本章提要**】本章主要介绍规模化猪场传染病疫情调查分析及计划制订,从疫苗接种、猪场消毒、传染病病料处理、典型猪传染病检测、寄生虫病检测等几个方面开展实践技能训练指导,帮助读者了解猪场传染病防控技术。

6.1 动物传染病疫情调查分析

6.1.1 实训内容

1.个案调查

个案(病例)调查也就是散发动物疫病的调查,是针对个别发生的传染病或病因不明的患病动物病例以及动物疫病暴发事件首个病例和初期病例的调查,通常称为个案调查或病例调查。个案调查即通过询问、问卷、现场察看以及必要的检测,调查发病猪群的性别、年龄、饲养管理条件、合群情况、疫苗接种史、病前接触史、发病日期、临床症状、剖检特征、发病后的活动范围等,结合临床诊断和兽医实验室检测,查明病因。分析传染源和传播途径,确定疫源范围及可能向外散播的范围。根据分析结果,提出科学的防控措施建议,以便及时消灭源头,防止疫情扩散。

2.暴发调查

暴发调查也就是发生动物疫情时的调查,是针对某养殖场或某一区域在较短时间内集中发生较多同类病例所作的调查,称为暴发调查,也称为紧急流行病学调查,适用于动物疫情发生时,确定已知病因的动物疫情暴发的原因及病因来源,探求未知病因的动物疫情暴发的线索并指明研究方向。通过调查,详细追溯导致动物疫情发生的传染源,提供病因佐证,调查疫情的时间分布、地区分布、人群分布、传播方式、传播途径、传播范围、流行因素等,确定动物疫情发生流行的性质、范围、强度;掌握动物疫情的实际危害以及可能的继发性危害,提出控制动物疫情的相关具体要求,便于及时采取科学的针对性措施,迅速扑灭疫情,严防疫情的扩散蔓延。同时,通过一系列完整的紧急流行病学调查,为引发某动物疫情的某疫病诊断、流行病学特征、临床特征以及科学的处置提供完整的信息及相关数据资料,以便总结某疫病的发生流行规律,建立长效机制,防止相同或类似疫病的发生流行。

3.常规流行病学调查

针对日常存在的某种疫病的发病情况,或猪群的健康状况等常规性的调查称为常规流行病学调查。常规流行病学调查是一个动态的、长期性的流行病学数据收集活动,能够提供疫病种类、分布状况、流行因素和病因线索。通过常规流行病学调查的开展,及时掌握辖区内发生的动物疫病及危害、养殖场和疫点的分布等相关线索情况,可以及早发现、及时处置、科学分析,力求将疫情控制在萌芽状态;可以因病设防,为本区域的猪群防疫选择适宜的疫苗;可以科学合理地制定免疫程序,指导养殖场开展动物防疫工作,更有利于动物疫病的控制和净化。

6.1.2 实训目标

(1)确定疫情的基础信息,如乡(村)或场区存栏信息、生产模式、周边环境、发病猪群日龄等。

(2)确定传染源、传播途径、易感动物以及疫病暴露因素,查明病原传播扩散和流行情况,分析提出科学有效的防控措施,防止疫情扩散。

(3)在一定时间、一定范围内,调查动物群体中的疫病事件和疫病现象,描述动物群体的患病状况、疫病时间分布和动态过程,提供有关致病因子、环境和宿主因素的病因线索,为进一步研究病因因素、制定防控对策提供依据。

(4)评估动物疫病防控措施实施效果。

6.1.3 材料准备

通常组织进行动物传染病疫情调查的第一步是进行组织分工,明确调查负责人,明确调查组各成员职责。调查组职责分工明确后,需要制订调查方案,准备相关物资,主要包括调查所需交通工具、通信设备、相机、疫点区处理器械、个人防护用品、调查表、参考资料(专业资料、法律文书)、采样及样品保存设备、专业的样品处理检测实验室以及完成疫情调查所需的充足资金准备。

6.1.4 方法步骤

1.疫区疫情调查的内容

针对非洲猪瘟、猪口蹄疫、猪瘟、猪蓝耳病等疫病发病率或流行特征出现异常变化,或发生外来动物疫病可疑疫情时,需要开展紧急流行病学调查。此调查通常包括以下 5 个方面内容。

(1)基本信息　包括养殖场/户/小区地理位置、养殖情况、防疫情况、疫病既往史、生物安全等。

(2)现况调查　包括发病畜群情况、周边猪场及野生动物感染死亡情况、临床表现及病理解剖、采样情况、疫点地理特征、人和其他动物的健康影响。

(3)疫源追溯　通过溯源调查分析疫情发生的原因,病毒来源,以便于全面控制疫情。追溯期为一个最大潜伏期,即从第一例病例发现日,向前追溯一个最大潜伏期。疫情可能的来源包括外来人员、车辆、物品、外源种猪、精液、其他动物、饲料、饮水、附近的野生动物等。

(4)疫源追踪　追踪调查目的是分析疫情扩散的风险大小,以及如何控制这种风险。对第一例病例发生前一个潜伏期至当前,所有从疫点出售的猪只及与疫点接触人进行追踪调查,包括外售仔猪、精液、疫点人员行动轨迹、兽医诊疗等行为的调查,尤其要关注病死猪的去向。

(5)控制措施及效果评估　疫情处置、病死猪处理、疫区内处置情况(封锁、扑杀、消毒等)、受威胁区处置情况(存栏、免疫等情况)以及生物安全体系建设和效果评估等。

2.疫情调查材料的初步整理

首先调查发病原因、风险因素,病原、病原的鉴定、免疫情况等。

流行病学调查主要从问卷调查、现场访谈、肉眼观察、仪器观测、样品检测、查阅资料 6 方面获取信息。

调查通过抽样与分组方式,抽样包括非概率抽样方法和概率抽样方法。

整理资料时,首先设计整理方案,审核资料的完整性和真实性,同时对资料进行分类或者分组,最后进行汇总。调查资料要确保系统性、便利性、真实性和完整性。

最后进行调查结果的分析,包括样品检测结果的分析、流行病学调查地理信息分析等。

6.1.5　实训报告

根据调查结果整理该乡(村)或动物养殖场疫情统计表(表 6-1)。

1.基本信息

表 6-1　乡(村)或养殖场概况

名称		启用时间	
户主姓名		电话	
地址	省(自治区)县(市)乡(镇)村(场)		

续表 6-1

调查简要信息				
调查原因	□ 场主或村疫情报告员发现		□ 监测发现可疑病例	□ 其他
调查人员姓名		单位		
调查日期				
发现第一例可疑病例日期				
报告日期				

表 6-2　乡(村)或养殖场养殖概况

猪群	存栏	养猪户数	生产模式	免疫程序	疫苗来源 (厂家、批号)	近期免疫情况
基础母猪						
后备母猪						
仔猪						
育肥猪						
公猪						

表 6-3　相关动物混养情况

混养类型	户数	养殖模式	备注
猪/牛			
猪/羊			
猪/牛/羊			

表 6-4　疫情既往史

疫情类型	发病时间	结束时间	详细信息

2.现况调查

表6-5　猪群发病情况

调查指标	基础母猪	后备母猪	育肥猪	仔猪	公猪	其他
存栏数						
发病数						
死亡数						
扑杀数						
感染/发病户数						

表6-6　发病进程

自发病之日	新发病数	新病死数	发病率/%	病死率/%
1				
2				
3				
4				
5				
6				
7				

表6-7　病猪临床症状及剖检病变

病变部位	主要症状及剖检病变描述
精神状态	
头部及四肢	
呼吸系统	
消化系统	
生殖系统	
其他	
根据临床症状和剖检病变,怀疑是何种疾病?	

表 6-8　采样检测情况

样品类型	采样时间	采样人	样品保存及寄送方式	检测单位及资质	检测结果
水疱皮					
唾液					
口鼻拭子					
咽拭子					
肛拭子					
抗凝血					
血清					
扁桃体					
淋巴结					
肺					
其他					

表 6-9　疫点地理特征

请提供当地行政区划图,并在地图上标出疫点位置,注明疫点所在地的地理环境,如是否靠近山脉、河流、公路等。如已经封锁,请标注封锁范围和时间。

　　提供发病猪场防疫布局图,标注围墙、猪舍、附属建筑物和道路位置,以及发病猪群的准确位点。

　　其他可能与本次疫情有关的信息,均可在此填写。

3.疫情追溯

　　追溯期为 1 个最大潜伏期,即从发现第一例病例向前追溯 1 个最大潜伏期,对所有调入疫点的猪群/畜产品以及与疫点接触的人、猪、物、车、饲料等进行追溯调查。

表 6-10　疫情追溯

可能来源途径	日期	详细信息
饲料和饮水		
进村/场物资		
疫苗、兽药、精液等		
购买或引进猪群		
猪只调出或出售		

续表 6-10

可能来源途径	日期	详细信息
是否饲喂泔水		
本场/村人员是否到过其他养殖场或生猪/产品交易市场		
母猪配种		
外来车辆靠近或经过		
兽医/商贩/其他从事饲养人员是否到过本场/村		
周边野生动物活动		
蚊蝇、鸟、老鼠、狗、猫等在本村/场活动情况		
本村/场周边养殖环境和发病情况		

4. 疫源追踪

对第一例病例发生前一个最大潜伏期至疫情结束之日，所有从疫点出售、调出的猪群/畜产品以及疫点猪群接触的人/猪进行追踪调查。

表 6-11　疫源追溯跟踪

可能事件调查	日期	详细信息
出售/调出猪只		
配种		
放养		
参加活动		
饲养人员休假或外出活动		
兽医服务		
与周边养殖场接触活动		

5.疫情控制措施及效果评估(表 6-12)

表 6-12　疫情控制措施及效果评估

主要措施	详细信息
疫情处置方案	
病死猪处理措施	
封锁、扑杀、消毒等	
受威胁区处置方案	
生物安全体系建设	
效果评估与总结分析	

6.2　动物传染病防疫计划的制订

猪传染病种类繁多,需要与常见的内外科及寄生虫病防控相结合,一般认为猪传染病一旦暴发,整个猪场都会被波及,损失往往较大,造成巨大的经济损失。本部分主要讲述猪传染病日常防疫管理的措施制度,帮助猪场维护正常生产,科学化防疫,提高猪场防疫水平。

6.2.1　实训内容

本节部分将从防疫措施和卫生预防制度的制定、消毒制度的严格执行、预防接种的免疫程序、驱虫计划和药物预防计划等几个方面进行讲述。

1.防疫措施和卫生预防制度的制定

(1)猪场选址科学　一般认为,猪场选址需尽量满足以下几个条件:水源足、地势高、远离工业区、公路污染区、学校区,交通方便;猪场分布须分为生产区、管理区与生活区,彼此分离;相应交界处需设置消毒池。粪便池设在场外。

(2)建立日常防疫制度,严格执行　由于目前非洲猪瘟的出现,猪场的日常防疫制度必须做到滴水不漏。外来人员进入猪场必须实行隔离制度,隔离至少 7 d,同时不允许带入任何物品进入。本厂人员不准随意进出场,不得随意串猪舍,不得随意放拿用具,非工作任务不得进入生产区,因工作任务进入生产区前必须更换安全的工作服和鞋。场外车辆、用具等不准进场,出售猪只场所须在场外进行。

(3)做好粪便处理工作　猪排粪尿需及时清扫,及时送达发酵池处理

(4)消灭"四害",避免传染病　猪舍需定期进行灭鼠、灭蚊、灭蝇,同时,严格防止野狗、野猫等动物进出猪舍,防止带入病菌。

2. 消毒制度的严格执行

日常管理中,对可能的常见疾病应使用不同种类的消毒药物进行消毒杀灭,其主要消毒对象包括:猪只分泌物、排泄物及其污染场所,病猪血液及其污染的土壤、场地,全场猪舍,用具和人员的衣物鞋子等。

猪场入口处地面铺设石灰粉,设置车辆消毒池,人员入口通道设置脚踏消毒池,消毒水定期更换。入场人员进场需进行紫外线体外照射,必要时需洗澡,更衣换鞋,一切物件不得带入场内。猪生产区入口也需设置消毒池,紫外线照射室。对于进入猪场的日常生活用品,比如毛巾、被套、蔬菜等都要进行消毒喷杀,防止带入病菌。

搞好种猪群的净化,坚持自繁自养。每批猪出栏后要彻底清扫,再进行消毒,并空栏一周方可进猪;母猪分娩室在临产前要彻底消毒;对难以空栏的猪舍要进行不定期的带猪消毒。整个场区大环境的消毒一般每10～15 d进行1次。认真地对待引种工作,引种不慎往往是暴发疫情的主要原因。

消毒药的种类很多。选择消毒药时应了解其成分,然后根据使用目的和对象选择所需药品。一般要选用广谱、高效、低毒、价廉、作用快、性质稳定、易溶于水和使用方便的消毒药。各种消毒药使用浓度,因消毒对象、目的、使用方法和环境温度而异,可按药品说明书配制。猪场一般要准备2～3种以上的消毒药品,每隔15～20 d交换使用。

猪舍及环境平常每周消毒1～2次。舍内消毒可用碘制剂、氯制剂、1210或0.03%百毒杀、山梨酸类、0.3%～0.5%过氧乙酸等喷洒(带猪消毒)。走道用2%氢氧化钠消毒。舍内用2%氢氧化钠消毒1～2 h后,要用清水冲洗干净。需时常更换消毒药或交叉使用。

实施早期断奶技术。仔猪在2周龄至20日龄实施断奶,运到离母猪舍1 km外的保育舍进行饲养。要及时控制猪伪狂犬病、猪传染性胃肠炎和猪繁殖与呼吸综合征,减少仔猪的发病率、死亡率。对发病猪只,及时隔离,确诊,甚至淘汰,严防病原扩散。

3. 猪场免疫程序制定原则

根据猪疫病的发生规律和免疫用生物制品的作用特性而制定有组织、有计划的预防接种。针对当地传染病的发生和流行情况,弄清过去生过哪些传染病,在什么季节发生,流行的范围,防治情况,拟订每年或每批猪的预防接种计划。在日常免疫过程中需要注意以下方面。

(1)应根据本地区的实际情况制订详细的免疫计划。

(2)不同疫苗免疫时,活苗应间隔7～10 d,死苗应间隔2～3周。

（3）免疫接种前后1～2 d禁止使用抗病毒的药物，如病毒唑、病毒灵等。

（4）注意疫苗的运输、贮存和母源抗体的影响。

（5）免疫程序可根据所在地区、猪场流行病学实际情况进行适当调整，切勿生搬硬套。

4.驱虫计划

驱虫是治疗病猪，消灭病原寄生虫，减少或预防病原扩散的有效措施。猪场应定期进行驱虫。驱虫前应做粪便虫卵检查，弄清猪体内的寄生虫种类及危害程度，以便选择合适的驱虫药。一般猪场驱虫需遵循猪场寄生虫控制模式，所谓寄生虫控制模式就是按照危害生猪主要寄生虫的发育繁殖规律，以安全、简便的方式使用药物，进行定期整体性驱虫。规模化猪场的驱虫模式有以下几种。

（1）对猪场全部猪驱1次。

（2）母猪产仔前1～2周驱虫1次。

（3）种公猪一年驱虫2次。仔猪断奶转群前驱虫1次。

（4）新购猪只驱虫2次，隔离至少30 d才能并群。

（5）彻底清洁环境，加强粪便管理，防止再次感染。

常见的驱虫药根据驱虫虫类及目的不同，略有不同，一般使用阿维菌素、伊维菌素、左旋咪唑、丙硫苯咪唑、敌百虫等。具体驱虫程序见本书相关内容。

5.药物预防计划

猪的疫病很多，其中有些疫病目前已有有效的疫苗进行预防，但还有不少疫病尚无疫苗可供预防，也有一些疫病虽有疫苗可供预防但效果不理想。因此，要有效地控制猪病的发生，除加强饲养管理，搞好环境卫生和消毒工作，做好预防接种外，应用药物预防也是一项重要措施，它特别适用于寄生虫和一些无疫苗或免疫效果不理想的细菌性传染病的预防。如在饲料中添加驱虫药物驱除猪体内外寄生虫；用支原净和金霉素预防猪喘气病；用磺胺类药物预防猪弓形体病；流行性感冒时，为了预防巴氏杆菌和支原体引起继发性肺和严重的肺炎并发症，可在饲料和饮水中加入磺胺或抗生素等药物。用泰乐菌素拌料预防猪喘气病、猪传染性胸膜肺炎和猪萎缩性鼻炎等。

6.2.2　实训目标

防治结合，预防传染病发生，确保猪养殖生产工作正常进行。

6.2.3　实习报告

编写一份防疫工作流程，并填写猪场防疫工作细则表中的"目标"。参考表6-13。

表 6-13 猪场防疫工作细则

防控点	目标	责任人	具体实施人员	预计达成时间
水源				
围墙				
车辆管理				
引种				
人员				
各类消毒池管理				

6.3 猪免疫接种技术

6.3.1 实训内容

学习猪免疫接种的具体方法。

6.3.2 实训目标

1. 结合生产实践掌握免疫接种的方法和步骤。

2. 熟悉兽医生物制品的保存、运送和用前检查方法。

6.3.3 材料准备

1. 待免动物

猪。

2. 免疫用疫苗

猪常用弱毒疫苗及灭活疫苗、相应稀释液。

3. 其他器材

75%酒精、5%碘酒、来苏儿、新洁尔灭、脱脂棉、纱布、消毒锅、镊子、剪刀、毛剪、金属注射器、兽用皮下注射针头、肌内注射针头、乳头滴管、体温计、气雾免疫发生器、带盖搪瓷盘、桶、脸盆、肥皂、毛巾、工作服、帽、胶靴等。

4. 免疫接种用生物制品的保存、运送和用前检查

(1)保存兽用生物制品 应保存在低温、阴暗、干燥的场所,灭活菌苗(死苗)、致弱的细菌性菌苗、类毒素、免疫血清等应保存适宜温度为 2～8 ℃,防止冻结;致弱的病毒性疫苗,如猪瘟弱毒疫苗等,应保存在 −15 ℃以下,冷冻保存。

(2)运送要求 包装完善,尽快运送,运送途中避免日光直射和高温。致弱的

病毒性疫苗应放在装有冰块的广口瓶或冷藏箱内运送。

（3）用前检查　兽医生物制品在使用前，均需详细检查，如有下列情况之一者，不得使用：没有瓶签或瓶签模糊不清，没有经过合格检查的；过期失效的；制品的质量与说明书不符，如色泽、沉淀有变化，制品内有异物、发霉和有臭味的；瓶塞不紧或玻璃破裂的；没有按规定方法保存的。

6.3.4　方法步骤

动物疫苗接种需要根据所接种疫苗的种类来制定接种的方法，不同的方法有各自的优劣和适用性，大致上可以分为个体免疫和群体免疫，前者可分为注射免疫、滴鼻免疫等，后者可分为经口免疫、气雾免疫等。

6.3.4.1　注射免疫

注射免疫可分为皮下注射、皮内注射、肌内注射、静脉注射、胸腔注射等。注射接种免疫工作量大，需要逐只免疫，具有一定刺激性，尤其忌讳"飞针"。

1. 注射免疫器械

对保育猪可以选择使用连续性注射器。对育肥猪、经产母猪、后备猪、种公猪可使用 10 mL 规格兽用不锈钢金属注射器，剂量定位准确，推注感强。也可以选择 20 mL 规格兽用不锈钢金属注射器，多用于免疫 2 mL 剂量以上的疫苗，一次性吸入量大，便于操作。

注射器和针头应洁净，并用湿热方法高压灭菌或用洁净水加热煮沸消毒法消毒 15 min 以上。注射免疫时要做到"一猪一针头"，避免从带毒（菌）猪把病原体通过针头传给健康的猪。灭菌后的注射器与针头如果长时间不用，在下次使用前应重新消毒灭菌。多数疫苗要求耳根后颈部肌内注射，猪体重越大，颈部脂肪层越厚，建议对不同体重的猪选择不同大小的针头。

2. 皮下注射法

将疫苗注射到皮下疏松结缔组织中的一种方法，是最常用的免疫接种方法之一。凡是易溶解的无强烈刺激性的疫苗均可通过皮下注射接种。一般选择在猪的颈部两侧、耳根后方等皮薄、被毛少、皮肤松弛、皮下血管少的部位，剪毛，用 75% 酒精或 5% 碘酒消毒，先将皮肤捏起，再将药液注射入皮下，即将药液注射到皮肤与肌肉之间的疏松组织中。皮下注射法多用于弱毒苗的接种，如猪丹毒弱毒菌苗、猪丹毒氢氧化铝甲醛菌苗、猪肺疫氢氧化铝甲醛菌苗。

皮下接种的优点是操作较为简单，吸收较皮内接种快，缺点是使用剂量较多。而且同一疫苗，应用皮下接种时，其反应较皮内接种更大。大部分常用的疫苗和免疫血清，一般均采用皮下接种。

3.皮内注射法

将疫苗注射到皮肤的表皮和真皮之间的接种方法,猪大多选择在耳根后进行注射。常用于猪瘟结晶紫疫苗。优点是使用药液较少,产生免疫力较皮下注射要高,但是操作较为麻烦。

4.肌内注射法

将疫苗注射进肌肉组织的接种方法。一般选择在猪的颈部、臀部等肌肉丰富、血管少、远离神经的部位进行操作,多用于弱毒苗的接种,如猪瘟-猪丹毒-猪肺疫三联冻干弱毒苗,每头肌内注射 1 mL。肌肉内血管丰富,吸收药液较快,适用范围广,注射方法简便,免疫效果好,但是同一部位不能大量注射,如注射部位不当,可能造成动物损伤,例如,臀部注射部位不当,容易导致动物跛行。

5.静脉注射法

免疫血清一般选择静脉注射,进行紧急预防和治疗。疫苗、菌苗、诊断液一般不采用静脉注射。猪选择在耳静脉部位接种,一般使用 19～23 号针头,长 2.5～5 cm。静脉注射能迅速发挥药效,能容纳大量药液,一般用于抢救、紧急免疫。

6.胸腔注射

目前仅见于猪喘气病弱毒疫苗的免疫,能很快刺激胸部的免疫器官,产生局部的免疫应答,直接保护被侵器官,但是免疫时需要保定猪只,应激大,对接种技术要求高。

7.穴位注射

常用穴位是后海穴,该穴位位于尾根与肛门间的凹陷中。穴位注射已经在防治口蹄疫、猪传染性胃肠炎、猪传染性腹泻、猪轮状病毒病、仔猪大肠杆菌性腹泻、猪旋毛虫病等方面广泛应用。注射时要找准穴位,消毒后稍向前上方刺入 3～5 cm 即可。

6.3.4.2　经口免疫法

经口免疫分为饮水免疫和喂食免疫,前者是将可供口服的疫苗混在水中,让动物通过饮水而获得免疫;后者是将可供口服的疫苗用清水稀释后拌在饲料里,让动物通过吃食而获得免疫。如猪肺疫弱毒菌苗,用饮水免疫接种,先停水 4 h 左右,再饮水免疫接种。稀释疫苗的水要纯净,尤其不能用含有消毒药物的水稀释疫(菌)苗。应用经口免疫的方式,需要根据动物饮水量或吃食量准确计算所需的疫苗剂量。为了确保动物摄入一定量的水或饲料,一般在免疫前停水、停饲一定时间。

经口免疫省时、省力、应激小,但是因为动物饮水量和吃食量不确定,尤其是搅拌在饲料中,难以保证其均匀,导致进入动物体内的疫苗量难以达到准确一致。而且由于消化道内含有多种酶和其他物质,使疫苗容易被降解,因此传统经口免疫有用量大、免疫效力不高、免疫持续时间较短等缺点。近年来疫苗研制水平迅速提高,经口免疫疫苗有望降低被降解的作用,提高效力和持续时间。

6.3.4.3　滴鼻免疫法

滴鼻免疫作为一种通过鼻腔给药,作用于黏膜的免疫接种方式,不受母源抗体干扰,主要应用于仔猪,是针对母源抗体缺陷时的有效弥补手段。

(1)滴鼻免疫器械　滴鼻免疫时应选择专用滴鼻器,可以使疫苗足够雾化而容易被黏膜快速吸收。

(2)滴鼻免疫方法　保定仔猪,使其鼻孔朝上45°,滴鼻完成后滴鼻器应稍停30~60 s,以利于疫苗充分吸收。

滴鼻免疫相较于注射免疫,操作上更方便,而且应激非常小,近年来常应用于猪伪狂犬防控中的补充免疫。

6.3.4.4　气雾免疫法

气雾免疫是将疫苗溶解于水中,以雾滴的方式通过空气接种到动物感受细胞上。此法是通过气雾发生器,将稀释的疫苗喷射出去,使疫苗形成微小的雾化分子,均匀地散布在空气中。当动物进行呼吸时,疫苗通过动物的呼吸道吸入肺内,从而达到免疫的目的。

气雾免疫用于群体动物免疫,不但省力,而且操作简便,但需要控制雾粒大小,一般直径以 $1\sim12\ \mu m$ 为好,避免雾粒过大,在空气中停留时间短;过小,容易被呼气排出。在免疫时应密闭空间,减少空气流动,同时避免阳光直射,避免造成疫苗效力降低。

6.3.5　免疫后废弃物处置

1.免疫器械处置

需要重复使用的接种器械,高压灭菌或煮沸消毒,并无菌保存。

2.空疫苗瓶处置

空的疫苗瓶、废弃疫苗应集中收集,运到无害化处理场所进行集中销毁。

3.废弃物处置

对使用过的酒精棉、一次性注射器,以及一次性防护用品,应进行符合生物安全要求的无害化处理。

6.3.6　免疫接种后的护理和观察

(1)接种后短时间内有时会出现生产性能下降,采食量减少等轻微反应,属正常情况。如果出现其他严重反应,应及时查明原因,并采取相应的措施处理。有的疫苗接种反应大,如口蹄疫疫苗,应该准备相应的应激措施,防止动物生产性能严重下降甚至死亡。

(2)在给畜禽接种疫苗后 3 d 内,应加强对动物的护理。在日粮中增加蛋白质饲料的比例和多种维生素用量,避免出现各种应激反应。

6.3.7 注意事项

(1)注射用具使用前一定要清洗干净,蒸煮消毒 20 min 以上。

(2)根据本地疫病流行情况制定免疫程序并严格执行。严格日龄标准,仔猪免疫的日龄最多只能跨越 3 d。

(3)注射疫苗前先查看疫苗瓶子有无破损、封口是否严密、瓶签是否完整,是否在有效期内等。并仔细阅读说明书,记清注意事项。油苗要摇匀使用;冻干苗则稀释液要少于疫苗头分,最好只有疫苗头分的 95%。

(4)固定使用一个针头吸取疫苗,避免不同针头反复吸取时污染瓶内疫苗。

(5)吸取疫苗时应将注射器内空气排净,避免气泡。

(6)注射时尽可能每头猪用一个针头,按先强后弱的顺序注射,因为弱一些的有带病的可能。

(7)认真仔细地注射疫苗,确保注射数量与部位的准确无误。不能注射在坏死的肌肉上,如果有疫苗流出的现象,一定要重新注射。

(8)弱毒苗注射后 5 d 即可注射其他的疫苗,而油苗最好间隔 7 d。两次疫苗注射要在颈部两侧交替注射,尤其是油苗,会引起肿胀,如果连续注射会加重疼痛,甚至导致疫苗不能完全吸收而造成免疫效果不佳。

(9)每次免疫接种应有详细的记录,如接种日期,被免疫动物种类、年龄、数量,疫苗种类、生产厂家、批次、生产日期及有效期、供货单位及人员,疫苗稀释方法、免疫接种方法和剂量、操作人员姓名等,以备查用。

(10)注射疫苗时应备好肾上腺素注射液,以用来解救过敏畜禽。

(11)猪只接种疫苗后,要加强饲养管理,减少应激。遇到不可避免的应激时,可在饮水中加入抗应激剂,如水溶性多种维生素,能有效缓解和降低各种应激反应,增强免疫效果。养猪户应在注苗后一周内逐日观察猪的精神、食欲、饮水、大小便、体温等变化,如有的仔猪注射仔猪副伤寒疫苗 30 min 后会出现体温升高、发抖、呕吐和减食等症状,一般 1～2 d 后可自行恢复。对反应严重的或发生过敏反应的可注射肾上腺素抢救。

(12)猪群注射弱毒疫苗后 1 周内严禁使用任何抗菌药物和消毒制剂。在注射病毒性疫苗的前后 3 d 禁止使用抗病毒药物;注射活菌疫苗前后 5 d 禁止使用所有抗生素。抗生素对细菌性灭活疫苗没有影响。

6.4 猪场消毒

猪场生物安全工作是所有疫病预防和控制的基础,也是最有效、成本最低的健康管理措施。特别在当前我国非洲猪瘟疫情严峻形势下，加强规模猪场生物安全体系建设，切断病原传播链条，对于控制、扑灭和根除疫情意义重大，而消毒无疑是防止或阻断病原体侵入猪场，确保养猪生产的健康和稳定的一项重要手段。

6.4.1 实训内容

1.猪场消毒的重要性

消毒的目的是防止病原微生物通过可能性的载体传入场内，同时防止场内疫病向外传播，以及控制场内病原在猪群间的循环。

2.消毒工作的准备及流程

选择特定的消毒人员，合适的消毒剂，操作高效的清洗消毒设备、环境清理工具等物品，按照制定好的消毒流程对进入猪场的人流、车流、物流、猪流、生物流及猪场内环境进行消毒处理。

6.4.2 实训目标

（1）了解不同环境下的猪场正在进行的消毒流程、消毒剂的选择、消毒方法方式的合理性、消毒结果的效果评估等。

（2）确定猪场面临的疫病防控压力、消毒剂种类的选择、环境消毒的方式等情况，制定科学有效的消毒措施，防止疫情传播与扩散。

（3）评估消毒措施实施后的效果。

6.4.3 材料准备

高压冲洗机、火焰枪、烘干机、消毒剂（有效成分为氢氧化钠、戊二醛、次氯酸钠、过硫酸氢钾等）；清洁工具（泡沫清洗剂、发泡枪、浸泡消毒池、抹布、水桶、各种扳手、梯子、凳子、铲子等）、防护工具（护目镜、防护性好的口罩、手套、头灯、安全帽、连体雨衣、安全绳等）；量器（标有刻度的量筒、量杯等容器，或者配套的标准量器）。

6.4.4 方法步骤

6.4.4.1 洗消剂的选择

要想达到好的消毒效果，先决条件是对消毒环境进行清洁，清理。用适宜的设备如高压冲洗机（最好用热水），合适的清洁剂（可选择肥皂水、洗涤剂和其他具有去污能力的清洁剂），清除环境内的污染物与有机物。只有完成这两步才能使用消毒剂进行消毒。

表 6-14　常用消毒剂的种类和应用范围

应用范围		推荐种类
道路、车辆	生产线道路、疫区及疫点道路	氢氧化钠(火碱)、氢氧化钙(生石灰)
	车辆及运输工具	酚类、戊二醛类、季铵盐类、复方含碘类(碘、磷酸、硫酸复合物)
生产、生活区	大门口及更衣室消毒池、脚踏垫	氢氧化钠
	畜舍建筑物、围栏、木质结构、水泥表面、地面	氢氧化钠、酚类、戊二醛类、二氧化氯类
	生产、加工设备及器具	季铵盐类、复方含碘类(碘、磷酸、硫酸复合物)、过硫酸氢钾类
	环境及空气消毒	过硫酸氢钾类、二氧化氯类
	饮水消毒	季铵盐类、过硫酸氢钾类、二氧化氯类、含氯类
	人员皮肤消毒	含碘类
	衣、帽、鞋等可能被污染的物品	过硫酸氢钾类
办公、生活区	疫区范围内办公、饲养人员宿舍、公共食堂等场所	二氧化氯类、过硫酸氢钾类、含氯类
人员、衣物	隔离服、胶鞋等,进出	过硫酸氢钾类

注:①氢氧化钠、氢氧化钙消毒剂,可采用1‰工作浓度;②戊二醛类、季铵盐类、酚类、二氧化氯类消毒剂,可参考说明书标明的工作浓度使用,饮水消毒工作浓度除外;③含碘类、含氯类、过硫酸氢钾类消毒剂,可参考说明书标明的高工作浓度使用。

6.4.4.2　消毒流程

1. 栏舍消毒

(1)空栏消毒

①洗消前准备:准备高压冲洗机、清洁剂、消毒剂、抹布及钢丝球等设备和物品,猪只转出后立即进行栏舍的清洗、消毒。

②物品消毒:对可移出栏舍的物品,移出后进行清洗、消毒。注意栏舍熏蒸消毒前,要将移出物品放置舍内并安装。

③水线消毒:放空水线,在水箱内加入温和无腐蚀性消毒剂,充满整条水线并作用有效时间。

④栏舍除杂:清除粪便、饲料等固体污物;热水打湿栏舍浸润 1 h,高压水枪冲洗,确保无粪渣、料块和可见污物。

⑤栏舍清洁:低压喷洒清洁剂,确保覆盖所有区域,浸润 30 min,高压冲洗。必

要时使用钢丝球或刷子擦洗,确保祛除表面生物膜。

⑥栏舍消毒:清洁后,使用不同消毒剂间隔12 h以上分别进行两次消毒,确保覆盖所有区域并作用有效时间,风机干燥。

⑦栏舍白化:必要时使用石灰浆白化消毒,避免遗漏角落、缝隙。

⑧熏蒸和干燥:消毒干燥后,进行栏舍熏蒸。熏蒸时栏舍要充分密封并作用有效时间,熏蒸后空栏通风36 h以上。

(2)日常清洁　栏舍内粪便和垃圾每日清理,禁止长期堆积,发现蜘蛛网随时清理。病死猪及时移出,放置和转运过程保持尸体完整,禁止剖检,及时清洁、消毒病死猪所经道路及存放处。

2.场区环境消毒

(1)场区外部消毒　外部车辆离开后,及时清洁、消毒猪场周边所经道路。

(2)场内道路消毒　定期进行全场环境消毒。必要时提高消毒频率,使用消毒剂喷洒道路或石灰浆白化。猪只或拉猪车经过的道路须立即清洗、消毒。发现垃圾即刻清理,必要时进行清洗、消毒。

(3)出猪台消毒　转猪结束后立即对出猪台进行清洗、消毒。先清洗、消毒场内净区,后清洗、消毒场外污区,方向由内向外,严禁人员交叉、污水逆流回净区。洗消流程:先冲洗可见粪污,喷洒清洁剂覆盖30 min,清水冲洗并干燥后使用消毒剂消毒。

3.人员、工作服和工作靴消毒

猪场可采用"颜色管理",不同区域使用不同颜色/标识的工作服,场区内移动遵循单向流动的原则。

(1)人员消毒　饲养管理人员进出生产区采取淋浴换衣消毒。

(2)工作服消毒　人员离开生产区,将工作服放置指定收纳桶,及时消毒、清洗及烘干。流程:先浸泡消毒作用有效时间,后清洗、烘干。生产区工作服每日消毒、清洗。发病栏舍人员,使用该栏舍专用工作服和工作靴,本栏舍内消毒、清洗。

(3)工作靴消毒　进出生产单元均须清洗、消毒工作靴。流程:先刷洗鞋底鞋面粪污,后在脚踏消毒盆浸泡消毒。消毒剂每日更换。

4.设备和工具消毒

栏舍内非一次性设备和工具经消毒后使用。设备和工具专舍专用,如需跨舍共用,须经充分消毒后使用。根据物品材质选择高压蒸汽、煮沸、消毒剂浸润、臭氧或熏蒸等方式消毒。

5.药房库房清洁消毒

(1)收集整理剩余的兽药、物品外包装,并进行无害化处理。

(2)密闭库房,熏蒸消毒(甲醛+高锰酸钾)。

(3)库房内所有备用器材、设备、工具等,用消毒液浸泡或高压喷洗消毒。

6.通风系统清洁消毒

清洁、消毒风机、水帘、控制器、传感器等。

7.办公室、食堂和宿舍、生产线、洗澡间和更衣室清洁消毒

(1)使用甲醛和高锰酸钾熏蒸,或次氯酸溶液雾化消毒48 h。

(2)无害化销毁剩余所有衣服和鞋子、杂物,或湿热高压处理。

(3)第二轮清洗消毒,应使用 60 ℃以上热水,再次消毒、熏蒸。

6.4.5　实训报告

猪场消毒实训报告见表6-15。

表6-15　猪场消毒实训报告

猪场名称		消毒负责人			猪场负责人		
消毒时间		监督人			检查人		
区域	消毒范围	消毒剂选择	材料准备	消毒方式	消毒流程	消毒效果	
猪场外围区域	人员						
	车辆						
	物品						
	中转台						
	洗消中心						
	餐厅						
	库房						
猪场生活区	人员						
	物资						
	车辆						
	宿舍						
	药房						

续表 6-15

区域	消毒范围	消毒剂选择	材料准备	消毒方式	消毒流程	消毒效果
猪场生产区	猪舍					
	料线					
	水线					
	过道					
	人员					
	物品					
	猪群					
	出猪台					

6.5 传染病病料的采集、保存和运送

6.5.1 实训内容

动物传染病的种类繁多,病情复杂,单靠临床诊断、流行病学和解剖变化常难以确诊,往往需要依靠血清学、病原学、病理组织学检验等方法进行协助诊断。本实训要了解动物传染病的病料采集、保存和运送方法。

6.5.2 实训目标

通过实训,学员初步掌握动物传染病的病料采集、保存和运送方法。

6.5.3 材料准备

动物、剪刀、镊子、手术刀、注射器、酒精灯、碘伏、灭菌棉签、标签、胶布、手套、无菌样品容器(玻璃皿、玻璃瓶等)、载玻片、消毒液、生理盐水、30％甘油盐水缓冲液、50％甘油盐水缓冲液、10％甲醛等。

6.5.4 方法步骤

1. 剖检前检查

凡发现猪群急性死亡时,必须先用显微镜检查其末梢血液抹片中是否有炭疽杆菌存在。如怀疑是炭疽,则不可随意剖检,只有在确定不是炭疽时方可进行剖检。

2. 取材时间

内脏病料的采取,须于死亡后立即进行,最好不超过 6 h,否则时间过长,由肠

内侵入其他细菌,易使尸体腐败,影响病原微生物的检出。

3. 器械的消毒

刀、剪、镊子、注射器、针头等煮沸消毒 30 min。器皿(玻璃制品、陶制品、珐琅制品等)可用高压灭菌或干烤灭菌。软木塞、橡皮塞置于 0.5% 石炭酸水溶液中煮沸 10 min。采集一种病料,使用一套器械和容器,不可混用。

4. 病料采取

应根据不同的传染病,相应地采集该病常侵害的脏器或内容物。如败血性传染病可采取心、肝、脾、肺、肾、淋巴结、胃、肠等;肠毒血症采取小肠及其内容物;有神经症状的传染病采取脑、脊髓等。如无法估计是哪种传染病,可进行全面采集。检查血清抗体时,采集血液,凝固后析出血清,将血清装入灭菌小瓶送检。为了避免杂菌污染,病变检查应待病料采集完毕后再进行,各种组织及液体的病料采集方法如下。

(1)脓汁 用灭菌注射器或吸管抽取或吸出脓肿深部的脓汁,置于灭菌试管中。若为开口的化脓灶或鼻腔时,则用无菌棉签浸蘸后,放在灭菌试管中。

(2)淋巴结及内脏 将淋巴结、肺、肝、脾及肾等有病变的部位各采取 $1\sim2$ cm³ 的小方块,分别置于灭菌试管或干燥器皿中。若为供病理组织切片的材料,应将典型病变部分及相连的健康组织一并切取,组织块的大小每边约 2 cm,同时要避免使用金属容器,尤其是当病料供色素检查时(如马传贫、马脑炎及焦虫病等)。

(3)血液

①血清:无菌操作吸取血液 10 mL,置于灭菌试管中,待血液凝固后,吸出析出的血清置于另一灭菌试管内。如供血清学反应时,可于每毫升中加入 5% 碳酸水溶液 $1\sim2$ 滴。

②全血:取 10 mL 全血,立即注入盛有 5% 柠檬酸钠 1 mL 的灭菌试管中,搓转混合片刻后即可。

③心血:心血通常在右心房处采集,先用烧红的铁片或刀片烙烫心肌表面,然后用灭菌的尖刃外科刀自烙烫处刺一小孔,再用灭菌吸管或注射器吸出血液,盛于灭菌试管中。

(4)乳汁 先用消毒药水洗净(取乳者的手亦事先消毒)乳房,并把乳房附近的毛刷湿,将最初所挤的 $3\sim4$ 股乳汁弃去,然后再采集 10 mL 左右乳汁于灭菌试管中。若仅供显微镜直接染色检查,则可于其中加入 0.5% 的福尔马林溶液。

(5)胆汁 先用烧红的刀片或铁片烙烫胆囊表面,再用灭菌吸管或注射器刺入胆囊内吸取胆汁,盛于灭菌试管中。

(6)肠 用烧红刀片或铁片将欲取的肠表面烙烫后穿一小孔,持灭菌棉签插入肠内,以便采集肠管黏膜或其内容物;也可用线扎紧一段肠道(约 6 cm)两端,然后将两端切断,置于灭菌器皿内。

(7)皮肤 取大小约 10 cm×10 cm 的皮肤一块,保存于 30%甘油缓冲溶液或 10%饱和盐水溶液或 10%福尔马林溶液中。

(8)胎儿 将流产后的整个胎儿,用塑料薄膜、油布或数层不透水的油纸包紧,装入木箱内,立即送往实验室。

(9)骨头 需要完整的骨头标本时,应将附着于骨头的肌肉和韧带等全部除去,表面撒上食盐,然后包于浸过 5%石炭酸水或 0.1%升汞液的纱布或麻布中,装于木箱内送到实验室。

(10)脑、脊髓 如取脑、脊髓做病毒检查,可将脑、脊髓浸入 50%甘油盐水液中或将整个头部割下,包入浸过 0.1%升汞液的纱布或油布中,装入木箱或铁桶中送检。

(11)精液、尿液 精液样品采用人工方法收集,所采取样品应包括"富精"部分,避免加入防腐剂。收集尿液,最好是在早晨进行。在动物排尿时,用洁净的容器直接接取,也可以使用塑料袋,固定在外阴或阴茎下接取尿液。

供显微镜检查用的脓汁、血液及黏液,可用载玻片做成抹片,组织块可做成触片,然后在两块玻片之间靠近两端边沿处各垫一根火柴棍或牙签,以免抹片或触片上的病料互相接触。如玻片有多张,可按上法依次垫火柴棍或牙签重叠起来,最上面的一张玻片上的涂抹面应朝下,最后用细线包扎,玻片上应注明口码,并另附说明。

5.送检病料的记录与包装

动物病料采集后,如不能立即检验,或需送往有关单位检验,应当加入适量的保存剂,使病料尽量保持新鲜状态。

(1)细菌检验材料的保存 将采取的脏器组织块,保存于饱和的氯化钠溶液或 30%甘油缓冲盐水溶液中,容器须加塞封固。如系液体,可装在封闭的毛细玻管或试管中运送;饱和氯化钠溶液的配制法是:蒸馏水 100 mL,氯化钠 38～39 g,充分搅拌溶解后,用数层纱布过滤,高压灭菌后备用。30%甘油缓冲盐水溶液的配制法是:中性甘油 30 mL,氯化钠 5 g,碱性磷酸钠 10 g,加蒸馏水至 100 mL,混合,高压灭菌后备用。

(2)病毒检验材料的保存 将采取的脏器组织块,保存于 50%甘油缓冲盐水溶液或鸡蛋生理盐水中,容器须加塞封固。50%甘油缓冲盐水溶液的配制方法是:氯化钠 2.5 g,酸性磷酸钠 0.46 g,碱性磷酸钠 10.74 g,溶于 100 mL 中性蒸馏水中,加纯中性甘油 150 mL,中性蒸馏水 50 mL,混合分装后,高压灭菌备用。鸡蛋生理盐水的配制方法是:先将新鲜的鸡蛋表面用碘酒消毒,然后打开将内容物倾入灭菌容器内,按全蛋 9 份加入灭菌生理盐水 1 份,摇匀后用灭菌纱布过滤,再加热至 56～58 ℃,持续 30 min,第 2 天及第 3 天按上法再加热一次,即可应用。

（3）病理组织学检验材料的保存 将采集的脏器组织块放入 10％福尔马林溶液或 95％酒精中固定；固定液的量应为送检病料的 10 倍以上。如用 10％福尔马林溶液固定，应在 24 h 后换新鲜溶液一次。严寒季节为防病料冻结，可将上述固定好的组织块取出，保存于甘油和 10％福尔马林等量混合液中。

每个样品应分别包装，在样品袋或平皿外贴上标签，再将各个样品放在塑料包装袋内。小塑料离心管应放在特定的塑料盒内。血清样品装于小瓶时，在其周围应加填塞物。外层包装应贴封条。

6. 保存和运输

装病料的容器要逐一标号，详细记录，并附病料送检单。病料包装容器要牢固，做到安全稳妥；对于危险材料、怕热或怕冻的材料要分别采取措施。一般病原学检验的材料怕热，应放入加有冰块的保温瓶或冷藏箱内送检；如无冰块，可在保温瓶内放入氯化铵 450～500 g，加水 1 500 mL，上层放病料，这样能使保温瓶内保持 0 ℃达 24 h。供病理学检验的材料放在 10％福尔马林溶液中，不必冷藏。包装好的病料要尽快运送，长途以空运为宜。

6.6 传染病动物尸体的处理

6.6.1 实验目的

掌握传染病患病动物尸体的运送及处理办法。

6.6.2 实验概述

人和动物疫情屡屡发生的重要原因之一是缺乏严格的动物尸体管理办法，因此降低疫情突发事件的措施之一就是依法制定相应法规并执行，对患病动物尸体处理不当的危害性包括疾病传播、食品安全隐患及生态环境污染等。例如，疯牛病事件告诫人们，不能再简单地将"动物尸体"废物利用、变废为宝，也提示人们不能忽视"动物尸体"的危害和潜在威胁；高致病性禽流感病毒通过禽类尸体传播的事实也已被多次确认。目前已知能够感染人类的病原体达 1 415 种，其中 60％以上能在人和动物间交叉感染和传播。这些传染病的病原体都可以通过动物尸体散播，导致疫病流行，甚至危害人类健康。据估计，我国每年因动物死亡造成的直接经济损失可达 200 亿～300 亿元，死亡动物尸体处理不当将严重冲击正常的经济秩序，扰乱社会安全。同时，未经处理的动物尸体腐烂变质，散发恶臭气味，也会污染空气。

因此，建立动物尸体收集制度，指定专门人员对动物尸体进行处理，禁止非法运输、销售、加工、私自处理，建立和完善动物尸体的无害化处理制度，对传染病的防控和维护公共卫生都具有重大意义。

6.6.3 实验材料

特制的运尸车(此车内壁衬钉有铁皮,可以防止漏水)、工作服、口罩、风镜、胶鞋及手套;消毒药液、纱布和棉花等。

6.6.4 实验方法

6.6.4.1 尸体运送

尸体运送前,所有人员均应穿戴工作服、口罩、风镜、胶鞋及手套。将尸体各天然孔用蘸有消毒药液的湿纱布、棉花严密填塞,以免流出粪便、分泌物、血液等污染周围环境。然后将尸体装入运尸车,铲去被尸体污染的表层土,连同尸体一起运走,并以消毒药液喷洒消毒。运送过尸体的用具、车辆应严格消毒;被污染的手套、衣物、胶鞋等也应及时消毒。

6.6.4.2 尸体处理方法

1. 掩埋法

这种方法虽不够可靠,但比较简单,所以在实际工作中仍较常用。在进行尸体掩埋时,分为以下几步:

(1)掩埋地的选择　选择远离住宅、农牧场、水源、草原及道路的僻静地方;土质宜干而多孔(沙土最好),以加快尸体腐败分解;地势高,地下水位低,并避开山洪的冲刷;掩埋地应筑有 2 m 高的围墙,墙内挖一个 4 m 深的围沟,设有大门,平时落锁。

(2)挖坑　坑长度和宽度能容纳尸体侧卧即可,从坑沿到尸体表面不得少于1.5～2 m。

(3)掩埋　坑底铺以 2～5 cm 厚的石灰,将尸体放入,使之侧卧,并将污染的土层、捆尸体的绳索一起抛入坑内,然后再铺 2～5 cm 厚的石灰,填土夯实。也可先在坑内放一层 0.5 m 厚的干草(干树枝、木柴或木屑等也可),将其点燃,趁火旺时抛入尸体,待火熄灭时,填土夯实。

2. 焚烧法

焚烧法是处理尸体最彻底的方法。焚烧通常在焚尸坑或焚尸炉中进行。焚尸坑有以下几种:

(1)十字坑　按十字形挖两条沟,沟长 2.6 m,宽 0.6 m,深 0.5 m。在两沟交叉处坑底堆放干草和木柴,在沟沿横架数条粗湿木棍,将尸体放于架上,在尸体周围及尸体上放上木柴,并倒以煤油,压盖砖瓦或铁皮,从尸体下点火,将尸体烧成黑炭后掩埋在坑内。

(2)单坑　挖一长 2.5 m,宽 1.5 m,深 0.7 m 的坑,将取出的土堆在坑沿两侧。坑内用木柴架满,在坑沿横架数条粗湿木棍,将尸体放在架上,以后处理同上法。

（3）双层坑　先挖一长、宽各 2 m，深 0.75 m 的大沟，在沟的底部再挖一长 2 m，宽 1 m、深 0.75 m 的小沟，在小沟沟底铺以干草和木柴，两端各留出 18～20 cm 的空隙，以便空气流通，在小沟沟沿横架数条粗湿木棍，将尸体放在架上，以后处理同上法。

3. 化制法

尸体的化制法是处理尸体较好的一种方法，因为这种无害处理可保留许多有价值的畜产品，如工业用油脂及骨、肉粉，但进行尸体化时要求有一定的设备条件。

尸体化制应在化制厂进行。修建化制厂的原则和要求是，所出产品保证无病原菌；化制厂人员在工作中没有传染危险；化制厂不能成为传染源，对尸体做到最合理的加工利用；化制厂应建在远离住宅、农牧场、水源、草原及道路的僻静地方，生产车间应为不透水的地面和墙壁，以便于洗刷消毒；生产中的污水应进行无害化处理，排水管应避免漏水。

化制尸体时，对烈性传染病，如鼻疽、炭疽、气肿疽、绵羊快疫等患病动物尸体可用高压灭菌，对于普通传染病可将尸体切成 4～5 kg 的肉块，煮沸 2～3 h。

在小城市及农牧区可建立设备简单的废物利用场，处理普通患病动物尸体应尽量做到合乎兽医卫生和公共卫生的要求。

4. 发酵法

尸体的发酵处理就是将尸体抛入专门的尸体坑内，利用生物热的方法将尸体发酵分解，达到消毒的目的。这种专门的尸坑是贝卡里氏设计出来的，所以叫作贝卡里氏坑。这种方法最初用于城市垃圾处理，目的是使之转变为混合肥料，后来也用以处理尸体。

建造贝卡里氏坑应选择远离住宅、农牧场、草原、水源及道路的僻静地方。尸坑为圆井形，坑深 9～10 m，直径 3 m，坑壁及坑底用不透水材料做成，如水泥或涂以防腐油的木料。坑口高出地面约 30 cm，坑口有盖，盖上有小的活门，平时落锁，坑内有通气管。如果条件许可，坑上修一小屋更好。坑内尸体可以堆到距坑口 1.5 m 处，经 3～5 个月后，尸体即可完全腐败分解。

如果土质干硬，地下水位又低，加之条件限制，可以不用任何材料，直接按上述尺寸挖一深坑即可，但需在距坑口 1 m 处用砖或石头向上砌一层坑缘，上盖木盖，坑口应高出地面 30 cm，以免雨水流入。

实训 6.7　　　　　实训 6.8　　　　　实训 6.9　　　　　实训 6.10

思考题

1. 简述动物传染病疫情调查分析的方法步骤。

2. 常用的免疫接种方法有哪几种？各有什么优缺点？

3. 试述免疫接种在动物疫病防控上的意义及注意事项。

4. 简述猪场消毒的方法步骤。

5. 简述传染病病料的采集技术要点,保存注意事项。

6. 运送传染病患病动物尸体时应注意哪些事项？

7. 常用的处理尸体方法共有几种？简述各种方法的优缺点。

8. 简述目前常见的猪瘟实验室诊断技术有哪些。

9. 如何判定猪丹毒实验室全血平板凝集反应检查法的检测结果？

10. 如何进行动物寄生虫病流行病学现场调查病料采集？

1—6章思考题答案

参考文献

[1] World Health Organization. Rotavirus vaccines[J]. Wkly Epidemiol Rec, 2007(82):285-295.

[2] Gallardo C,Soler A, Nieto R,et al. Experimental transmission of African swine fever (ASF) low virulent isolate NH/P68 by surviving pigs [J]. Transboundary and Emerging Diseases,2015(62):612-622.

[3] Canadian Swine Health Board. Live hog transport vehicle wash/disinfect/dry protocols[EB/OL]. 2011. https://www. albertapork. com/wp-content/.

[4] CNAS-CL01-A001:2018. 检测和校准实验室能力认可准则在微生物检测领域的应用说明,中国合格评定国家认可委员会.

[5] CNAS-CL01-A013:2018. 检测和校准实验室能力认可准则在动物检疫领域的应用说明,中国合格评定国家认可委员会.

[6] Ford W B. Disinfection procedures for personnel and vehicles entering and leaving contaminated premises[J]. Rev. Sci. Tech. Off. Int. Epizooties, 1995(14):393-401.

[7] Hampson D J,Burrough E R. Swine Dysentery and Brachy spiralcolitis. In: Zimmerman J J, Karriker L A, Ramirez A, Schwartz K J, Stevenson G W, Zhang J,editors. Diseases of swine[J]. 11th ed. New Jersey:Wiley,2019: 951-970.

[8] Scientific report on the epi-demiologicalanalyses of African swine fever in the European Union(November 2017 until November 2018).

[9] Dee S A, Deen J, Otake S, et al. An experimental model to evaluate the role of transport vehicles as a source of transmission of porcine reproductive and respiratory syndrome virus to susceptible pigs[J]. The Canadian Journal of Veterinary Research,2004,68(2):128-133.

[10] Taniguchi K,Urasawa T,Morita Y. Direct serotyping of human rotavirus in stools by an enzyme-linked immunosorbent assay using serotype1-, 2-, 3-,

and 4-specific monoclonal antibodies to VP7[J]. Infect Dis,1987,155(6):
1159-1166.

[11] Vlasova A N, Amimo J O, SaiF L J. Porcine rotaviruses: Epidemiology,
immune responses and control strategies[J]. Viruses,2017,9(3):48.

[12] 陈焕春,文心田,董常生. 兽医手册[M]. 北京:中国农业出版社,2013.

[13] 陈焕春. 规模化猪场疫病控制与净化[M]. 北京:中国农业出版社,2003.

[14] 陈溥言. 兽医传染病学[M]. 6版. 北京:中国农业出版社,2016.

[15] 陈新华. 集约化猪场常见寄生虫病的调查与防治[J]. 中国动物保健,2012,
12(2):45-46.

[16] 陈玉库,陆桂平. 猪病防治技术[M]. 北京:中国农业出版社,2010.

[17] 单虎,朱连德. 改革开放40年中国猪业发展与进步-猪病防控[M]. 北京:中
国农业大学出版社,2018.

[18] 费恩阁,李德昌,丁壮. 动物疫病学[M]. 北京:中国农业出版社,2004.

[19] 关颖. 猪附红细胞体荧光定量PCR检测方法的建立及应用[D]. 湖南农业大
学,2019.

[20] 郭万正,李良华,杨晓明. 规模化猪场药物保健[J]. 中国畜牧杂志,2007,43
(14):54-59.

[21] 何相臣. 猪轮状病毒病的流行、诊断与防控措施[J]. 现代畜牧科技,2016
(7):127.

[22] 贺君君. 弓形虫感染对小鼠、猪脾肝基因表达的影响[D]. 北京:中国农业科
学院,2016.

[23] 黄忠森,王强,左瑞华. 猪巴氏杆菌病——猪肺疫的诊断与防治[J]. 畜牧与
饲料科学,2009,30(7):103-106.

[24] 李国平,周伦江,王全溪. 猪传染病防控技术[M]. 福州:福建科学技术出版
社,2012.

[25] 李俊柱. 规模化猪场生产管理手册[M]. 北京:中国农业出版社,2006.

[26] 刘国信,李海霞. 规模猪场寄生虫病的综合防控[J]. 兽医导刊,2012(7):
19-20.

[27] 刘娟. 猪肺疫的诊断与防治要点分析[J]. 畜禽业,2018,29(10):98.

[28] 刘亮亮. 猪皮肤霉菌病的诊治[J]. 当代畜禽养殖业,2019(2):34.

[29] 陆承平. 兽医微生物学[M]. 5版. 北京:中国农业出版社,2013.

[30] 潘耀谦,张春杰,刘思当. 猪病诊治彩色图谱[M]. 北京:中国农业出版
社,2004.

[31] 渠光辉. 猪附红细胞体病诊断方法建立及感染情况调查[D]. 长沙:湖南农业大学,2018.

[32] 时洪艳,冯力,师东方,等. 轮状病毒的免疫研究[J]. 畜牧兽医科技信息,2006(12):17-18.

[33] 时永强,祝宇,王奇惠,等. 猪巴氏杆菌病的病原分离与鉴定[J]. 中兽医学杂志,2016(4):2-3.

[34] 孙玉伟,穆国冬,胡文昊,等. 猪肺疫的诊断与中西医防治[J]. 吉林畜牧兽医,2019,40(10):22-23.

[35] 王纯刚,张克英,丁雪梅. 丁酸钠对轮状病毒攻毒和未攻毒断奶仔猪生长性能和肠道发育的影响[J]. 动物营养学报,2009,21(5):711-718.

[36] 王生梅. 猪巴氏杆菌病病原的分离与鉴定[J]. 养殖与饲料,2017(10):51-52.

[37] 王学静. 猪巴氏杆菌病的防治[J]. 畜牧兽医,2019(4):99.

[38] 王志远,羊建平. 猪病防治[M]. 2版. 北京:中国农业出版社,2015.

[39] 吴云海. 猪多杀性巴氏杆菌病的综合防治[J]. 畜牧兽医科技信息,2019(2):110.

[40] 徐倩倩,马利芹,张晓利,等. 白头翁素对 PRV、E. coli 混合感染性腹泻肠道超微结构的影响[J]. 中国农学通报,2010(26):13-17.

[41] 宣长和,马春全,陈志宝,等. 猪病学[M]. 3版. 北京:中国农业大学出版社,2010.

[42] 杨启超. 猪巴氏杆菌病的诊治方法[J]. 畜牧兽医科技信息,2014(6):87.

[43] 易东全. 猪皮肤霉菌病的诊断及防治措施[J]. 当代畜禽养殖业,2020(2):23,22.

[44] 袁国辉. 猪多杀性巴氏杆菌病的流行病学、临床表现、诊断及防控[J]. 现代畜牧科技,2018(2):79.

[45] 袁万军. 猪痢疾短螺旋体的检测、感染情况调查及免疫原性的初步研究[D]. 南京:南京农业大学,2013.

[46] 张步彩. 泰州地区猪弓形虫血清流行病学调查及中药治疗急性感染弓形虫小鼠效果的研究[D]. 扬州:扬州大学,2015.

[47] 张宏伟,欧阳清芳. 动物疫病[M]. 3版. 北京:中国农业出版社,2015.

[48] 张文龙. TLR2,NLRP3 在钩端螺旋体感染过程中的作用及机制研究[D]. 长春:吉林大学,2018.

[49] 周吉. 集约化猪场主要寄生虫病及其综合防治措施[J]. 现代畜牧科技,2016(9):125.

［50］邹勇,钱永清,唐永兰,等. 猪流行性腹泻、猪传染性胃肠炎和猪轮状病毒 RT-PCR 鉴别诊断技术研究［J］. 上海农业学报,2003,19(2):82-84.

［51］邹勇,唐永兰,苏万图,等. ELISA 鉴别检测猪流行性腹泻病毒、猪传染性胃肠炎病毒和轮状病毒抗体水平的研究［J］. 上海畜牧兽医通讯,2002(6):12-13.